"十二五"国家重点图书出版规划项目

中国土系志

Soil Series of China

总主编　张甘霖

吉 林 卷
Jilin

隋跃宇　焦晓光　李建维　著

科 学 出 版 社

北 京

内 容 简 介

《中国土系志·吉林卷》在对吉林省区域概况和主要土壤类型全面调查研究的基础上，进行了土壤高级分类单元（土纲、亚纲、土类、亚类）和基层分类单元（土族、土系）的鉴定和划分。本书分上、下两篇，上篇论述吉林省区域概况、成土因素、成土过程、诊断层与诊断特性、土壤分类的发展以及本次土系调查的概况；下篇重点介绍建立的吉林省典型土系，内容包括每个土系所属的高级分类单元、分布与环境条件、土系特征与变幅、对比土系、利用性能综述、参比土种、代表性单个土体和相应的理化性质。

本书可供从事土壤学和与土壤学相关的学科，包括农业、环境、生态和自然地理等的科学研究和教学工作者，以及从事土壤与环境调查的部门和科研机构人员参考。

审图号：吉 S（2018）064 号

图书在版编目（CIP）数据

中国土系志. 吉林卷 / 张甘霖主编；隋跃宇，焦晓光，李建维著. —北京：科学出版社，2019.5

"十二五"国家重点图书出版规划项目

ISBN 978-7-03-061095-9

Ⅰ.①中⋯ Ⅱ.①张⋯ ②隋⋯ ③焦⋯ ④李⋯ Ⅲ.①土壤地理-中国②土壤地理-吉林 Ⅳ. ①S159.2

中国版本图书馆 CIP 数据核字（2019）第 079261 号

责任编辑：胡 凯 周 丹 沈 旭/责任校对：杨聪敏
责任印制：师艳茹/封面设计：许 瑞

科学出版社 出版
北京东黄城根北街 16 号
邮政编码：100717
http://www.sciencep.com

中国科学院印刷厂 印刷

科学出版社发行 各地新华书店经销

*

2019 年 5 月第 一 版 开本：787×1092 1/16
2019 年 5 月第一次印刷 印张：22 3/4
字数：534 000

定价：268.00 元

（如有印装质量问题，我社负责调换）

《中国土系志》编委会顾问

孙鸿烈　赵其国　龚子同　黄鼎成　王人潮
张玉龙　黄鸿翔　李天杰　田均良　潘根兴
黄铁青　杨林章　张维理　郧文聚

土系审定小组

组　长　张甘霖

成　员（以姓氏笔画为序）

王天巍　王秋兵　龙怀玉　卢　瑛　卢升高
刘梦云　杨金玲　李德成　吴克宁　辛　刚
张凤荣　张杨珠　赵玉国　袁大刚　黄　标
常庆瑞　章明奎　麻万诸　隋跃宇　慈　恩
蔡崇法　漆智平　翟瑞常　潘剑君

《中国土系志》编委会

主　编　张甘霖
副主编　王秋兵　李德成　张凤荣　吴克宁　章明奎
编　委（以姓氏笔画为序）

王天巍	王秋兵	王登峰	孔祥斌	龙怀玉
卢　瑛	卢升高	白军平	刘梦云	刘黎明
杨金玲	李　玲	李德成	吴克宁	辛　刚
宋付朋	宋效东	张凤荣	张甘霖	张杨珠
张海涛	陈　杰	陈印军	武红旗	周　清
胡雪峰	赵　霞	赵玉国	袁大刚	黄　标
常庆瑞	章明奎	麻万诸	隋跃宇	韩春兰
董云中	慈　恩	蔡崇法	漆智平	翟瑞常
潘剑君				

《中国土系志·吉林卷》作者名单

主要作者　隋跃宇　焦晓光　李建维

参编人员（以姓氏笔画为序）

马献发　王其存　向　凯　李建维　张　蕾

张之一　张锦源　陈　双　陈一民　陈文婷

周　珂　侯　萌　徐　欣　隋跃宇　焦晓光

丛 书 序 一

　　土壤分类作为认识和管理土壤资源不可或缺的工具,是土壤学最为经典的学科分支。现代土壤学诞生后,近 150 年来不断发展,日渐加深人们对土壤的系统认识。土壤分类的发展一方面促进了土壤学整体进步,同时也为相邻学科提供了理解土壤和认知土壤过程的重要载体。土壤分类水平的提高也极大地提高了土壤资源管理的水平,为土地利用和生态环境建设提供了重要的科学支撑。在土壤分类体系中,高级单元主要体现土壤的发生过程和地理分布规律,为宏观布局提供科学依据;基层单元主要反映区域特征、层次组合以及物理、化学性状,是区域规划和农业技术推广的基础。

　　我国幅员辽阔,自然地理条件迥异,人类活动历史悠久,造就了我国丰富多样的土壤资源。自现代土壤学在中国发端以来,土壤学工作者对我国土壤的形成过程、类型、分布规律开展了卓有成效的研究。就土壤基层分类而言,自 20 世纪 30 年代开始,早期的土壤分类引进美国 C. F. Marbut 体系,区分了我国亚热带低山丘陵区的土壤类型及其续分单元,同时定名了一批土系,如孝陵卫系、萝岗系、徐闻系等,对后来的土壤分类研究产生了深远的影响。

　　与此同时,美国土壤系统分类(soil taxonomy)也在建立过程中,当时 Marbut 分类体系中的土系(soil series)没有严格的边界,一个土系的属性空间往往跨越不同的土纲。典型的例子是迈阿密(Miami)系,在系统分类建立后按照属性边界被拆分成为不同土纲的多个土系。我国早期建立的土系也同样具有属性空间变异较大的情形。

　　20 世纪 50 年代,随着全面学习苏联土壤分类理论,以地带性为基础的发生学土壤分类迅速成为我国土壤分类的主体。1978 年,中国土壤学会召开土壤分类会议,制定了依据土壤地理发生的《中国土壤分类暂行草案》。该分类方案成为随后开展的全国第二次土壤普查中使用的主要依据。通过这次普查,于 20 世纪 90 年代出版了《中国土种志》,其中包含近 3000 个典型土种。这些土种成为各行业使用的重要土壤数据来源。限于当时的认识和技术水平,《中国土种志》所记录的典型土种依然存在"同名异土"和"同土异名"的问题,代表性的土壤剖面没有具体的经纬度位置,也未提供剖面照片,无法了解土种的直观形态特征。

　　随着"中国土壤系统分类"的建立和发展,在建立了从土纲到亚类的高级单元之后,建立以土系为核心的土壤基层分类体系是"中国土壤系统分类"发展的必然方向。建立我国的典型土系,不但可以从真正意义上使系统完整,全面体现土壤类型的多样性和丰富性,而且可以为土壤利用和管理提供最直接和完整的数据支持。

　　在科技部国家科技基础性工作专项项目"我国土系调查与《中国土系志》编制"的支持下，以中国科学院南京土壤研究所张甘霖研究员为首，联合全国二十多所大学和相关科研机构的一批中青年土壤科学工作者，经过数年的努力，首次提出了中国土壤系统分类框架内较为完整的土族和土系划分原则与标准，并应用于土族和土系的建立。通过艰苦的野外工作，先后完成了我国东部地区和中西部地区的主要土系调查和鉴别工作。在比土、评土的基础上，总结和建立了具有区域代表性的土系，并编纂了以各省市为分册的《中国土系志》，这是继"中国土壤系统分类"之后我国土壤分类领域的又一重要成果。

　　作为一个长期从事土壤地理学研究的科技工作者，我见证了该项工作取得的进展和一批中青年土壤科学工作者的成长，深感完善这项成果对中国土壤系统分类具有重要的意义。同时，这支中青年土壤分类工作者队伍的成长也将为未来该领域的可持续发展奠定基础。

　　对这一基础性工作的进展和前景我深感欣慰。是为序。

中国科学院院士

2017 年 2 月于北京

丛 书 序 二

土壤分类和分布研究既是土壤学也是自然地理学中的基础工作。认识和区分土壤类型是理解土壤多样性和开展土壤制图的基础，土壤分类的建立也是评估土壤功能，促进土壤技术转移和实现土壤资源可持续管理的工具。对土壤类型及其分布的勾画是土地资源评价、自然资源区划的重要依据，同时也是诸多地表过程研究所不可或缺的数据来源，因此，土壤分类研究具有显著的基础性，是地球表层系统研究的重要组成部分。

我国土壤资源调查和土壤分类工作经历了几个重要的发展阶段。20 世纪 30 年代至70 年代，老一辈土壤学家在路线调查和区域综合考察的基础上，基本明确了我国土壤的类型特征和宏观分布格局；80 年代开始的全国土壤普查进一步摸清了我国的土壤资源状况，获得了大量的基础数据。当时由于历史条件的限制，我国土壤分类基本沿用了苏联的地理发生分类体系，强调生物气候带的影响，而对母质和时间因素重视不够。此后虽有局部的调查考察，但都没有形成系统的全国性数据集。

以诊断层和诊断特性为依据的定量分类是当今国际土壤分类的主流和趋势。自 20世纪 80 年代开始的"中国土壤系统分类"研究历经 20 多年的努力构建了具有国际先进水平的分类体系，成果获得了国家自然科学奖二等奖。"中国土壤系统分类"完成了亚类以上的高级单元，但对基层分类级别——土族和土系——仅仅开展了一些样区尺度的探索性研究。因此，无论是从土壤系统分类的完整性，还是土壤类型代表性单个土体的数据积累来看，仅有高级单元与实际的需求还有很大距离，这也说明进行土系调查的必要性和紧迫性。

在科技部国家科技基础性工作专项的支持下，自 2008 年开始，中国科学院南京土壤研究所联合国内 20 多所大学和科研机构，在张甘霖研究员的带领下，先后承担了"我国土系调查与《中国土系志》编制"（项目编号 2008FY110600）和"我国土系调查与《中国土系志（中西部卷）》编制"（项目编号 2014FY110200）两期研究项目。自项目开展以来，近百名项目参加人员，包括数以百计的研究生，以省区为单位，依据统一的布点原则和野外调查规范，开展了全面的典型土系调查和鉴定。经过 10 多年的努力，参加人员足迹遍布全国各地，克服了种种困难，不畏艰辛，调查了近 7000 个典型土壤单个土体，结合历史土壤数据，建立了近 5000 个我国典型土系；并以省区为单位，完成了我国第一部包含 30 分册、基于定量标准和统一分类原则的土系志，朝着系统建立我国基于定量标准的基层分类体系迈进了重要的一步。这些基础性的数据，无疑是我国自第二次土壤普查以来重要的土壤信息来源，相关成果可望为各行业、部门和相关研究者，特别是土壤质量提升、土地资源评价、水文水资源模拟、生态系统服务评估等工作提供最新的、系统的数据支撑。

　　我欣喜于并祝贺《中国土系志》的出版，相信其对我国土壤分类研究的深入开展、对促进土壤分类在地球表层系统科学研究中的应用有重要的意义。欣然为序。

中国科学院院士

2017 年 3 月于北京

丛 书 前 言

土壤分类的实质和理论基础,是区分地球表面三维土壤覆被这一连续体发生重要变化的边界,并试图将这种变化与土壤的功能相联系。区分土壤属性空间或地理空间变化的理论和实践过程在不断进步,这种演变构成土壤分类学的历史沿革。无论是古代朴素分类体系所使用的颜色或土壤质地,还是现代分类采用的多种物理、化学属性乃至光谱(颜色)和数字特征,都携带或者代表了土壤的某种潜在功能信息。土壤分类正是基于这种属性与功能的相互关系,构建特定的分类体系,为使用者提供土壤功能指标,这些功能可以是农林生产能力,也可以是固存土壤有机碳或者无机碳的潜力或者抵御侵蚀的能力,乃至是否适合作为建筑材料。分类体系也构筑了关于土壤的系统知识,在一定程度上厘清了土壤之间在属性和空间上的距离关系,成为传播土壤科学知识的重要工具。

毫无疑问,对土壤变化区分的精细程度决定了对土壤功能理解和合理利用的水平,所采用的属性指标也决定了其与功能的关联程度。在大陆或国家尺度上,土纲或亚纲级别的分布已经可以比较准确地表达大尺度的土壤空间变化规律。在农场或景观水平,土壤的变化通常从诊断层(发生层)的差异变为颗粒组成或层次厚度等属性的差异,表达这种差异正是土族或土系确立的前提。因此,建立一套与土壤综合功能密切相关的土壤基层单元分类标准,并据此构建亚类以下的土壤分类体系(土族和土系),是对土壤变异精细认识的体现。

基于现代分类体系的土系鉴定工作在我国基本处于空白状态。我国早期(1949 年以前)所建立的土系沿用了美国土壤系统分类建立之前的 Marbut 分类原则,基本上都是区域的典型土壤类型,大致可以相当于现代系统分类中的亚类水平,涵盖范围较大。"中国土壤系统分类"研究在完成高级单元之后尝试开展了土系研究,进行了一些局部的探索,建立了一些典型土系,并以海南等地区为例建立了省级尺度的土系概要,但全国范围内的土系鉴定一直未能实现。缺乏土族和土系的分类体系是不完整的,也在一定程度上制约了分类在生产实际中特别是区域土壤资源评价和利用中的应用,因此,建立"中国土壤系统分类"体系下的土族和土系十分必要和紧迫。

所幸,这项工作得到了国家科技基础性工作专项的支持。自 2008 年开始,我们联合国内 20 多所大学和科研机构,先后开展了"我国土系调查与《中国土系志》编制"(项目编号 2008FY110600)和"我国土系调查与《中国土系志(中西部卷)》编制"(项目编号 2014FY110200)两个项目的连续研究,朝着系统建立我国基于定量标准的基层分类体系迈进了重要的一步。经过 10 多年的努力,项目调查了近 7000 个典型土壤单个土体,结合历史土壤数据，建立了近 5000 个我国典型土系，并以省区为单位，完成了我国第一部基于定量标准和统一分类原则的全国土系志。这些基础性的数据，将成为自第二次全国土壤普查以来重要的土壤信息来源，可望为农业、自然资源管理、生态环境建设等部门和相关研究者提供最新的、系统的数据支撑。

项目在执行过程中，得到了两届项目专家小组和项目主管部门、依托单位的长期指导和支持。孙鸿烈院士、赵其国院士、龚子同研究员和其他专家为项目的顺利开展提供了诸多重要的指导。中国科学院前沿科学与教育局、科技促进发展局、中国科学院南京土壤研究所以及土壤与农业可持续发展国家重点实验室都持续给予关心和帮助。

值得指出的是，作为研究项目，在有限的资助下只能着眼主要的和典型的土系，难以开展全覆盖式的调查，不可能穷尽亚类单元以下所有的土族和土系，也无法绘制土系分布图。但是，我们有理由相信，随着研究和调查工作的开展，更多的土系会被鉴定，而基于土系的应用将展现巨大的潜力。

由于有关土系的系统工作在国内尚属首次，在国际上可资借鉴的理论和方法也十分有限，因此我们在对于土系划分相关理论的理解和土系划分标准的建立上肯定会存在诸多不足乃至错误；而且，由于本次土系调查工作在人员和经费方面的局限性以及项目执行期限的限制，书中疏误恐在所难免，希望得到各方的批评与指正！

张甘霖

2017 年 4 月于南京

前　言

2008 年起，在国家科技基础性工作专项"我国土系调查与《中国土系志》编制"（项目编号 2008FY110600）支持下，由中国科学院南京土壤研究所牵头，联合全国 20 多所高等院校和科研单位，开展了我国东部地区黑、吉、辽、京、津、冀、鲁、豫、鄂、皖、苏、沪、浙、闽、粤、琼 16 个省（直辖市）基于中国土壤系统分类的基层单元土族-土系的系统性调查研究。本书是该项研究的成果之一，也是继 20 世纪 80 年代我国第二次土壤普查后，有关吉林省土壤调查与分类方面的最新成果。

吉林省土系调查研究覆盖了本省除建城区以外的区域，经历了基础资料与图件收集整理、代表性单个土体布点、野外调查与采样、室内测定分析、高级分类单元（土纲、亚纲、土类、亚类）的确定、基层分类单元（土族、土系）划分与建立等过程，共调查了 155 个典型土壤剖面，测定分析了近 700 个分层土样，拍摄了近 400 张景观、剖面和新生体等照片，最后共划分出 8 个土纲、17 个亚纲、29 个土类、51 个亚类、85 个土族，建立了 112 个土系。本书中单个土体布点依据"空间单元（地形、母质、利用）＋历史土壤图＋内部空间分析（模糊聚类）＋专家经验"的方法，土壤剖面调查依据项目组制订的《野外土壤描述与采样手册》，土样测定分析依据《土壤调查实验室分析方法》，高级分类单元的确定依据《中国土壤系统分类检索》（第三版），基层分类单元的划分和建立依据项目组制订的《中国土壤系统分类土族和土系划分标准》。

本书是一本区域性土壤专著，全书共两篇分 11 章。上篇（第 1～3 章）为总论，主要介绍吉林省的区域概况、成土因素与成土过程特征、土壤诊断层和诊断类型及其特征等；下篇（第 4～11 章）为区域典型土系，详细介绍所建立的典型土系，包括分布与环境条件、土系特征与变幅、对比土系、利用性能综述、可作为近似参比的土种、代表性单个土体以及相应的理化性质等。

吉林省土系调查工作的完成与本书的定稿饱含着老一辈专家、同仁和研究生、本科生的辛勤劳动。谨此特别感谢张之一先生和龚子同先生在本书编撰过程中给予的悉心指导！感谢项目组各位专家和众位同仁多年来的温馨合作和热情指导！感谢参与野外调查、室内测定分析、土系数据库建设的各位同仁和研究生以及黑龙江大学农业资源与环境学院的众多本科生！在土系调查和本书写作过程中参阅了大量资料，特别是参考和引用了《吉林土壤》《吉林土种志》等全国第二次土壤普查资料，在此一并表示感谢！

受时间和经费的限制，本次土系调查不同于全面的土壤普查，仅重点针对典型土系。虽然分布覆盖了吉林省全境，但由于自然条件复杂、农业利用多样，尚有一些土系还没有被观察和采集，尤其是城市土壤的土系在本次调查中尚未涉及。因此本书对吉林省的土系研究而言，仅是一个开端，新的土系还有待今后的充实。另外，由于编者水平有限，疏误之处在所难免，希望读者给予指正。

隋跃宇

2018 年 7 月于哈尔滨

目　　录

上 篇　总　　论

下篇　区域典型土系

上篇 总 论

第1章 区域概况与成土因素

1.1 区 域 概 况

1.1.1 地理位置

吉林省简称"吉"，位于中国东北地区的中部。地理坐标为东经 121°38′~131°19′，北纬 40°50′~46°19′，东南以鸭绿江、图们江为天然水界与朝鲜相望，东与俄罗斯接壤，南邻辽宁省，西接内蒙古自治区，北邻黑龙江省。吉林省在全国的位置主要体现为三个大约 2%：土地面积 18.74 万 km²，约占全国的 2%；2017 年末，全省常住人口 2717.43 万人，约占全国的 2%；2017 年全年吉林 GDP 达到 15288.94 亿元，全国 GDP 达到 82.71 万亿元，约占全国的 1.85%。现辖 1 个副省级市、7 个地级市、延边朝鲜族自治州，另设吉林省长白山保护开发区管理委员会，60 个县（市、区）（图 1-1）。省会长春市是全省政治、经济、科教、文化、金融和交通的中心，是著名的"汽车城"、"电影城"、"文化城"、"森林城"和"雕塑城"。

图 1-1　吉林省行政区划

1.1.2　土地利用

1. 吉林省土壤资源的优势

1）土壤资源比较丰富，人均耕地、林地、草地等均高于全国人均水平

按第二次土壤普查的数据计算，吉林省人均耕地 0.228 hm²，比全国人均数高 0.167 hm²；在林地方面，吉林省人均为 0.333 hm²，是全国人均数的 2.7 倍；吉林省成片草地 260 万 hm²，草山草坡和林间草地（林牧混用）320 万 hm²，共有 580 万 hm²，人均草地约 0.267hm²，比全国人均数高 0.037hm²。

2）土壤资源质量较好

吉林省土壤资源质量较好，耕地垦殖率为 28%，林地占总土地面积的 47%，草地占 14%，合计农、林、牧用地占全省总土地面积的 89%，基本上没有不毛之地，难以利用、不生长植物的土地只占总土地面积的 1.5%左右，这是吉林省土壤资源质量较好的一个标志。

此外，耕地土壤按系统分类主要是均腐土、淋溶土、雏形土、新成土等，按发生分类主要是黑土、黑钙土、草甸土、风沙土、新积土等。其中黑土、黑钙土和草甸土黑土层厚度一般在 30 cm 以上，土壤有机质多在 2%~3%，全氮一般在 0.12%~0.25%，全磷 0.07%~0.2%，全钾 1.5%~2.5%。土壤肥力较高，新积土和淡黑钙土质地较轻，砂黏适宜，利于耕作；林地土壤主要是暗棕壤和白浆土，土体厚度一般都超过 50 cm，除少数针叶林以外，林地的下木、下草均十分繁茂，很少有岩石裸露；草地多分布在西部低平地，风沙土和盐碱土所占面积较大，除流动沙丘和盐碱斑外，水热条件较好，虽有盐碱土地，但含盐量不高，大多是碱化土壤，表层有一定厚度的淋溶层，有利于草原植被的生长。

2. 当前土壤资源利用中存在的问题

1）土壤资源只开发利用，忽视整治保护

土壤普查结果显示，耕层土壤有机质含量平均每年以 0.1%的速度下降，导致黑土层变薄、结构破坏、容重增加、供肥保肥能力减弱、养分含量降低。许多地方林地的采伐量超过生长量，优质丰产林逐渐减少，劣质低产林逐渐增加，不少地方由于长期掠夺式经营，造成林相残破，生态失调，一些地方盲目开荒，扩大耕地，造成严重的水土流失；西部地区对草原的掠夺式利用习俗已久，主要是灭草开荒，易致草原面积迅速减少；草场超载放牧盐碱化扩大，以及开垦沙丘种地，导致风沙埋没农田和草地。草原退化、碱化、沙化现象严重。

2）区域土地利用结构不合理，地区间粮食生产率相差悬殊

吉林省东中西部土地资源禀赋各不相同，土地利用条件也各不相同，应该发挥各自的比较优势，合理高效地安排土地利用计划，做到地尽其力。但目前从调研的结果来看，吉林省东中西部仍未能因地制宜形成相适宜的土地利用结构，严重影响了区域土地资源高效利用以及经济、社会、生态环境的综合发展。2017 年，吉林省粮食种植面积

506.66 万 hm²，比上年减少 1.65 万 hm²。其中，水稻种植面积 80.08 万 hm²，增加 2.02 万 hm²；玉米种植面积 358.97 万 hm²，减少 6.72 万 hm²；豆类种植面积 36.77 万 hm²，增加 3.92 万 hm²；油料种植面积 30.84 万 hm²，减少 0.87 万 hm²。2017 年，吉林省粮食总产量 3720.00 万 t，比上年增产 0.1%。其中，玉米产量 2802.40 万 t，减产 1.1%，单产 7806.78kg/hm²，增长 0.8%；水稻产量 667.73 万 t，增产 4.0%，单产 8338.28kg/hm²，增长 1.4%。由于不同的土壤条件、管理制度以及环境条件，如降雨及温度的差异等的影响，地区间单位面积产量是极不平衡的。

3）部分耕地质量不高，耕地后备资源不足

目前，吉林省现有耕地 703 万 hm²，其中基本农田 483.4 万 hm²（图 1-2）。全省耕地按地区划分，东部地区（吉林市、延边州、白山市、通化市）耕地 190.5 万 hm²，占 27.1%；中部地区（长春市、四平市、辽源市）耕地 269.6 万 hm²，占 38.3%；西部地区（白城市、松原市）耕地 242.9 万 hm²，占 34.6%。

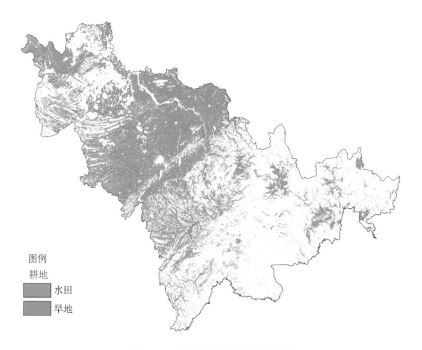

图例
耕地
　水田
　旱地

图 1-2　吉林省耕地资源分布图

从耕地质量和区位看，全省有 124.5 万 hm² 耕地（包括位于 25°以上的陡坡地 3000 hm²）位于吉林省东部和西部的林区、草原以及河流湖泊最高洪水位控制线范围内。上述耕地中，有相当部分需要根据国家退耕还林、还草、还湿（水）和耕地休养生息的总体安排做逐步调整；还有一部分耕地主要是由"农民自主开发滩涂、沼泽地、盐碱地等未利用地"形成的，耕作条件差，产量不高。

综合考虑现有耕地数量、质量和人口增长、发展用地需求等因素，吉林省现有耕地中有相当一部分质量总体不高，耕地后备资源严重不足，耕地保护形势仍十分严峻。同时，建设用地规模虽与经济社会发展的用地需求相适应，但许多地方建设用地格局失衡、利用粗放、效率不高，建设用地供需矛盾仍很突出。土地利用的结构变化反映出的生态环境问题也很严峻。

4）用地结构未形成相关的产业结构，部分地区土地生态功能降低

全省耕地面积占 37.5%，林地占 47.3%（图 1-3），草地占 3.7%（图 1-4），农、林、牧用地合计达到 8.5%，土壤资源优势没有变成产业经济优势。主要表现在农业总产值低，而在农业总产值中种植业产值高，林、牧、渔业以及多种经营产值低。种植业产值占农业总产值的 70%，这是农业经济结构单一，林、牧、渔业以及多种经营没有发展起来的结果。这表明全省虽然有大面积的耕地、森林、草地和水面，却没有很好地充分利用起来。吉林省东部地区包括延边、白山、通化，共 21 个县（市、区），总土地面积765.91 万 hm²，占吉林省土地面积的 40.87%。从调研结果来看，吉林省东部地区林地结构单一，林地生态系统稳定性差，耕地主要以中低产田为主，土壤养分含量较低，陡坡耕地占有较大比重。林木采育失调，植被破坏严重，水土流失现象严重。

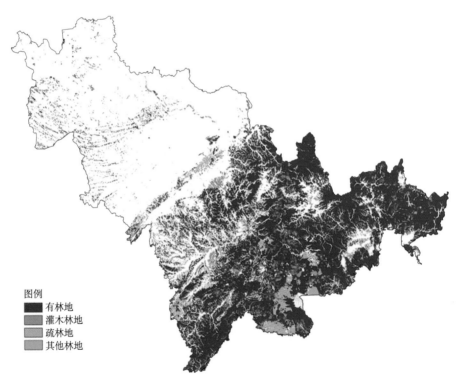

图例
■ 有林地
■ 灌木林地
■ 疏林地
■ 其他林地

图 1-3　吉林省林地资源空间分布图

图 1-4 吉林省草地资源空间分布图

1.1.3 社会经济基本情况

2017 年末，全省总人口为 2717.43 万人，比上年末净减少 15.60 万人，其中城镇常住人口 1539.42 万人，占总人口比重（常住人口城镇化率）为 56.65%，比上年末提高 0.68%。全年出生人口 18.48 万人，出生率为 6.76‰；死亡人口 17.76 万人，死亡率为 6.50‰；自然增长率为 0.26‰。人口性别比为 102.72（以女性为 100）。

1. 农业劳动力资源丰富，亟待转移

劳动力资源是在劳动年龄内具有劳动能力的人口，劳动力是人的体力和智力的总和。2017 年末，吉林省农村劳动力资源总数为 840.31 万人，占总人口的 30.92%，占农业总人口的 51.2%。乡村劳动力 741.86 万人，占乡村人口总数的 43.5%，平均每一农户拥有劳动力 1.7 人，平均每一农村劳动力负担耕地 0.64 hm²。如果按目前的生产力水平估算，每个农村劳动力至少可以负担 1.0 hm² 耕地，因此，全省将有剩余劳动力 220 万人，亟待转移。

剩余劳动力转移具有较明显的地域性。吉林省是一个农业大省，城市化水平低，城镇容量狭小，农村人口长期用自己的剩余劳动甚至是相当部分的必要劳动为工业化提供大量资本积累，却无法随着自身人口积累量的增加而不断向城市流动，而是被强行留在农村，这就必然造成大量的剩余劳动力在农村滞留。虽然改革开放的不断深入和发展，为农村剩余劳动力的转移提供了较大的空间，但形势仍不容乐观。

2. 基础设施薄弱, 抗御自然灾害能力差

吉林省的农业生产受自然条件的制约, 丰、平、歉年对粮食产量影响巨大。好的农田水利基础设施条件, 可以人为地改变和克服自然条件的不利因素, 保证农业生产的稳定持续发展; 反之, 则影响农业生产的稳定持续发展。经过数十年的建设, 吉林省农田水利基础设施已得到加强和改善, 主要江河得到了初步治理。20 世纪末, 吉林省建成水库 1468 座 (其中大型水库 13 座, 中型水库 84 座, 小型水库 1371 座), 塘坝 4 万多处, 总库容 298 亿 m^3; 改建江河堤防 3900 km, 可保护耕地 70 万 hm^2, 保护人口 635 万人。修建机电排灌站 336 座, 共打机电井 26 万眼, 配套喷灌设备 9300 多台 (套), 治理易涝耕地 115 万 hm^2, 600 hm^2 以上灌区 159 处, 农田有效灌溉面积 129.3 万 hm^2, 占全省耕地总面积的 18.4%。但吉林省农田水利的基础设施仍很薄弱, 有效灌溉面积比例明显低于全国平均水平 (51%); 一些大型灌区始建于 20 世纪 50 年代, 工程标准低、设备老化, 甚至 “带病” 运行; 中部地区农田抗旱设施建设严重不足; 东部水土保持工程任务还相当艰巨, 一旦遇到大的自然灾害, 御灾能力低, 粮食减产幅度大, 难以保持农业生产的持续、稳定发展。

3. 交通综合运输网络密布, 通信快捷

吉林省地处东北三省及内蒙古自治区东部四盟的交通枢纽地带, 交通地位十分重要。经过一百多年的发展, 特别是近六十年的建设, 吉林省已经形成由铁路、公路、内河航运和空中航运组成的立体交通网络。

截至 2017 年, 吉林省铁路营业里程 4868.89 km, 现已形成以长春为中心, 由长 (春) 大 (连)、长 (春) 哈 (尔滨)、长 (春) 图 (们)、长 (春) 白 (城) 等为主要干线向四方辐射, 连接全省各市州及广大城乡的铁路网。

吉林省的公路建设突飞猛进, 截至 2017 年底, 全省高速公路通车里程达 2629 km, 自 1996 年吉林省第一条高速公路长 (春) 四 (平) 高速公路通车至今, 已建成长春至珲春、长春至营城子、长春至沈阳、长春至哈尔滨、长春绕城高速公路等。吉林省境内现有国道 6 条, 省道数十条, 县级公路一百余条, 其中等级公路占 94% 以上, 实现了省会长春到各市州二级以上公路连接, 基本实现了村村通公路。

吉林省内河航运里程达 1456 km, 航道主要集中在松花江、嫩江、鸭绿江、图们江 4 条大河上, 一般 4 月中旬至 11 月下旬为通航期。

吉林省航空业现已形成以长春机场为核心, 以延吉、吉林为补充, 辐射周边地区的航空网络, 可直达北京、上海、海口、昆明、香港、深圳等城市。

1.2　成土因素

1.2.1　气候

吉林省地处中纬度亚洲大陆东部, 濒临太平洋西岸, 属于温带大陆性季风气候区。

春季干燥多风、夏季温热多雨、秋季晴冷温差大、冬季漫长寒冷是其主要气候特征。虽然冬季漫长，但仍有足够的一年一熟作物生长季，特别是雨热同季，对植物的生长和农业生产极为有利。吉林省气候的地域差异明显，东部山地距海较近，降水丰富，气温较低，气候冷湿；西部松辽平原气温较高，降水较少。从经度分异由东部山区向西部平原是半湿润向半干旱气候类型过渡区，吉林省气候地域差异明显（图1-5）。气温、降水、日照、湿度、气压、风、霜冻甚至气象灾害都有明显的季节变化和地域差异。

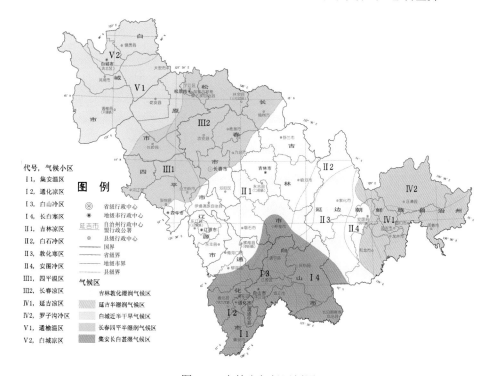

图 1-5　吉林省气候区划图

1. 气温

吉林省多年平均气温 5.1 ℃，最热月在 7 月，最冷月在 1 月。日平均气温 ≥0 ℃的初日在 3 月末或 4 月初，终日在 11 月上旬。≥0 ℃的活动积温为 2700～3600 ℃，≥10 ℃的活动积温 2100～3200 ℃，无霜期 140 d。热量分布总趋势是平原大于山区，南部优于北部，西部强于东部。

吉林省四季气温变化显著。冬季寒冷，全省 1 月平均气温在 –11 ℃以下，其中，长白山天池一带一般为 –22 ℃以下（图1-6）。春季，中西部平原平均气温为 6～8 ℃，低山丘陵为 6～7 ℃，东部山地为 6 ℃以下，老岭南鸭绿江谷地为 8 ℃以上，为全省最高。夏季，全省普遍温暖，7 月平原平均气温在 23 ℃以上，低山丘陵区为 22～23 ℃，东部山地为 22 ℃以下，长白山天池一带为 8 ℃，为全省最低。秋季，西部平原降至 6～8 ℃，东部山地多为 6 ℃以下，长白山天池一带低至 –5 ℃，为全省最低，集安 8.4 ℃，为全省最高。

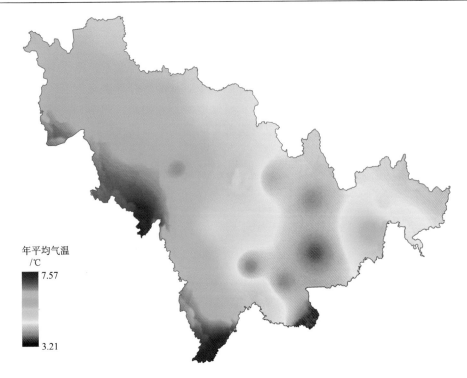

图 1-6　吉林省 1 月份平均气温分布图

　　全省气温年较差多在 35～42 ℃，日较差一般为 10～14 ℃，夏季最小，春秋季最大。全省极端最高气温多在 34～38 ℃，东部山地在 34 ℃以下，低山丘陵区为 36 ℃，平原区为 38 ℃以上，全省极端最高气温出现在 1995 年的白城市，为 40.6 ℃；全省年极端最低气温，西部平原长岭为–38.4 ℃，东部延吉为–32.7 ℃，中部长春为–38.4 ℃，1970年桦甸出现最低气温为–45 ℃，东部山区可达–40 ℃以下。全省气温年较差的空间分布趋势是西部大于东部，北部大于南部。

　　日平均气温≥10 ℃积温及其持续期的长短时间是决定一个地区热量资源是否丰富的主要指标。吉林省日均温稳定≥10 ℃初日出现在 4 月末或 5 月初，大致与终霜期一致，终日出现在 9 月下旬或 10 月上旬，比平均初霜期晚 5～10 d。≥10 ℃积温的持续期为120～170 d，≥10 ℃积温的分布大致随纬度和高度而变化，平原随纬度变化由南向北递减，东部山区集安可达 3100 ℃以上，一般随海拔增加而递减（图 1-7）。

　　全省年均无霜期 130 d 左右，平原地区为 140～160 d，山区一般为 120～140 d，通化地区南部可达 160 d，千米以上高寒区不足 100 d，长白山天池只有 60 d。一般地区 9月下旬见霜，高寒地区 9 月上旬或 8 月下旬即可见霜；终霜期多在 5 月上、中旬。东部地势较高的山区和东部偏北的敦化一带终霜期可晚至 6 月。除长白山区较低外，吉林省无霜期的总趋势是由西向东逐渐递增。

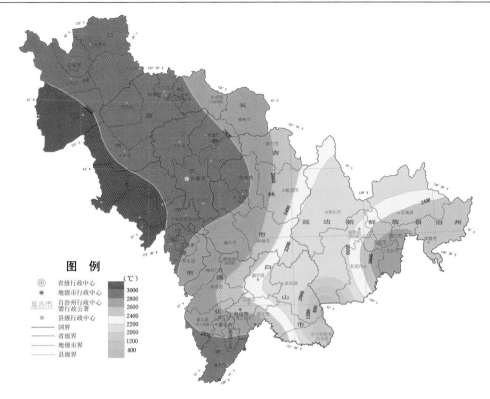

图 1-7　吉林省日平均气温≥10℃积温图

2. 日照

吉林省多年平均日照时数为 2259～3016 h，西部多，东部少，最多在大安，为 3016 h，最少在集安，为 2259 h。全年日照时数 5～9 月最大，为 2500～2800 h。西部平原区少雨，多晴好天气，日照百分率高，均在 65% 以上；中部在 65%～57%，中部山区和半山区多阴雨天气，日照百分率低，多在 57% 以下。吉林省的年太阳辐射总值在 $4462×10^6$～$5520×10^6 \text{J/m}^2$，由西向东递减。

吉林省日照时数季节分配不均匀，春季最多，为 700～800 h；冬季最少，为 500～610 h；夏季略少于春季，为 560～800 h；秋季多在 560～690 h。由于各地区间天气条件的不同，日照时数的地理分布差异较大。西部地区日照时数最长，为 2800～3000 h；东部山区最少，为 2150～2500 h。全省日照时数分布的总趋势是由东向西递增，山地少于平原，东部少于西部。

吉林省太阳辐射量也存在较大的地区差异，西部多、东部少，太阳年总辐射量最低值在珲春，最高值在双辽。白城、四平地区西部约为 $5200×10^6 \text{J/m}^2$，是全省光能最丰富的区域。长春、四平以东为 $4800×10^6$～$5000×10^6 \text{J/m}^2$，中部低山区为 $4600×10^6$～$4800×10^6 \text{J/m}^2$，通化地区在 $4600×10^6 \text{J/m}^2$ 以下。

3. 降水

吉林省属温带大陆性季风气候，年降水量为 300～1000 mm，降水量东西差异较大，从东或东南向西或西北递减，东部山区最多，年降水量除延边地区较少，为 484～678 mm 外，其他各地均在 700～900 mm；中部地区年降水量为 500～700 mm；西部地区最少，年降水量为 370～470 mm，其中，洮南、镇赉等地最少，不足 400 mm（图 1-8）。总体呈现出明显的湿润、半湿润、半干旱的气候特点。雨量集中于夏季，约占全年的 60%～70%，雨季自 5 月下旬由东向西陆续开始，9 月上旬到下旬由西向东先后结束。暴雨日最大降水量在 260 mm 以上，特别是连雨天之后的暴雨，在山坡较陡、植被覆盖较差的山区，易发生山洪，水土流失严重。主要河流泛滥多在 7 月中下旬至 8 月下旬。由于降水分布不均，流水作用对吉林中、东部地貌形态的形成具有决定性作用，除具有明显的地带性外，还具有明显的地区性特征。长白山雨季最长，从 5 月上旬到 9 月上中旬，长达 112～122 d，白城、通化及伊通、东丰、辽源、磐石等地较短，从 6 月上中旬到 8 月下旬，为 82～92 d。降水变率和降水强度大是吉林省降水的重要特征。按其受到切割的程度，东部山区的东坡为强切割类型，中部地区为中切割类型，西部平原为轻微（浅）切割类型，使吉林省东部山地和中部平原地区形成具有明显流水特征的地貌。

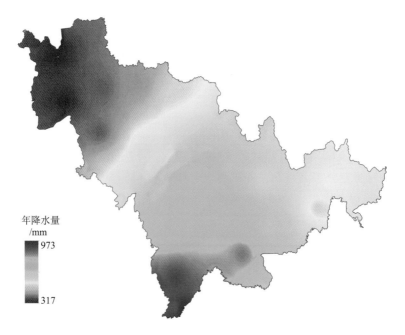

年降水量
/mm

973

317

图 1-8　吉林省降水量空间分布图

吉林省降雪期一年中有 5～8 个月，约在 10 月下旬到翌年 3 月期间，降雪量各地差异较大，长白山天池可达 362.1 mm，中部低山丘陵区为 100～150 mm，中西部平原为 50～100 mm，西部约在 50 mm 以下，白城、镇赉、洮南等地不足 30 mm。通常初雪始于 10 月初，终雪在次年 4 月末或 5 月初。

4. 风

风的作用对吉林省地貌形成也有显著的影响。吉林省西部受大陆性季风影响较大，冬季多偏北风，夏季盛行偏南风，春、秋两季南、北风多交替出现。全年>6级的大风以长春为最多，平均为97 d，其次为双辽，平均为76 d，四平地区多发生在春秋两季。≥8级的大风，春、夏、秋都以双辽为最多，分别为35 d、12 d和11 d。吉林省西部平原气候属于半干旱类型，风大、蒸发强，地表流水作用相对减弱，相反，风的作用较为活跃。所以，吉林省西部平原白城地区的大部、四平地区北部，特别是通榆、长岭一带，风蚀地面物质，形成沙丘、沙垄和土地沙漠化，形成风沙、黄土地貌。

1.2.2　植被

植被是影响土壤发生与分布的最活跃因素。它把岩石圈、水圈和大气圈联系起来，又把太阳能引进成土进程的轨道。因此，它对土壤肥力的影响具有独特的意义。

1. 植被类型

全省植被可分为地带性植被类型和非地带性植被类型，前者是地带性因素所决定的植被类型，包括暗针叶林、针阔混交林、次生阔叶林、草原化草甸、草原草甸以及草原等植被，后者是岩性、地貌、水文地质条件等非地带性因素所决定的植被类型。它们既反映了当地的生态条件的特征，同时也影响着土壤分布规律，现分述主要植被类型如下。

1）暗针叶林

海拔1100～1800 m的东部中山分布较广，所处条件为寒温带气候区，仅有利于暗针叶林植被生长，以鱼鳞松、冷杉、红皮云杉为主，几乎不见灌木及草本植物。林下阴湿，苔藓植物发达，地表残落物层厚，盐基少，富含粗腐殖质。

2）针阔混交林

分布在500～1000 m的中低山区，所处地带为温带大陆性季风气候区，水热条件有利于多种植物的生长，典型地段见于长白山保护区牡丹岭、和龙南岗山、汪清阴沟一带。主要树种为红松、云杉、臭松、水曲柳、紫椴、槭树、枫桦、黄菠萝、胡桃楸，林下有草本植物、蕨类和各种藤本植物。

由于立地生态条件的不同，树种组成有一定差异，长白山区红松较多，老岭—龙岗山红松较少，而鱼鳞松、臭松较多，老岭南坡森林内，可以见到天女木兰-油松阔叶林，与所处位置偏南、热量条件好以及受鸭绿江的影响有关，又如，汪清太平岭—盘岭，海拔800～1100 m的红松阔叶林中阔叶树种以小叶枫桦居多，因此，有"红松-小叶林"之称，张广才岭750 m以上的红松阔叶林的特点是鱼鳞松较多，与所在地气候较寒冷有关。

3）次生阔叶林

次生阔叶林是针阔混交林遭受天然和人为破坏以后产生的森林植被，主要分布在低山丘陵区以及800 m以下的中山区。

次生阔叶林树种以蒙古栎为代表，尚有黑桦、白桦、山杨、椴树、春榆、色木槭、怀槐等，林下灌木以胡枝子和榛柴为主，各地树种组成也因立地条件不同而有一定差异。

老岭大部分山地为次生林，阴坡主要树种为色木槭、糠椴、鹅耳枥，阳坡为栎林，除蒙古栎林外，大叶柞大量侵入，在阳光充足的地方有油松生长，形成油松阔叶林。

龙岗山地次生阔叶林主要树种为山杨、白桦、怀槐、黄菠萝、水曲柳、色木槭、糠椴、蒙古栎。

延吉—珲春 700m 以下的低山丘陵为次生半旱生的蒙古栎林，阴坡灌木多为榛柴，阳坡多为胡枝子，草本植物多为耐旱植物。吉林哈达岭南端丘陵地原始森林全被破坏，目前均为次生栎林。阳坡以辽东栎、蒙古栎为主，林下灌木以榛柴为主，草本植物有玉竹、苍术等。辽东栎入侵，说明所在区气候温暖。阴坡土层较厚，系由怀槐、色木槭、糠椴、山杨、蒙古栎及辽东栎组成的小杂木林，灌木主要为榛柴，草本植物较多。

吉林哈达岭、老爷岭一带，低山丘陵一般在 800 m 以下，原始森林已砍伐殆尽，目前成为由山杨、黑桦、色木槭、槭树、白杨、糠椴组成的次生阔叶林，林下灌木多为针阔混交林下植物，数量较多，可能与林内阳光有关，草本植物、蕨类发达。

此外，在辉发河—蛟河盆谷地周围的丘陵和低山以及土们岭低山丘陵多为山杨、黑桦林、蒙古栎林或黑桦-蒙古栎疏林，灌木多为胡枝子，阴坡土层厚，水分条件好，树种较多，草本植物也较多。

4）草原化草甸

位于大黑山山前台地，为森林与草原接壤之处。关于这一过渡区植被性质的问题，以往多有争议，因而有森林草原、森林草甸以及稀树草原等不同的名称。鉴于吉林省森林与草原分界明显，从土壤发育看，这一过渡地区，土壤母质黏重，加上春季冻层持续期较长，土体上层滞水明显，有利于草甸植被的生长，杂类草高，组成复杂，生长旺盛，因而黑土的特点是腐殖质积累多，腐殖质层深厚，因而采用了草原化草甸植被的命名。

目前，这一过渡地区绝大部分为耕地，原始植被群落不复可见，由局部荒地的植物组成看，其特点是：在草甸植被组成中有一定数量的草原植物，它们共同组成草原化草甸群落，草甸植物主要有大油芒、唐松草、野豌豆、拂子茅、牡蒿、紫菀、东风芽、辣蓼铁线莲、薹草、早熟禾、问荆、委陵菜、裂叶蒿、地榆、岩败酱、野火球、石竹、桔梗、溚草、柴胡等，草原植物主要有西伯利亚羽茅、西伯利亚蒿等。此外，台地的沟谷处生长蒙古栎或榆树。

5）草甸草原

草甸草原是旱中生植物占优势，并伴有相当数量的中生杂类草的植物群落，广泛分布于吉林省西部松辽平原之中，往西草原植被比重增加。建群种为羊草，其他常见的种类有阿尔泰紫菀、甘草、野古草、委陵菜、胡枝子、野豌豆、黄芩等。

6）草原

以旱生草本植物为主，主要分布于大兴安岭东南山麓台地。在地势高、地下水低的半干旱气候条件下，真旱生植物长芒羽茅取得了优势，构成真草原。除羽茅外，常见旱生草本植物有百里香、藜芦、防风、唐松草、知母、狼毒、矮小柴胡、绵枣儿等，局部地方山杏成片。

7）榆树疏林

分布在吉林省西南部沙丘上，树种为榆树、栓皮栎、骆驼蒿、山杏、小叶锦鸡儿、麻黄等。

8）草甸

主要分布于松辽平原的低平原或地表水与地下水汇集的洼地，在山区盆谷低平地也有广泛分布，东部地区典型的草甸植物有小叶樟、沼柳、薹草等，西部地区有羊草、狼尾草、狼尾拂子茅、鸢尾、野古草，近沼泽附近，生长野稗草、三棱草、芦苇茅。

9）沼泽植物

东部山区谷盆地内的甸子上，以湿生植物水葱、香蒲、水芹等为主，积水较多的地方，则苔属形成塔头甸子。有些甸子柳属、山高粱等灌木占优势，有代替湿草甸之势。有时也有落叶松形成的黄花松甸子。西部地区洮安河、霍林河故道，大沁塔柱以及许多泡子周围，生长芦苇、香蒲、水芹、小叶樟等沼泽植物，往往形成单纯的芦苇沼泽，当地称为苇塘，为重要的芦苇资源。

10）盐生植物

西部平原的闭流性洼地或泡沼周围，由于盐分积累多，多形成盐生植被，如碱蓬、碱蒿、剪刀股等。盐分最重的地方，则为光板地，寸草不生。对应盐成土。

2. 植被的区域分异

吉林省地域广阔，由东南而西北，随着地质构造和地貌地势的变化，距海洋的远近，植被类型呈现明显的地域分异规律。首先是森林和草原的区域分异，这是以水分为主导因素引起的植被类型的宏域分异，其分界线甚为明显，即大黑山一线以东为森林区，以西为草原区，这是中国东部森林和西部草原区域分异在吉林省的反映。这里所指的大黑山线，是指由四平东北靠山屯起，向东北延伸为大黑山、土们岭以至黑龙江省境内大青山以及第一松花江之滨，乃是一条很长而整齐的海西花岗岩和变质岩所组成的山脉状丘陵。它是一条很明显的地质地理分界线。

东部山区受太平洋季风的影响，水热条件为森林生长提供了有利的条件。广大山区，因生态条件的差异，林型复杂，既有原生针叶林和针阔混交林，也有次生阔叶林。长白山主峰海拔 2691m，以顶端往下，不同植被带有规律地交替，构成了完整的中山垂直带谱，老岭南部，气候温暖，华北植物油松、辽东栎等大量侵入，林下还残留亚热带小乔木天女木兰等。

低山丘陵区地势较低，坡度较缓，原生林砍伐殆尽，次生阔叶林广泛分布，其建群种为蒙古栎。低山丘陵区的南端，接近暖温带区域以蒙古栎为主，其中北部则为山杨-黑桦-蒙古栎次生阔叶林。

大黑山—土们岭山前谷地为草原的东段，其中次生阔叶树种以蒙古栎、榆为主，生长稀疏。草本植物为高中生杂类草，种类多，无优势建群种，是森林向草原过渡的反映。

西部平原为以平草为建群种的草原植被，具有旱中生、耐盐碱、生长较矮小的生态特点。

吉林省西北角为大兴安岭东南山前的丘陵台地，植被为以羽茅、隐子草为建群种的草原，植被生长矮小，为旱生真草原，系我国西部真草原组成的一部分。

综上所述，吉林省植被类型区域分异规律可概括如下：

东部森林区	针阔混交林带	中山针阔混交林
		低山丘陵次生阔叶林
西部草原区	草甸草原带	山前台地草原化草甸草原
		平原草甸草原
	草原带	山麓台地真草原

上述植被类型及其分布，反映了吉林省不同地区生物气候条件和同一植被地带内水热条件以及地貌特征的差异，也反映了植被组成对土壤发生与分布的重大作用和人为因素的深刻影响。

1.2.3 地貌/地形

吉林省地域辽阔，境内由东向西自然条件复杂，土壤类型繁多，目前对土壤资源的利用以农业、林业为主。农业用地约占全省土壤总面积的 28%，林业用地约占 47%，牧业用地仅占 14% 左右，副业、渔业用地很少。

1. 土壤资源利用

根据气候、地形和植被类型等的差异，对土壤资源的利用可分为四种类型。

1）东部山区

包括延边、白山、通化（州、市）和辉南、柳河两县的一半，蛟河、桦甸的少部分。地势高峻，气候冷湿，无霜期短，除山间狭小的河谷地带外，大部分山地坡度较陡，不适农耕，耕地土壤主要是暗棕壤和白浆土。该地区以林业为主，林地占 80%，耕地仅占 10% 左右，农林牧用地比例为 1.1∶8.2∶0.7。

2）低山丘陵区

包括吉林市、通化市的柳河、梅河口、辉南、辽源，长春市的双阳区和九台区（部分）。有较宽的盆谷地。耕地土壤除暗棕壤和白浆土外，有较多的草甸土和冲积土。无霜期也较长，比较适合农业生产，故林地比重较山区为少，占 61%，耕地占 23%。农林牧用地比例为 2.5∶6.7∶0.8。

3）中部波状起伏平原区

包括长春市，四平市的公主岭、梨树、伊通，松原市的扶余和前郭、长岭的一部分。气候湿润，地势较平坦，主要土壤类型是黑土、黑钙土和草甸土。土质肥沃，适于农耕，是吉林省的主要农业生产基地。耕地占 60%，林地占 13%，草地占 1%，其农林牧用地比例为 7.4∶1.6∶1。

4）西部平原区

包括白城市的镇赉、大安、洮北、洮南、通榆和松原市的乾安、长岭县，双辽市和梨树、公主岭两县（市）的少部分。该区大部分属于松嫩平原低平地，宽阔而平坦，但多沙丘和泡沼，气候较干旱，部分土壤沙化碱化。主要土壤类型是淡黑钙土、盐碱土和风沙土，土质较贫瘠。耕地和草地面积相近，各占 38%，林地占 9%，农林牧用地比例是 4.5∶1∶4.5。

2. 地貌基本轮廓

根据吉林省地质构造的特点，以四平—长春一线为界，全省可分为两个一级地貌区。西部是以沉降为主的松辽平原拗陷区；东部地区是以上升剥蚀为主的老爷岭—长白山隆起区。由于各地所处的构造部位和新构造运动类型及其特点不同，地貌成因类型有显著的差异。整个地势自东南向西北方向呈阶梯式下降：①长白山、南岗山、老岭为中山，海拔 1000 m 以上，割切深度 500m 以上，沟谷稠密，多成槽形峡谷，河岸分布一至六级阶地，其中二至六级阶地大部分为基座阶地；②龙岗山、张广才岭、老爷岭为低山，海拔 1000 m 以下，割切深度 200～500 m，沟谷呈 V 形，沿河谷有一至五级阶地，其中二至五级阶地大部分为基座阶地；③吉林哈达岭、大黑山为丘陵，海拔 400 m，割切深度200 m 以下，沟谷多呈 U 形，沿河分布一至四级阶地；④伊通—舒兰盆地，海拔 200～300 m，割切深度 100 m 以下，沟谷呈 U 形，河漫滩和一至二级阶地特别发育。这种地貌的分布规律正好反映从东南到西北方向新构造运动隆起上升的频率和幅度越来越小，而沉降的频率和幅度越来越大的特点。全省山地面积占总面积的 60%，平原占 40%。东部长白山的白云峰海拔 2691 m，是东北区的最高峰。

吉林省的地貌形态包括中山、低山、丘陵、台地和平原 5 个基本类型（图 1-9）。

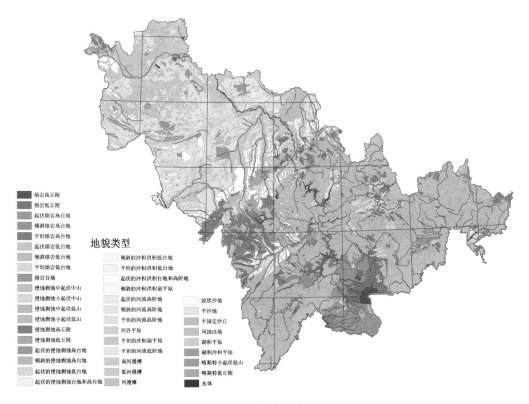

图 1-9　吉林省地貌类型

3. 地貌主要类型的形成

1）火山地貌

（1）火山中山。位于长白山熔岩台地的东部。如白云峰是经过多次火山喷发，由火山碎屑和熔岩叠加而成的火山中山。底部直径 60 km，底部的海拔在 1000 m 以上。位于我国境内的白云峰海拔 2691 m，顶覆灰白色浮岩。火山锥顶的天池（火口湖），水深 373 m，为我国东北最高最深的湖泊，其北侧有一出口，形成 68 m 落差的长白瀑布，景象壮观。钵体周围发育有放射状水系。

（2）熔岩丘陵。主要分布于长白山火山锥体的西北侧，海拔 1100～1300 m，其面积占全省面积的 0.01%。根据相对高度可分为熔岩高丘陵和熔岩低丘陵，个别峰顶相对高度超过 200 m。主要由新近纪熔岩组成，间有小型火山锥体。山顶大多平缓，山坡坡度小，周围水系稀少。

（3）熔岩台地。包括著名的长白熔岩台地（或称长白熔岩高原）和靖宇熔岩台地。此外，牡丹江谷地、第二松花江谷地（吉林以北）和延边朝鲜族自治州北部的哈尔巴岭、盘岭等山地的上部，也有大片分布。总面积 1 万多平方千米，占全省面积的 5.8%。

（4）熔岩谷地。主要分布在靖宇熔岩台地的西南和西北的一些谷地。主要由第四纪晚期的熔岩流充填河谷谷底而形成。

2）流水地貌

（1）侵蚀剥蚀中山。主要分布在张广才岭—龙岗山脉一线以东的广大地区，包括老爷岭、牡丹岭、南岗岭、哈尔巴岭、老岭等山脉。在张广才岭—龙岗山脉一线以西的老爷岭和吉林哈达岭北段也有分布，海拔均在 800 m 以上，最高可达 1600 余米。山体走向多与构造线一致，大多呈北东向平行排列，山间有中、新生代断陷形成的延吉、珲春、敦化等较大的山间盆谷地。侵蚀剥蚀中山面积 3.7 万余平方千米，占全省面积的 19.7%。

（2）侵蚀剥蚀低山。大部分集中在东部山区中山的两侧，以及大黑山、吉林哈达岭等地，面积近 3 万 km²，约占全省面积的 15.8%。

（3）侵蚀剥蚀丘陵。主要分布于吉林省的中部山前冲积、洪积台地以东至张广才岭—龙岗山脉一线以西的广大地区，以大黑山和吉林哈达岭南段最为集中，为西部平原向东部山地的过渡类型。此外，在东部山地的盆谷地带边缘和大河谷地两侧均有分布。面积有 1 万多平方千米，占全省面积的 5.7%。

（4）侵蚀剥蚀台地。主要分布于吉林省东部山地中河谷盆地的两侧和低山丘陵的边缘地带。多见于布尔哈通河和海兰江谷地、拉法河谷地、拉林河支流卡岔河上游（白清河）谷地和溪浪河中下游谷地，以及辉发河中游河谷平原的两侧。面积约 5500 km²，约占全省面积的 3%。

（5）冲积、洪积台地。主要分布于大黑山山前地带、伊舒地堑的两侧和辉发河谷地。面积有 600 km²，约占全省面积的 0.3%。

（6）河流高阶地。高阶地广泛分布于大、中型河流谷地的两侧，在吉林省中部平原地区面积较广。高阶地总面积约 1.6 万 km²，占全省面积的 8.5%。

（7）冲积、洪积扇平原。主要分布于大兴安岭东麓，白城与镇赉一线以西，海拔 140～

200 m，相对高度 25 m 左右。由冲积、洪积物组成，上部为赭红色、黄褐色黏土夹砾石，下部为灰白色砂砾夹黏土透镜体。地面由西北向东南倾斜，呈扇形展开，构成倾斜的冲积洪积平原。

（8）冲积扇平原。分布于大兴安岭东麓，白城—洮南以西，即洮儿河下游地区，地面较平坦，从西北向东南缓缓倾斜，并呈扇形展开。扇体由近代冲积物组成，其下为砾石层，富含地下水，由前缘溢出，形成沼泽湿地。

（9）河谷平原。主要指分布在东部山地大小河谷中的谷地平地，尤其在各流域的大小盆地，如舒兰、伊通、吉林市、蛟河、敦化、延边、珲春等盆谷地内，分布较广。面积达 2.34 万 km²，占全省面积的 12% 以上。

（10）河流低阶地。即一级阶地，主要分布在吉林省中、西部地区各河流沿岸，总面积 2 万 km²，占全省总面积 10% 左右。

（11）河漫滩。主要分布于第二松花江、嫩江、东辽河、洮儿河和霍林河下游及其支流沿岸，东部山地河流两岸的河漫滩一般被划入河谷平原。第二松花江及其支流饮马河、伊通河和嫩江、拉林河、东辽河、洮儿河以及霍林河下游等平原型河流普遍有发育明显的高、低河漫滩，宽 10～15 km，最宽达 20 km 以上。河漫滩总面积（含水面）约 2 万平方千米，占全省总面积的 10% 左右。

3）风成地貌

风成地貌主要分布在吉林省西部平原地区，总面积 7000 km²。

（1）沙丘。主要分布在吉林省西部平原的西南部，群众称为坨子。孤立或集中分布，沙丘群起伏连绵，一般高差 5～10 m，坡度 3°～5°，迎风面常有风蚀坑、风蚀沟。

（2）沙地。主要分布在西部平原沙带的边缘区及扶余、农安、公主岭、双辽等县（市）的西部。沙地高差 1～3 m，坡度小于 5°。

（3）风蚀洼地。与沙丘相间分布，多呈马蹄形、椭圆形的封闭或半封闭形态，多具有西坡缓、东坡陡的特点，面积一般 2～4 km²，有的其间积水，周围有草甸、沼泽与盐碱地分布，群众常称甸子。

4）湖成平原

主要集中分布在嫩江、洮儿河、霍林河、第二松花江等河流的下游以及平原西南部沙地间的低洼地，面积 4100 km²，占全省面积的 2%。其特征是地势低平，海拔 120～160 m，地面组成物质主要为湖积或冲积、湖积的砂、亚砂土和淤泥质亚砂土。湖成平原多分布于现代和古代湖泊的周围。如月亮泡、大布苏湖等许多湖泊周围发育有一二级湖成阶地。

现代湖泊大小约有 700 个，有淡水湖和盐碱湖，其中白城及松原地区有 600 多个。

5）冰缘地貌

吉林省的冰缘地貌现象分布较广。不仅有古冰缘现象，也有现代冰缘的发育。长白山白云峰为东北现代冰缘区之一，冰缘地貌发育。主要类型有寒冻风化岩屑堆、岩屑坡、倒石堆、山上阶地、雪蚀槽谷、石海、石川、石带、石多边形、雪蚀岩龛、融冻泥流阶地、多边形土等，长白山冰缘地貌的发育主要受地形、岩性和高寒气候的制约，属中纬度垂直地带性的高寒冰缘环境，其下界经研究定为暗针叶林的下界，大约与年平均气温

0 ℃的等温线一致。

4. 古地理与新构造运动

新构造运动是古近纪和新近纪以来的地壳垂直与水平运动。自古近纪和新近纪以来，吉林省地质构造发生了一系列的建造与改造的演变：既有老断裂重新活动，又有新断裂和褶皱产生；既有区域性隆起并遭受剥蚀，又有区域性沉降并接受沉积，从而改变着原有的地貌形态。进而引起湿润与干燥气候、冰缘期与间冰缘期以及生物的分布、迁移和发展，影响着不同时期不同沉积物类型、性质、特点和分布规律。因此，了解吉林省新构造运动的概貌，对认识吉林省土壤发生和分布具有重要的意义。

古近纪和新近纪期间，吉林省气候温暖湿润，河流湖泊发达，山地侵蚀速度大于上升速度，经过长期剥蚀，留有多级夷平面，例如老爷岭和吉林哈达岭在 800 多米高处尚保存和缓的坡状起伏的丘陵；张广才岭虽是中山地貌，但大部分还是古近纪形成的 800～1100 m 的剥蚀面，缓丘波状起伏，高差 50 m 左右，坡度只有 10° 左右；龙岗山和老岭在古近纪构造上也为宁静期，地表长期进行剥蚀而准平原化，在现在 800～900 m 高的山顶上仍留有此期形成的剥蚀面。西部松辽平原仍继续下降，在湖盆地和山间盆地，接受了数百米乃至千米的砂砾岩和泥岩的堆积。孢粉分析证明，古近纪松辽平原生长铁杉、罗汉松和山核桃等喜热树种以及桦、赤杨、栎、榆、榛、胡桃等阔叶树种，它们属亚热带针阔混交林群落，反映了吉林省温暖湿润的古气候特点。

早更新世早期，全球进入冰期，气温下降，寒冷气候波及东北，吉林省进入冰缘期。

中更新世早期，我国东北地区地壳活动加剧，长白山继续隆起，小兴安岭不对称上升，也是又一次火山活动高潮时期，以裂隙式喷溢为主，其强度和范围仅次于上新世。此时，在早更新世晚期形成的大地貌格局雏形上形成近似现代形态特点的地貌，直至今日。中更新世早期，西辽河平原接受大量中砂、细砂、粉砂和含砾砂层堆积。中更新世晚期，气候转暖，在间冰期间，黄土形成棕黄微红色，氧化钙向下淋洗，形成大量钙结核。

晚更新世东部山地新构造运动振荡式强烈上升，侵蚀切割明显，低山丘陵区和山前台地区树枝状沟谷发育，层状地形明显。中山区和低山区有火山活动，以裂隙式喷溢为主，多充塞于现代河谷之中，以牡丹江中游镜泊湖一带最为发育。台面构成二级阶地，其强度较小，面积也不大。较大河流已构成现代河流的基本轮廓，河谷中冲积物二元结构典型，上部主要为黄土状物质或亚黏土，下部为砂、砾石层。晚更新世晚期的黄土沉积省内均有分布，以松辽平原区南部最为发育，称为新黄土（Q$_3$ 群力组），与马兰期黄土相当，常直接覆于早期的冰水沉积物（Q'$_3$ 顾乡屯组）之上，或如长春—陶赖昭地堑上，覆盖在 Q$_2$ 老黄土之上。但黏粒含量黄土状亚黏土高于松辽平原黄土状亚砂土。碳酸盐含量东部小于西部。晚更新世晚期，全球温度降低，海面下降，大陆面积扩大，松辽平原转入最寒冷的阶段。因受强大极寒流控制，夏季风萎缩，降水减少，植被为半荒漠草原。在强大的反气旋风作用下，在科尔沁草原西南、南部地区至松辽平原西部，普遍分布流动沙丘，这是科尔沁沙地和松辽平原沙地范围最大时期。在长岭—通榆一带形成梁窝状沙丘。尘暴带走的粉砂细粒物质，被携带到东部和南部外缘地区堆积。

全新世时期，气候转暖，西伯利亚冰川后退，东北气候有明显的改变，各个地带向北迁移，回到中更新世期的位置。

全新世期间，长白山区有 3 次火山活动，龙岗山有 1 次火山活动，均为中心式喷发，规模小，强度弱，说明从中新世至全新世，火山活动频率似有增加趋势，但其规模和强度表现出越来越弱的趋势。

全新世期间，松辽平原低平原沉降基本停止，气候比以前温暖湿润，永冻土仅在平原的最北端作岛状分布。地面径流发生变化，沼泽、草甸化强烈发展，沉积层中出现泥炭层或草甸土埋藏层。由于松花江、嫩江、第二松花江、东辽河等大河流在晚更新世已经形成，全新世河流只能在有限范围内迂回摆动，全新世以来，境内至少经历两次振荡运动，河流将晚更新世冲积物大部分侵蚀掉，以内叠式或上叠式堆积了新的冲积物，漫滩岩性为砂质冲积物的一级阶地，二元结构明显，上部为黏性土，下部为砂砾层，其间可见泥炭堆积。二级阶地为中更新世黄土状沉积物。全新世晚期，因松辽平原位于西风盛行带，气候较干旱，有利于风沙活动。平原中西部和南部由于冬季强劲的西风或西南风侵袭，将晚更新世砂层掘起，短距离搬运或就地堆积，形成高数米至数十米的砂盖和砂垄，改变了松辽平原的面貌。根据对松辽平原古沙地土壤的研究结果，本区全新世沙地有 4 次发展和逆转过程，古土壤从东南向西北（呼伦贝尔沙地直至内蒙古境内）方向延伸以及古土壤与风成沙多次交替出现，是东南季风多次进退和半干旱、半湿润气候多次迁移的结果，一般进退宽度为经度 5°～8°。

1.2.4　成土母质

母质是岩石风化的产物，是形成土壤的物质基础，作为母质，可以是岩石风化的直接产物，也可以是岩石风化产物经外力搬运而形成的各种沉积物。如果把土壤视为一个开放系统，母质就是这个开放系统的起始状态（$t=0$）。不过确定母质的原始状态是很困难的，因为土体（A+B）的物质起源及其性质并不总是与其下垫层的物质相同（吉林省土壤肥料总站，1997）。

成土母质和土体存在类似于血缘的密切联系，土壤的发生及其组成与性质又受母质的起源和性质的影响。因此，了解吉林省的母质类型有着重要的理论和实际意义。

根据成因将全省各种成土母质分为如下几种类型。

1. 残积物

残积物为基岩经过物理化学风化，未经搬运就地堆积的碎屑物，广泛分布于本省的山区，地形部位是平缓的分水岭和夷平面。

残积物的颗粒组成从数厘米到十多厘米（或更长）的细微到大块的黏粒，大小差异极大。其数量分配，砾石含量至少占 30%（体积分数）以上，因气候条件和岩石性质而异。残积物的厚度一般小于 1 m，薄者只有 10 余厘米，也因气候和岩石类型而异。其厚度和砾石含量是影响土壤生态条件的重要因素，对高级分类单元和基层分类单元有着重要意义。

吉林省残积物的构成岩石以岩浆岩为主，沉积岩次之，变质岩不多。按照残积物基岩性质分为以下几类：

（1）酸性岩残积物。主要包括花岗岩、片麻岩、流纹岩的风化物，其中花岗岩风化物是山地分布最广的一种母质。主要分布于安图东北部、和龙高岭、珲春北部、汪清东北部、永吉东部、磐石东部、桦甸东部、舒兰东部、伊通和辽源东南部。

表 1-1 是华力西晚期花岗岩（1，2）和燕山第二期花岗岩（3，4）的化学组成，可以反映花岗岩母质化学组成的特点，SiO_2 含量占 70%以上，R_2O_3（R=Al、Fe）含量占 15%，CaO 和 MgO 含量<5%，P_2O_5 含量<0.10%。由于含砾高，风化物磷、钾储量低，透性高，易受侵蚀。

表 1-1　主要花岗岩化学组成　　　　　　　　（单位：%）

序号	岩性	SiO_2	TiO_2	Al_2O_3	Fe_2O_3	FeO	MnO	CaO	MgO	K_2O	Na_2O	P_2O_5
1	黑云母斜长花岗岩	71.04	0.35	14.38	1.78	2.8	0.10	0.71	2.22	2.00	3.74	0.10
2	斜长花岗岩	73.61	0.23	13.91	0.25	1.24	0.04	3.87	0.64	0.54	5.42	0.06
3	白岗质花岗岩	76.32	0.05	12.56	1.14	0.73	0.00	0.48	0.03	4.02	4.06	0.03
4	白岗岩	76.26	0.05	12.58	1.10	0.69	0.14	0.24	0.10	4.21	4.18	0.03

（2）中性岩残积物。包括闪长岩、闪长斑岩、安山岩、凝灰岩、正长岩、正长斑岩、石英正长岩、角闪正长岩等岩石的风化物。吉林省中性岩主要是安山岩、凝灰岩以及安山质或凝灰质角砾岩。闪长岩和闪长斑岩在花岗岩岩体中呈岩脉，正长岩和正长斑岩在花岗岩岩体中呈小岩株，因此，它们的分布与花岗岩大体相近，但面积很小。安山岩、安山质角砾岩在龙井、永吉、桦甸、白山、通化等地也有零星分布。山体形态多为牛心状、马蹄状、钟状。中性岩及其风化物的颗粒组成与化学组成介于酸性岩和基性岩之间（表 1-2）。

表 1-2　中性岩化学组成　　　　　　　　（单位：%）

序号	岩性	SiO_2	TiO_2	Al_2O_3	Fe_2O_3	FeO	CaO	MgO	K_2O	Na_2O
1	安山岩	55.08	1.10	17.04	4.99	2.26	3.44	4.83	1.22	6.22
2	粗面岩	60.72	0.18	19.40	5.79	0.85	0.00	0.23	6.09	5.88
3	正长岩	59.73	0.25	17.57	5.04	2.51	1.12	0.32	5.65	6.15
4	正长斑岩	60.21	1.05	18.21	5.32	0.44	0.49	0.04	9.52	2.48

（3）基性岩残积物。主要是玄武岩、辉长岩、橄榄岩等岩石的风化物。吉林省的基性岩风化物大多为新生代玄武岩组成，其分布广，面积大，主要见于长白山熔岩高原、靖宇熔岩台地以及长白山火山锥西北侧的熔岩丘陵。

中生代基性或超基性岩残积物分布较广，主要见于辉发河、古洞河、断裂带，多呈岩株状，脉状或盆状成群分布。基性岩化学组成特点是 SiO_2 含量占 45%～55%，R_2O_3 含量占 5%～20%，CaO 和 MgO 含量高，但是，华力西晚期基性岩（1，2）与燕山期基性岩（3，4）的化学组成有明显的差异（表 1-3）。基性岩残积物常较黏重，适水性差，常形成大面积沼泽。

表 1-3　基性岩与浮岩化学组成　　　　　（单位：%）

序号	岩性	SiO₂	TiO₂	Al₂O₃	Fe₂O₃	FeO	MnO	CaO	MgO	K₂O	Na₂O	P₂O₅
1	纯橄榄岩	40.31	0.08	0.89	5.22	2.71	0.07	0.87	36.28	0.17	0.10	—
2	辉长岩	43.17	0.16	15.75	3.07	5.81	0.06	12.67	15.13	0.09	0.70	—
3	橄榄玄武岩	48.97	1.09	19.88	3.08	5.32	0.06	10.43	4.82	1.00	3.03	0.21
4	玄武岩	52.87	1.75	15.73	2.73	8.12	0.13	6.94	4.13	2.31	3.18	0.38
5	浮岩	70.75	0.30	11.09	2.02	2.57	0.07	0.69	0.32	4.18	5.30	0.05

（4）泥质岩风化物。包括页岩、粗砂岩、细砂岩、砾岩、板岩等岩石风化物。分布较广，面积也较大。风化物较黏，富含磷、钾、钙。

（5）砂砾岩残积物。包括砂岩、砾岩、粗砂岩、细砂岩、粉砂岩等岩石风化物，常与页岩交互出现。风化物富含石英、疏松、通透性好，但养分不足。

（6）片岩残积物。主要分布于安图南部、和龙卧虎山、龙井开山屯一带。岩石坚硬，不易风化。全层疏松，透性好，微量元素较丰富。

（7）石灰岩残积物。主要分布于汪清中部、安图、磐石、永吉、双阳等地。尤其发育而成的土壤土体局部间夹石砾石灰岩块而不连续，并富含有机质。

2. 坡积物

坡积物在吉林省山区分布最广，它是岩石风化物通过坡面径流搬运而沿斜坡中、下部位堆积的沉积物。其上部常与残物层相连，与下垫层无直接联系。组成特点是无分选性，颗粒成分差异极大，因气候、地形和岩性而异。

3. 洪积物

多分布于山前地带，由河流搬运而在河谷出口处形成的堆积物。其组成特点是有一定的分选性、成层性和磨圆度；岩石种类和矿物成分多与上游集水区岩性有关，地面形态呈扇形，多个连在一起，成为扇形洪积平原，吉林省西部白城一带便是比较典型的扇形洪积平原。

4. 黄土与黄土状物质

黄土是我国第四纪地质历史时期广大干旱地区内经风力搬运而堆积的产物，呈黄色或棕黄色，质地均一，含碳酸盐的粉砂壤土，具有多孔性，显著的垂直节理。一般把上述典型特征的风成黄土称为黄土，而把不够典型、各种成因的黄土称为黄土状物质。一些研究者指出，松辽平原的黄土，宏观上分布在平原或盆地的边缘，其中西部边缘分布面积小（仅在内蒙古开鲁盆地边缘有分布），但厚度较大；东南部则分布在松辽平原东南的隆起部位，分布高程 180 m 以上，地形稍有起伏，长春位于其中，平原中部则无黄土分布。但是，这里指的黄土并非典型黄土，而是黄土状物质。

吉林省黄土状物质分布很广，面积也较大，是一种很重要的成土母质。根据其颗粒分布的差异，通常将其分为黄土状亚黏土和黄土状亚砂土两大类型，前者为中更新世

（Q_2）产物，主要分布于省内山前台地和低山丘陵；后者为晚更新世（Q_3）产物，分布在松嫩平原。但是，东部山前台地不仅有 Q_2 时代的产物，也有 Q_3 时代的产物，并且也是黄土状亚黏土。

1）黄土状亚黏土

吉林省黄土状亚黏土主要分布于大黑山山前台地。此外，在低山丘陵区的盆地或河谷阶地（多为二级阶地）也有分布。现以长春地区为例，说明山前台地上黄土状亚黏土的组成、性质及其起源。

黄土状物质是长春地区第四纪地层分布最广、厚度最大的一套地层，主要呈条状分布在伊通河两侧的一级和二级阶地上，河漫滩多为淤泥质亚黏土，而不见黄土状物质。

研究表明，黄土状物质是一套颜色变化有规律的地层。据长春市南郊刁家山砖厂第四纪地层剖面，整个区域较下层砂质含量稍增，色淡无结核，黏塑性减弱。

长春地区黄土状物质粒度分布较集中。大于 0.25 mm 的含量为 0，0.25～0.1 mm 的含量也较少，其颗粒主要集中在 0.05～0.01 mm 和 <0.001 mm 的细粉砂和黏粒级中，基本上是一套粉砂质黏土。

在垂直剖面上的变化，在 4 m 深度以下（下层），粉粒含量 16.09%～28.59%，黏粒含量 61.90%～73.31%；在 4 m 深度以上（上层），砂粒含量 12.52%～16.66%，粉粒含量 39.17%～45.96%，黏粒含量 41.99%～46.10%。上下两层颗粒组成明显不同，反映两层黄土状物质是在不同时代、不同沉积环境下形成的。

黏粒矿物分析表明，长春黄土状物质黏粒矿物主要以伊利石、蒙脱石为主，分别占 62.88%～67.22% 和 22.9%～24.25%，还有一定量的高岭石，占 9.32%～12.87%。随着剖面深度增加，蒙脱石含量逐渐升高，由 20.1% 左右骤增至 30% 以上，而伊利石含量降低，由 66% 以上降到 61% 以下，最低达 55.1%。在剖面深 4 m 处，这种变化尤为明显。蒙脱石含量升高和伊利石含量降低，常常代表沉积环境由干燥凉爽向湿润转变。因此，黄土状沉积的气候环境从相对温湿的环境向干燥凉爽的环境转变。矿物分析结果表明，下层重矿物组合中不稳定的绿帘石和角闪石含量很低，其晶形良好，从另一个侧面反映当时的气候条件是较温湿的，黄土状物质的搬运距离是较短的。

上层的重组矿物主要为不稳定的绿帘石、角闪石和一定量的稳定的矿物褐铁矿、钛铁矿，不稳定矿物增多，反映当时气候条件转为相对干燥。

根据上述分析，长春黄土状物质下层形成于中更新世（Q_2），以水成为主（下垫层为砂砾层），风成次之；上层为晚更新世（Q_3）产物，以风成为主，水成次之。各层分选系数小，反映黄土状物质的搬运距离相当近，属近源沉积。由于黄土层含有一定的花岗岩和石英碎屑，说明黄土状物质来源于长春东南的花岗岩风化壳，其堆积方式或者是典型的河流相沉积，或者是暂时性流水沉积，即沉积物。

除大黑山山前台地外，吉林—辽源低山丘陵区如伊通、双阳、柳河、梅河口、辉南、东丰、磐石、舒兰和榆树东部河谷二级阶地上均可见到中更新世黄土状亚黏土，它们主要是水成黄土，但有些地方如梅河口市附近的黄土也有风成的一般特征。在第二松花江及其支流的三级阶地上，黄土分布较广泛，具有水成特征，故其搬运、沉积的介质条件是水，而不是风。但应当指出，上游山区不同高度、不同部位的黄土层不具水平层状构造和砂、粉砂夹层，但其下垫层则杂有沙屑、角砾或圆度不大的砾石，因而显示了风积和坡积兼而有之的特点。

东部火山群分布区，黄土往往为火山熔渣所覆盖，只局部出露。例如靖宇新开岭，垂直剖面自上而下为四海火山熔渣→新黄土（内含火山渣）→新开岭火山熔渣层→老黄土层→玄武岩层。

延边—通化中山低山区少见黄土状物质，可能与山体上升坡度大、易遭受侵蚀有关。

2) 黄土状亚砂土

黄土状亚砂土是晚更新世河流相或湖相沉积，广泛分布于乾安、通榆东部，长岭西北部。

黄土状亚砂土的特点是颗粒组成中细砂含量高，占 40%～55%，粗粉砂占 20% 左右，黏粒占 20% 左右，含碳酸钙，pH 为中性至碱性。

黄土状亚砂土一般可溶性含量很低，但大布苏湖东岸高出湖面 30 m 的湖积二级阶地黄土状亚砂土则含有较多的可溶盐分（0.07%～0.51%），由下往上逐渐增高。原因是晚更新世为干冷的气候环境，湖水不断蒸发浓缩，矿化度增加，沉积物含有较高的盐分，因而二级阶地残留较多的盐分。

5. 红色黏土物质

吉林省红色黏土风化壳分布较广，但其面积不大。农安县伏龙泉、前郭尔罗斯蒙古族自治县王府附近的丘陵状台地上，红黏土植物出露面积较大；吉林农业大学农场至新立城水库之间的局部丘陵、台地，东辽县安石镇、四平市长发乡局部台地也有出露。其特点是风化层富含砂砾，细土黏重，呈明显的红色。这些红黏土物质应是早更新世晚期湿热气候条件下的产物。

6. 冲积物

冲积物是河流运积的产物，通常是河床相、河漫滩相以及牛轭湖相。冲积物的基本特征是具有明显的层理，颗粒成分选好，但不均一。冲积物的水平分异规律同流水的特征有密切联系。一般离河床越近，粒度越粗，离河床越远，粒度越细，按砂土—亚砂土—亚黏土的顺序呈有规律的带状分布；一般上游主要由砾石组成，下游由砂土、亚砂壤土、亚黏土组成；山口河谷狭，坡度大，冲积物以河床相为主，多为卵石、细砾，粗、细砂充填其间，平原或盆地河谷宽，坡度缓，以河漫滩相为主，并多见牛轭湖相，以淤泥质黏土为主。

河漫滩相具有二元结构，上部为黏质沉积物（亚黏土或砂质亚黏土），下部为砂砾石。河谷下游地区，通常可见河漫滩、一级阶地和二级阶地；中上游地区，沿河谷两侧可以见到一至六级阶地。阶地数目因河流而异，三级以上阶地往往为基座阶地。冲积物剖面特征十分复杂，不同层次的厚度、黏度、颜色、性质均有明显的差异，对土壤发育、水热性质、养分状况均有重大影响，因此，由冲积物发育的土壤单元，特别是土种的划分是十分复杂的。

冲积物化学性质因气候条件的不同而有明显的差异。一般来说，吉林省东部的河流冲积物不含碳酸盐，呈酸性反应；西部地区的冲积物含碳酸盐，低平原或洼地还含碳酸钠，呈中性、碱性至强碱性反应。

7. 湖积物

吉林省西部湖泊较多，湖相沉积分布广，且面积较大，一般由亚砂土、亚黏土组成，部分湖积物有盐渍化现象。东部地区湖相沉积多见于牛轭湖，一般由黏土和泥炭层组成。湖积物分布区常年地下水位较高，呈还原状态。

8. 风积物

主要分布在图们江下游和扶余第二松花江右岸、嫩江、洮儿河、霍林河各大河流的沿岸以及西部平原长岭、通榆、双辽等广大地区。

风积沙为黄色、灰黄色的细砂，一般粒径集中在 0.8～0.01 mm 粒级中，0.25～0.01 mm 粒级占 60% 以上，整个断层剖面以中、细砂为主，下粗上细；东部砂地粒径较小，以 0.25～0.01 mm 粒级为主，西部砂地较粗，以 0.50～0.01 mm 粒级为主。

风积沙的颗粒组成与植被覆盖率有密切关系。粗砂含量依次为流动沙丘>半固定沙丘>固定沙丘，粉砂和黏粒含量依次为固定沙丘>半固定沙丘>流动沙丘。

风积沙的特点是分选性、磨圆度高，砂成分以石英为主，次为长石，并含少量黑色矿物，因而持水量低，养分缺乏，成为沙地土壤的限制因素。

根据碳酸钙的有无，可将风积沙分为石灰性风积沙和非石灰性风积沙。前者多分布在草原地区，但石灰含量不多，后者多分布在半湿润草甸地区。这是进一步划分沙地土壤的依据。

1.2.5 人类活动

土壤是历史自然体，同时也受人类生产活动的深刻影响。当自然土壤开垦以后，人类生产活动便成为土壤形成与演变的重要或主导因素。随着社会和科学技术的发展，社会生产活动对土壤的作用，其规模越来越大，影响越来越深刻。通过一系列的农业措施，把生土变为熟土，熟土变为油土，或者形成新的土壤类型，即朝着人类所期望的方向发展。但是，由于不合理的开垦利用，特别是对森林的严重砍伐，对草原植被的破坏使生态环境受到破坏，结果是水土流失严重，气候趋向干旱，风沙运动加剧，盐碱表聚作用增强，土壤肥力退化，生产力降低，也给人类带来严重的危害。

从出土文物看，早在新石器时代，吉林省西部、南部和中部地区就有原始的农牧业活动。由秦汉至明代，受中原文明的影响，吉林农业有了较大的发展，形成孤立、分散的小农经济。例如，汉时扶余国疆域颇广，中心地域在今日长春市、吉林市一带。这一带"土地宜五谷"，铁制农具已广泛应用，且用殷朝历申书指导农业，与中原的贸易往来频繁，使得农业得到了长足的进步。唐时，今日的图们江流域和第二松花江流域为渤海国，因受中原地理位置的影响，促进了农业的发展，当时，不仅"多粟、麦稌"旱田作物，也知种水稻。

古代的吉林农业，相对于中原地区，发展是较缓慢的。到了金朝，农业的发展达到一定的高度，中原先进的农业生产技术和耕作方法在吉林的扩展，也超过了以前任何一个朝代。明朝的军事屯田、移民屯田以及为扶助少数民族地区发展农业而采取的政策，对促进农业的发展起到了重要的作用。但是，明朝中期以后，土地兼并剧烈，屯田废弛，赋税繁重，大批农民破产成为流民，使吉林农业的发展遭到破坏。清朝对东北农业开发所采取的政策，是时而放垦，时而封禁，但主要还是封禁。从公元 1668 年（康熙七年）到公元 1908 年（光绪三十四年），封禁时间长达 200 余年，封禁政策废除后吉林的土地才得到大片开发。从不完整统计资料来看，光绪末年土地开垦面积为：官庄地 15 249 hm^2，放荒面积（由围场开发而成）536 350 hm^2，旗地面积 364 580 hm^2，蒙地放荒面积 710 400 hm^2，民地（含地主占有）面积 811 954 hm^2，总共 2 438 533 hm^2。可见，当时土地开发已有相当的规模，耕地已普及全省各地区域。1938~1945 年，日本帝国主义为了获取原料和商品，牟取最大利润和扩大侵略，对吉林省农业进行了疯狂的掠夺，农民受到残酷剥削，在高压政策的推动下，土地开发面积得到迅速扩大。1945 年前，耕地面积近 400 万 hm^2。前郭灌区和梨树灌区就是日本统治期强迫民工修建而成的。

中华人民共和国成立以来，吉林省的农业得到了长足的发展，目前，耕地面积 703 万 hm^2，总产和单产提高幅度远远超过历史时期。总的来说，吉林省开发时期短，耕地天然肥力仍较高。同时随着土地的开发，不少地区水土流失、沙化、盐渍化发展速度加快，给农业进一步发展带来了明显的危害。

人为生产活动对耕地土壤的影响，主要是通过改变成土因素的对比关系（开垦时）和改变土壤组成（利用后）的对比关系，使土壤朝着一定方向发生演变。耕作是农业生产活动中对土壤影响最基本、最频繁的农业技术措施。中华人民共和国成立以来，吉林省耕作制的发展可分为三个阶段：从 20 世纪 50 年代继承旧有的传统耕作方式，使用犁杖，以畜力为主；到 60 年代公社化时期、生产具体化；再到 70 年代中期农业机械化迅速发展，打破了犁底层，加深了耕层，提高了土壤蓄水保墒的能力，减轻了旱涝灾害。在施肥方面，肥料是提高产量的关键，在中华人民共和国成立初期，吉林省的主要肥料是农家肥，随着 80 年代农村生产承包责任制的推行、配方施肥研究的开展，农民投肥积极性增高，施肥由经验阶段到半定量阶段，钾肥的应用也受到重视。在水土保持方面，吉林省地势由东南向西北倾斜，形成东部山地、丘陵，中部台地，西部平原的格局。由于不合理砍伐森林，东部山区和丘陵区水土流失严重，中华人民共和国成立以来，经不断治理，吉林省水土流失面积从 350 万 hm^2 降低至 261 万 hm^2，重点治理了山区陡坡退耕还林、小流域综合治理和西部沙地造林。此外，吉林省地下水位高、盐分表聚明显、雨季内涝、表层盐分不易淋溶、植被退化等，导致吉林省盐碱土壤面积达到 168 万 hm^2，经过研究人员的努力，先后提出了"治涝治碱，提高地力"的改良原则，"排、台、压、改（改良剂）"的综合技术措施，以及"旱（田）、稻（田）、苇（田）、鱼（池）"的综合治理模式，收到了明显的防治效果。

1.3　主要土壤类型空间分布

受东西部水热条件差异和复杂的地形地貌的深刻影响，吉林省植被和土壤类型自东向西的地域性差异显著，空间分布具有明显的经向分异，自东向西形成明显的东部山地针阔混交林暗棕壤带、中部山前台地森林草原黑土带和西部平原草甸草原黑钙土带。这种经向分异体现了植被区系和土壤地带之间不同成分和因素在区域内的渗透和交会，同时也反映了在各种地理环境因素的综合影响下，植被与土壤之间在形成和演化过程中的密切联系。

1. 东部山地针阔混交林暗棕壤带

包括大黑山以东的山地和丘陵，气候温暖湿润，水分充足，适宜森林生长，以针阔混交林和次生落叶林为主的森林植被广泛分布，森林覆盖率高，土壤按发生分类以暗棕壤、白浆土为主，按系统分类主要为均腐土、淋溶土。按照植被与土壤的地域组合又分为长白山地红松阔叶混交林暗棕壤区和吉东低山丘陵次生落叶林暗棕壤区。

1）长白山地红松阔叶混交林暗棕壤区

位于张广才岭、龙岗山脉以东的山地，包括长白熔岩台地及通化市、白山市、延边朝鲜族自治州的山地和山间盆地。

本区土壤以暗棕壤、白浆土为主，在针阔混交林下，发育着典型的温带地带性土壤——暗棕壤，暗棕壤在海拔 1200 m 以下的低山丘陵均有分布。土壤母质多为花岗岩、变质岩、石灰岩等基岩风化残积物或残坡积物，植被为次生的落叶阔叶林与草甸植物。

白浆土集中分布在本区阶地、台地和高原上。在坡度小、母质黏重、季节性冻土以及季节性积水等条件下，往往发育白浆土，由玄武岩和黄土状物质构成的台地多为白浆土台地。白浆土台地的顶面一般小于 3°，属宜农宜牧宜林的土地。白浆土高台地的海拔达 500～800 m，基岩均为玄武岩，地面坡度较大。白浆土高原主要分布在海拔 800～1200 m 的平坦地形上，多为原始针阔混交林。

2）吉东低山丘陵次生落叶林暗棕壤区

包括吉林哈达岭、大黑山以东，龙岗山、张广才岭以西之间的山地丘陵和山间盆地。原始植被是地带性植被红松阔叶混交林的西部边缘。该区开发历史较早，原始森林砍伐殆尽，成为各种次生落叶阔叶杂木林，只有小面积白桦林、山杨林和水胡林。河谷中的草甸与沼泽绝大部分已开垦为农田。

本区分布的土壤主要为暗棕壤和白浆土，具有明显的垂直分异特点。在海拔 300 m 以下的河谷平地，为草甸土和沼泽土；在海拔 300～400 m 的台地上，多发育为白浆土；在坡度较大的地方，发育为暗棕壤或白浆化暗棕壤，或发育白浆土；海拔 500 m 以下的丘陵多发育暗棕壤；海拔 500 m 以上的低山，多为山地暗棕壤；海拔 500～800 m 的玄武岩高台地和海拔 800 m 以上的玄武岩高原，发育白浆土；海拔 1200 m 以上，发育棕色针叶林土。

2. 中部山前台地森林草原黑土带

本区包括大黑山以西哈大铁路线附近的台地，属于东部山地森林与西部松嫩平原草甸草原之间的过渡带。植被类型为森林草原，森林多呈块状分布在台地上的谷沟中，主要树种为栎属和榆属植物，台地面上为羊草杂类草草甸草原。该区土壤主要为肥沃的黑土，适于农作物生长，为吉林省主要的粮食产区。

本区台地平原上土质肥沃，为著名的黑土区，垦殖率高。厚层黑土多分布于台地缓坡的中下部，黑土层厚 50～100 cm。薄层黑土，多位于台地的缓坡处，易遭风蚀和片蚀，黑土层厚度一般小于 30 cm，并有逐渐变薄的趋势。破皮黄黑土，多位于易遭风蚀和片蚀的地段，由于耕作制度不合理，表土层中的细粒物质逐渐被风及水流侵蚀，黑土层逐渐变薄，一般厚度在 20 cm 以下，土壤容重较大，结构较差。

黑土区的东缘与暗棕壤区毗连，二者的界线比较明显，黑土区的西缘与黑钙土区相接，由于成土条件的变化，黑土与黑钙土之间呈小面积零星交错分布。在黑土区内的沟谷地带，有大面积的草甸土分布，其腐殖质层较深厚，结构良好，潜在肥力高。饮马河谷和双阳河谷的草甸上，已大面积垦为水田。沿河河漫滩有冲积土和风沙土的分布，风沙土有的发育在河漫滩上，有的发育在河流阶地上。黑土区内局部封闭的洼地，有零星分布的沼泽土和泥炭土。

3. 西部平原草甸草原黑钙土带

包括东辽平原、松嫩平原的一部分，分布着地带性植被——羊草草甸草原，是吉林省牧业基地。土壤主要为黑钙土、栗钙土。按照植被与土壤的地域组合分为东中部平原草甸草原黑钙土区和大兴安岭山前台地灌木草原栗钙土区。

1）东部平原草甸草原黑钙土区

包括长春市的农安县、双辽市和公主岭市，以及松原市、白城市各县（市）的广大平原。植被为地带性羊草草甸草原，草原生态幅度较广，东部有森林区草甸植物侵入，西部草原植物种类比例增多。以扶余、大安、乾安及前郭尔罗斯蒙古族自治县一带的碳酸盐黑土上的羊草草甸草原最为典型。群落中以羊草为建群种，伴生有杂类草，局部羊草形成纯群落，是我国天然优良牧场和冬贮饲料基地。

本区土壤主要为黑钙土、碳酸盐黑钙土，其成土母质几乎全是第四纪松散沉积物，由于地质年代较新，母质的特性没有消失。典型黑钙土主要分布在本区的东部，与黑土区西部呈交叉过渡，在地形上分布于台地缓坡的上部或顶部。碳酸盐黑钙土是吉林省中部分布较广的一种土壤亚类。它多分布在海拔 180 m 左右的冲积平原上，成土母质是上更新统的黄土状亚砂土。在本区西部地形部位较高的平地及平坦的台地，广泛分布着淡黑钙土和沙土。

本区除地带性土壤黑钙土以外，在岗间低地多为石灰性草甸土、石灰性冲积土。沿河谷地带有风沙土。局部低地有小面积沼泽土、泥炭土。在水源充足的地方有水稻土。本区土壤的主要特点是草甸土的盐化、碱化现象相当普遍，在盐碱化严重的地方，可形成斑块状盐土及碱土。除河谷地区的风沙土以外，还有堆积于台地上的风沙土，台地的风沙土与西部的淡黑钙土、风沙土亚区的风沙土相连，多数已发育成黑沙土。

2）大兴安岭山前台地灌木草原栗钙土区

包括镇赉县的北大岗和洮南市的德龙岗山麓台地，面积小，属半干旱气候，分布着地带性植被——羊草草甸草原，以盛产羊草驰名。台地地势高，地下水位较低，土壤为暗栗钙土和含砂砾栗钙土。

　　本区地势较高，土壤有不太明显的垂直分布现象。自上而下为粗骨暗棕壤、山地暗栗钙土、碳酸盐草甸土。暗栗钙土为本区的主要土壤，因分布的地形部位较高、坡度较陡，经开垦后，自然植被遭破坏，水土流失严重，致使坡度大于 7°的坡耕地，土层极薄，已无法利用。坡度小于 7°的耕地，也因表土流失，钙积层出露，生产性能大大降低。在沟谷平地有草甸土和草甸暗栗钙土，黑土层厚度达 50～60 cm，有机碳含量在 2%～3%，易于保水、保肥，是适宜发展农业的土壤。

第2章 成 土 过 程

2.1 有机质积聚过程

有机质积聚过程是木本或草本植被下的有机质在土体上部积累的过程，这一过程在各种土壤中都存在。根据成土环境、地形地貌的差异，我国土壤中有机质的积聚过程可分为六种类型：①土壤表层有机质含量在 1.0%以下，甚至低于 0.3%，胡敏酸与富啡酸比小于 0.5 的漠土有机质积聚过程；②土壤有机质集中在 20 cm 以上，含量为 1.0%～3.0%的草原土有机质积聚过程；③表层有机质含量达 3.0%～8.0%或更高，腐殖质以胡敏酸为主的草甸土有机质积聚过程；④地表有枯枝落叶层，有机质积累明显，其积累与分解保持动态平衡的林下有机质积聚过程；⑤腐殖化作用弱，土壤剖面上部有毡状草皮，有机质含量达 10%以上的高寒草甸土有机质积聚过程；⑥地下水位高，地面潮湿，生长有喜湿和喜水植物，残落物不易分解，有深厚泥炭层的泥炭积聚过程。

2.2 黏 化 过 程

黏化过程是土壤剖面中黏粒形成和积累的过程，可分为残积黏化和淀积黏化。前者是土内风化作用形成的黏粒产物，由于缺乏稳定的下降水流，黏粒没有向深土层移动，而是就地积累，形成一个明显的黏化或铁质化土层，其特点是土壤颗粒只表现为由粗变细，结构体上的黏粒胶膜不多，黏粒的轴平面方向不定（缺乏定向性），黏化层厚度随土壤湿度的增加而增加。后者是风化和成土作用形成的黏粒，由上部土层向下悬迁和淀积而成，这种黏化层有明显的泉华状光性定向黏粒，结构面上胶膜明显。残积黏化过程多发生在温暖的半湿润和半干旱地区的土壤中，而淀积黏化则多发生在暖温带土壤中。

2.3 钙积与复钙过程

钙积过程是干旱、半干旱地区土壤钙的碳酸盐发生移动积累的过程。在季节性淋溶条件下，易溶性盐类被降水淋洗，钙、镁部分淋失，部分残留在土壤中，土壤胶体表面和土壤溶液中多为钙（或镁）饱和，土壤表层残存的钙离子与植物残体分解时产生的碳酸结合，形成重碳酸钙，在雨季向下移动在剖面中部或下部淀积，形成钙积层，其碳酸钙含量一般为 10%～20%。碳酸钙淀积的形态有粉末状、假菌丝体、眼斑状、结核状或层状等。

我国草原和漠境地区，还出现另一种钙积过程的形式，即土壤中常发现有石灰的积累，这与极端干旱的气候条件有关。

对于有一部分已经脱钙的土壤，由于人为施用钙质物质或含碳酸盐地下水上升运动而使土壤含钙量增加的过程，通常称为复钙过程。

2.4 盐化与脱盐过程

盐化过程是指地表水、地下水以及母质中含有的盐分，在强烈的蒸发作用下，通过土壤水的垂直和水平移动，逐渐向地表积聚，或是已脱离地下水或地表水的影响，而表现为残余积盐特点的过程。前者称为现在积盐作用，后者称为残余积盐作用。盐化土壤中的盐分主要是一些中性盐，如 $NaCl$、Na_2SO_4、$MgCl_2$、$MgSO_4$。

通过降水或人为灌溉洗盐、开沟排水等方式，降低地下水位，使可溶性盐迁移到下层或排出土体，这一过程称为脱盐过程。

2.5 碱化与脱碱过程

碱化过程是交换性钠或交换性镁不断进入土壤吸收复合体的过程，该过程又称为钠质化过程。碱化过程的结果可使土壤呈强碱性反应，pH>9.0，土壤物理性质极差，作物生长困难，但含盐量一般不高。

土壤碱化机理一般有如下几种：①脱盐交换学说，土壤胶体上的 Ca^{2+}、Mg^{2+} 被中性钠盐（$NaCl$、Na_2SO_4）解离后产生的 Na^+ 交换而碱化；②生物起源学说，藜科植物可选择性地大量吸收钠盐，死亡、矿化可形成较多的 Na_2CO_3、$NaHCO_3$ 等碱性钠盐而使土壤胶体吸附 Na^+，逐步形成碱土；③硫酸盐还原学说，地下水位较高的地区，Na_2SO_4 在有机质的作用下，被硫酸盐还原细菌还原为 Na_2S，再与 CO_2 作用形成 Na_2CO_3，使土壤碱化。

脱碱过程是指通过淋洗和化学改良，使土壤碱化层中钠离子及易溶盐类减少，胶体的钠饱和度降低。在自然条件下，碱土因 pH 较高，可使表层腐殖质扩散淋失，部分硅酸盐被破坏后，形成 SiO_2、Al_2O_3、Fe_2O_3、MnO_2 等氧化物，其中 SiO_2 留在土表使表层变白，而铁锰氧化物和黏粒可向下移动淀积，部分氧化物还可胶结形成结核。这一过程的长期发展，可使表土变为微酸性，质地变轻，原碱化层变为微碱，此过程是自然的脱碱过程。

2.6 潜育化和潴育化过程

潜育化过程是土壤长期渍水，受到有机质嫌气分解，而铁锰强烈还原，形成灰蓝-灰绿色土体的过程。有时，由于"铁解"作用，土壤胶体遭破坏，土壤变酸。该过程主要出现在排水不良的水稻土和沼泽土中，往往发生在剖面下部。

潴育化过程实质上是一个氧化还原交替的过程，指土壤渍水带常处于上下移动，土体中干湿交替比较明显，促使土壤中氧化还原反复交替，结果在土体内出现锈纹、锈斑、铁锰结核和红色胶膜等物质。该过程又称为假潜育化（pseudogleyization）。

2.7　白浆化过程

白浆化过程是在季节性还原淋溶条件下，黏粒与铁锰的淋淀过程。它的实质是潴育淋溶，与假潜育化过程类同，国外称之为假灰化过程。在季节性还原淋溶条件下，土壤表层的铁锰与黏粒随水侧向或向下移动，在腐殖质层下形成粉砂含量高、铁锰贫乏的白色淋溶层，在剖面中、下部形成铁锰和黏粒富集的淀积层。该过程的发生与地形条件有关，多发生在白浆土中。

2.8　熟　化　过　程

主要指由于人类的耕作、灌溉、施肥等农业措施改良和培肥土壤的过程，包括旱耕熟化过程（旱地）和水耕熟化过程（水田）。熟化过程主要表现为耕作层的容重降低、厚度增加、有机质等各类养分含量提高、结构改善、肥力和生产力提高等方面。

2.9　退　化　过　程

退化过程是因自然环境不利因素和人为利用不当而引起土壤肥力下降、植物生长条件恶化和土壤生产力减退的过程。赵其国把土壤退化分为 3 类，即土壤物理退化（包括坚实硬化、铁质硬化、侵蚀、沙化）、土壤化学退化（酸化、碱化、肥力减退、化学污染）、土壤生物退化（有机质减少、动植物区系减少）。

第3章 土壤分类

3.1 土壤分类的历史回顾

土壤分类是合理开发、利用和保护土壤资源的科学基础，标志着国家或地区土壤科学发展的水平。半个世纪以来，吉林省土壤分类理论水平逐步提高，分类单元逐渐增多，分类系统不断改进。1979年，吉林省开展第二次土壤普查，对加深吉林省土壤资源的认识和促进土壤分类系统的完善起到了重要作用。但是，吉林省土壤分类工作仍然存在不少问题，有待进一步充实提高。吉林省早期土壤分类工作始于20世纪30年代。1930年，苏联学者保尔茨和波雷诺夫根据当时满洲的气候、地势、地质、植物和土壤方面的零散资料，发表了题为《满洲土壤》的研究报告，并汇编了第一幅满洲土壤概图，这是有关吉林省土壤概况的最早报道。1936年，美国学者梭颇（J. Thorp）在《中国之土壤》一书中指出，吉林省有黑钙土（含正常黑钙土、石灰性黑钙土、变质黑钙土）、栗钙土、盐土、碱土、棕色森林土、灰壤等。1938年，日本突永一枝根据美国马伯特（C. F. Marbut）土壤分类的理论，把年降水量500 mm作为淋溶土和钙层土的分界线，指出吉林省东部山区地带性土壤有森林褐色土（即棕色森林土），隐地带性土壤有沼泽土和草甸土；中西部地带性土壤有黑钙土，隐地带性土壤有盐土和碱土；年降水量500 mm左右的过渡地带为退化黑钙土（与黑土相当）。

中华人民共和国成立后，吉林省土壤分类工作进入新的发展阶段。1950年，宋达泉发表了题为《中国土壤分类标准的商榷》的论文，首次提出以马伯特土壤分类理论为基础，包括土纲、亚纲、土类（大土类）、亚类、土种和土系的6级中国土壤分类系统。高级单元按土壤地带性、土壤发生类型或起源以及土壤发育程度划分，并以首次发现的地点和表层质地命名。根据这一系统，吉林省有黑钙土（含变质黑钙土）、栗钙土、灰壤（含准灰壤）、灰棕壤、湿土（含水稻土、腐殖质湿土、矿物质湿土）、盐渍土（含盐土、碱土）、残积土、冲积土、风积土等土类。1954年，中国土壤学会第一次代表大会按照土壤发生分类的理论拟定了中国土壤分类表。这次大会首次提出以土类和土种为基本单元的多级续分制，即高级单元按土壤形成的发育阶段划分，低级单元按土壤形成的发育程度划分并采用连续命名法，对我国土壤界产生了重大影响。根据这一分类系统，吉林省有灰化土、生草灰化土、灰化棕色森林土、泥炭沼泽土、草甸黑钙土、普通黑钙土、南方黑钙土、山地草甸土、盐土、碱土以及冲积性土壤等土类和亚类。这些土壤类型与1954年中国土壤分类表所列基本一致，但反映了生搬硬套苏联分类经验的缺点。把松嫩平原西部的黑钙土称为南方黑钙土便是一个典型的实例。20世纪50年代中期至60年代早期，随着东北地区土壤调查和研究工作的深入，进一步明确了吉林省土壤有山地苔原土、棕色针叶林土、暗棕壤、棕壤、白浆土、黑土、黑钙土、栗钙土、暗色草甸土、层状草甸土、草甸盐土、草甸碱土、水稻土、风沙土等土壤类型。除长白山北坡暗针叶林下的土壤是灰化土还是棕色针叶林土以及东部熔岩台地的土壤是白浆土还是生草灰化土不能确定外，全省土壤工作者对省内土壤类型的发生和分布基本上有了统一的认识，而《东北地区土壤分类表》便成为全省第二次土壤普查制定土壤工作分类中的重要依据。

　　1958 年，吉林省开展了群众性土壤普查。根据大量的实际调查资料，写成《吉林省土壤志》，反映了吉林省内广大群众认土、用土、改土的丰富经验。根据这次土壤普查的结果，将吉林省土壤分为 18 个土类、47 个土型、91 个土种，并绘制了 1∶5 万《吉林省土壤图》。其特点是：①土壤单元以土壤形态为基础，采用群众惯用的土壤名称，自下而上地进行归类整理，成为吉林省第一个农业土壤分类系统；②分类与分区结合，按东部山区、中部台地区、西部平原区分别描述各级土壤单元的面积、分布、形态、特性及利用和改土措施。尽管这一分类系统在理论和方法上都存在一定的缺点和问题，但对推动土壤科学理论与农业生产实际的结合，有一定的历史意义。

　　改革开放政策的实施，对发展农业生产提出了新的要求。根据国务院关于在全国范围内开展全国第二次土壤普查的指示，1979 年秋，吉林省组织科技队伍在农安县进行吉林省第二次土壤普查试点工作。以《全国第二次土壤普查暂行技术规程》和《吉林省土壤工作分类暂行方案》（以下简称《暂行方案》）来指导各县、市土壤普查工作。《暂行方案》是由土类、亚类、土属、土种 4 级单元构成的续分分类制。《暂行方案》强调遵循土壤发生学的分类原则，主要依据土壤性态进行分类。按照统一的分类原则，把自然土壤和耕种土壤纳入同一分类系统，提出土壤分类要有明确的数量指标，以取得统一的鉴定效果。《暂行方案》规定采用连续命名法，对于群众习惯的土壤名称，只取其有明确含义的部分名称。《暂行方案》将吉林省土壤分为 19 个土类、59 个亚类，并规定了 4 级单元的划分依据，对指导市、县两级按期完成土壤普查工作起到了重要作用。1987 年开始省级土壤普查汇总，全面审查了市、县代表性土壤剖面的描述及化验资料，进行评土、比土和数理统计工作。1988~1989 年，按国家汇总的要求，采集了近 80 个骨干剖面，并分析了国家规定的化验项目，在上述工作的基础上，对照《全国第二次土壤普查分类系统》，经过多次修改，于 1990 年 12 月制定了《吉林省土壤分类系统》（简称《现行系统》），作为编写（绘）《吉林土壤》、《吉林省土壤图》（1∶50 万）以及《吉林土种志》的依据。

3.2　土 系 调 查

3.2.1　单个土体的布点方法

　　根据收集到的省、市、县土壤剖面资料，并按照重要性、主要性、独特性、均匀性等原则进行样点布置，采集样点如图 3-1 所示。

3.2.2　样品测定、系统分类归属确定依据

　　土样样品测定分析方法依据张甘霖和龚子同主编的《土壤调查实验室分析方法》（张甘霖和龚子同，2012），土壤系统分类高级单元的确定依据中国科学院南京土壤研究所土

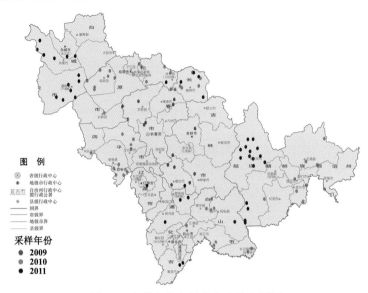

图例
◎ 省级行政中心
● 地级市行政中心
　 自治州行政中心
　 暨行政公署
延吉市 县级行政中心
——— 国界
——— 省级界
——— 地级市界
----- 县级界

采样年份
● 2009
● 2010
● 2011

图 3-1　吉林省代表性单个土体布置图

壤系统分类课题组和中国土壤系统分类课题研究协作组主编的《中国土壤系统分类检索》
（第三版）（中国科学院南京土壤研究所土壤系统分类课题组和中国土壤系统分类课题研究协作组，2001），土族和土系的建立依据中国科学院南京土壤研究所制订的《中国土壤系统分类土族和土系划分标准》，土系中属性变幅信息的获取一是依据野外观察，二是结合第二次土壤普查的资料。

3.3　土族和土系划分标准

3.3.1　土族与土系划分的原则

土族和土系作为土壤系统分类的基层单元，携带有高级单元从土纲到亚类以及自身的一系列用以定义各级单元的土壤性质，是所属高级分类单元的续分。同时，土族和土系兼有为土地利用和评价服务的目的性，因此不能单纯地将基层分类作为高级分类的演绎产物而使基层分类受到限制。

3.3.2　土族与土系划分标准的特点

《中国土壤系统分类土族与土系划分标准》具有以下特点：
1）借鉴国内外经验，结合中国实际
如对于有机土和具有火山灰、浮石等物质或特性的土壤，由于此类土壤在我国甚少，也缺乏相关研究经验，故直接采纳美国土壤系统分类中对这类土壤土族的划分；对于土族温度等级的划分，美国根据其作物种植类型和种植方式确定了 8℃、15℃、22℃为冷性、温性、热性、高热性的临界点，而中国受冬夏季风的影响明显，物候特征与美国大陆有所不同，根据张慧智等（2009）的研究，在《中国土壤系统分类土族与土系划分标准》中，结合受季风气候影响的特点与农作物空间种植和生产布局的实际状况，将土族温度等级临界点分别提高 1℃，即设为 9℃、16℃、23℃。

2）鉴别特征简化，实用性强

对土族鉴别特征与土系划分标准进行简化，只选用显著且稳定影响土壤行为的属性；对强对比（即土壤层次之间的颗粒大小存在显著差异）颗粒大小级别，仅规定形成强对比颗粒大小级别的标准而不作一一列举，这些都使该标准具有一定的灵活性而易于操作。

3.3.3　土族划分标准

土族是土壤系统分类的基层分类单元。它是亚类的续分，主要反映与土壤利用管理有关的土壤理化性质的分异，特别是能显著影响土壤功能潜力发挥的鉴别特征。土族的主要鉴别特征是剖面控制层段的土壤颗粒大小级别、不同颗粒级别的土壤矿物组成类型、土壤温度等级、石灰性与土壤酸碱性、土体厚度等，它们能反映成土因素和土壤性质的地域性差异。不同类别的土壤划分土族的依据及指标可以不同。采用这些鉴别特征主要是因为它们可以显著地影响土壤的水分运动(颗粒大小级别)、吸附和保持养分的能力(矿物组成)、土壤养分的形态（石灰性）以及潜在根系生长空间（土体厚度）。在分类标准中，不使用易受人为活动影响的特征，如土壤有机质水平或者某些养分元素含量。

土族的划分不同鉴别特征的控制层段不尽相同，所有鉴别特征均要求在其控制层段内进行检索。不同鉴别特征的控制层段参考《中国土壤系统分类土族与土系划分建立原则与标准》。

1. 矿质土壤

区分矿质土壤同一亚类中不同土族时，可选择的主要鉴别特征为颗粒大小级别与替代、矿物学类型、石灰性和酸碱反应类别、土壤温度等级。土族名称由该土族所具有的主要鉴别特征按以下顺序有选择性地组合而成，如果某个鉴别特征在高级单元名称中已使用过，则土族命名不再使用该鉴别特征。

1）矿质土壤颗粒大小级别或其替代级别

（1）控制层段。

①对于薄层（<50 cm）的石质土：从矿质土表至石质接触面。

②对火山灰土：从矿质土表或具有火山灰土壤性质的有机质层上界（取较浅者），到根系限制层或 100 cm 处（取较浅者）。

③对具有黏化层、碱积层、黏磐或聚铁网纹层的土壤，如果这些层次的上界位于矿质土表 100 cm 内，且下界位于 25 cm 之下，则控制层段属下列情况之一：

A. 矿质土表 100 cm 内存在颗粒大小强对比层次：黏化层、碱积层、黏磐或聚铁网纹层上部 50 cm，或到 100 cm 处，或至根系限制层（取较深者）；或

B. 其他情况：如果黏化层、碱积层、黏磐或聚铁网纹层的厚度＜50 cm，则其全部为控制层段；如果其厚度≥50 cm，则其上部 50 cm 为控制层段。

④对具有黏化层、碱积层、黏磐或聚铁网纹层的土壤，如果这些层次的上界在矿质土表 100 cm 之下：Ap 层下界或矿质土表下 25 cm 处（取较深者），到矿质土表下 100 cm

处或根系限制层（取较浅者）。

⑤对其他黏化层或碱积层下界位于矿质土表 25 cm 以内的矿质土壤：黏化层或碱积层上边界，到矿质土表下 100 cm 处或根系限制层（取较浅者）。

⑥其他矿质土壤：Ap 层或矿质土表下 25 cm（取较深者）下边界，到矿质土表下 100 cm 或根系限制层（取较浅者）。

（2）颗粒大小级别检索。

颗粒大小级别与替代是划分土族的首要依据。在此所称的颗粒大小级别不同于一般意义上的土壤质地级别，后者的对象是＜2.0 mm 的土壤颗粒部分，而颗粒大小级别是指单个土体中（除有机质及比石灰更易溶的盐以外）包括极细岩石块和半风化碎屑在内的土壤部分，因而更能表达现实环境中土壤的构成和物理特征。

如果颗粒大小控制层段内有两个层次的碎屑（2～75 mm）含量之差＞50%或黏粒绝对含量之差＞25%，且两层厚度都≥10 cm 而过渡区厚度＜10 cm，则认为形成强对比颗粒大小级别，根据检索出的颗粒大小级别复合命名，如砂质盖黏质。如果有两组及以上颗粒大小强烈对比层次，以对比最强烈的一组命名；若两两组合对比相似，以出现深度较浅的对比组命名，并附加"多层"名称。

当土层不具有强对比颗粒大小级别时，土族名称中所用颗粒大小级别由控制层段内不同层次的颗粒大小的加权平均值决定；对于火山灰土或者具有火山灰特性的土壤，则以层次（累积）最厚的颗粒大小级别或替代级别描述土族名称。

对具有火山灰、火山渣、火山砾、浮石和类浮石碎屑等物质或特性的土壤，采纳美国土壤系统分类中对这一类土壤的土族颗粒大小级别的划分。

对于一般矿质土壤而言，按以下标准进行顺序检索控制层段内颗粒大小级别，首先检出符合标准的级别即为该土壤的土族颗粒大小级别。

土族颗粒大小级别检索如下：

①岩石碎屑含量≥75%（体积计），即细土部分（＜2 mm 颗粒）＜25%。　　粗骨质

②岩石碎屑含量≥25%（体积计），细土部分砂粒含量≥55%（重量计）。　　粗骨砂质

③岩石碎屑含量≥25%（体积计），细土部分黏粒含量≥35%（重量计）。　　粗骨黏质

④岩石碎屑含量≥25%（体积计）的其他土壤。　　　　　　　　　　　　　　粗骨壤质

⑤岩石碎屑含量＜25%（体积计），细土部分砂粒含量≥55%（重量计）。　　砂质

⑥岩石碎屑含量＜25%（体积计），细土部分黏粒含量≥60%（重量计）。　　极黏质

⑦岩石碎屑含量＜25%（体积计），细土部分黏粒含量介于35%～60%（重量计）。　黏质

⑧岩石碎屑含量＜25%（体积计），细土部分黏粒含量介于20%～35%（重量计）。黏壤质

⑨岩石碎屑含量＜25%（体积计）的其他土壤。　　　　　　　　　　　　　　壤质

2）矿物学类型

土壤矿物有原生矿物与次生黏土矿物，是母质的风化或综合成土过程的结果，土体中不同矿物类型或矿物的组合群反映了该类土壤的发生发育过程或强度，也是反映土壤性质，特别是对养分吸持能力的标志，有较强的区域性，是土族划分的重要依据。

土族矿物学类型是根据（颗粒大小级别）控制层段内特定颗粒大小组分的矿物学组成来确定的。对于强对比颗粒大小级别的土壤来说，要给出两个颗粒大小级别的矿物学

类别名称（二者一致除外）。表 3-1 是矿物学类别控制层段检索表，土族矿物学类型即为首先检出的满足其标准的类型。例如，如果控制层段 $CaCO_3$ 当量大于 40%，即使同时满足其他标准，依然视为碳酸盐型。

表 3-1　矿物学类别控制层段检索表

适用范围	矿物学类型	定义	决定组分
适用于所有颗粒大小级别的矿物学类别	碳酸盐型	碳酸盐（$CaCO_3$ 表示）与石灰含量之和≥40%（重量计），其中碳酸盐占总量的 65% 以上	<2 mm
	石灰型	碳酸盐（$CaCO_3$ 表示）与石灰含量之和≥40%（重量计），其中石灰占总量的 35% 以上	<2 mm
	氧化铁型	连二亚硫酸盐-柠檬酸盐浸提性氧化铁（Fe_2O_3）含量>40%（重量计）	<2 mm
	三水铝石型	三水铝石含量>40%（重量计）	<2 mm
	氧化物型	连二亚硫酸盐-柠檬酸盐浸提性氧化铁（%）+三水铝石（%）与黏粒含量之比（%）≥0.20	<2 mm
	蛇纹石型	蛇纹石矿物含量>40%（重量计）	<2 mm
	海绿石型	海绿石含量>40%（重量计）	<2 mm
适用于土族颗粒大小级别为粗骨质、粗骨砂质、粗骨壤质、砂质、壤质、黏壤质的矿物学类别	云母型	云母含量>40%（重量计）	0.02～2 mm
	云母混合型	云母含量 20%～40%（重量计），余为其他矿物	0.02～2 mm
	硅质型	二氧化硅和其他极耐风化矿物含量>90%（重量计）	0.02～2 mm
	硅质混合型	二氧化硅含量 40%～90%（重量计），余为其他矿物	0.02～2 mm
	长石型	长石含量>40%（重量计）	0.02～2 mm
	长石混合型	长石含量 20%～40%（重量计），余为其他矿物	0.02～2 mm
	混合型	其他土壤	0.02～2 mm
适用于土族颗粒大小级别为粗骨黏质、黏质、极黏质的矿物学类别	埃洛石型	埃洛石含量>50%（重量计）	≤0.002 mm
	埃洛石混合型	埃洛石含量 30%～50%（重量计），余为其他矿物	≤0.002 mm
	高岭石型	高岭石及较少量其他 1∶1 或非膨胀的 2∶1 型层状矿物含量>50%（重量计）	≤0.002 mm
	高岭石混合型	高岭石及较少量其他 1∶1 或非膨胀的 2∶1 型层状矿物含量 30%～50%（重量计），余为其他矿物	≤0.002 mm
	蒙脱石型	蒙脱石类矿物（蒙脱石或绿脱石）含量>50%（重量计）	≤0.002 mm
	蒙脱石混合型	蒙脱石类矿物（蒙脱石或绿脱石）含量 30%～50%（重量计），余为其他矿物	≤0.002 mm
	伊利石型	伊利石（水合云母）含量>50%（重量计）	≤0.002 mm
	伊利石混合型	伊利石（水合云母）含量 30%～50%（重量计），余为其他矿物	≤0.002 mm
	蛭石型	蛭石含量>50%（重量计）	≤0.002 mm
	蛭石混合型	蛭石含量 30%～50%（重量计），余为其他矿物	≤0.002 mm
	绿泥石型	绿泥石含量>50% 重量计）	≤0.002 mm
	绿泥石混合型	绿泥石含量 30%～50%（重量计），余为其他矿物	≤0.002 mm
	混合型	其他土壤	≤0.002 mm

3）石灰性和酸碱反应类别

石灰性、酸性、非酸性类别如果在高级分类单元土纲至亚类中已经使用，土族就不再考虑。其他的可考虑使用。

（1）石灰性类别的控制层段。

①根系限制层深度≤25 cm：根系限制层上 25 cm 厚土层。

②根系限制层深度 25～50 cm：矿质土表下 25 cm 到根系限制层。

③其他：矿质土表下 25～50 cm。

酸性、非酸性和铝质类别的控制层段同颗粒大小级别。

（2）石灰性和酸碱反应类别检索。

①铁铝土中在控制层段中有一厚度≥30 cm 土层，在其细土部分中每千克土壤含 KCl 提取态 Al>2 cmol。铝质。

②其他土壤中，全部控制层段的细土部分有石灰反应（遇冷稀 HCl 冒气泡）的土壤。石灰性。

③其他土壤中，整个控制层段 pH<5.5（2.5∶1）水土比提取的土壤。酸性。

④其他土壤中，控制层段的部分或全部在水提取液（2.5∶1）中 pH≥5.5 的土壤。非酸性。

4）土壤温度等级

温度等级用于矿质土壤和有机土壤土族名称的一部分，但在高级单元中已经使用温度限定词的除外。

土壤温度控制层段为土壤表层以下 50 cm 或根系限制层上界（取较浅者）。

根据土壤年均温，对于 50 cm 深度年均土温<0℃的永冻性土壤，分为高寒性、近寒性和亚寒性，其临界温度为–10℃和–5℃；对于其他土壤，若夏季与冬季平均土温之差≥6℃，土壤温度等级分为四级：冷性（0～9℃）、温性（9～16℃）、热性（16～23℃）和高热性（>23℃），若冬夏温差<6℃，则在以上四种温度等级前加"恒"。

5）土族命名

土族命名采用格式为：颗粒大小级别矿物类型石灰性与酸碱反应土壤温度-亚类名称，如"砂质硅质混合型非酸性热性-铁聚潜育水耕人为土"。土族修饰词连续使用，在修饰词与亚类之间加"–"，以示区别。

2. 有机土壤

鉴于有机土的特殊性，将其与矿质土壤区别对待。由于我国有机土空间分布很有限，研究资料也相对缺乏，主要内容借鉴美国土壤系统分类。有机土土族的鉴别特征与矿质土壤既有一致性也有特殊性。以下描述中主要对之前没有明确规定的特征加以确定，并列举应用这些特征的级别。

有机土的土族名称中，各级别出现的顺序为颗粒大小级别、矿物学类别、酸碱反应类别、土壤温度等级、土体厚度等级（仅用于有机土）。

1）颗粒大小级别

颗粒大小级别仅用于有机土中的矿质底层亚类的土族名称。通过对控制层段中矿质土壤物质进行颗粒大小级别检索来确定颗粒大小级别名称。

有机土和有机冻土土族的颗粒大小控制层段是矿质土层的上部 30 cm 或控制层段内

的矿质层部分，依厚者。

该级别与矿质土壤颗粒大小级别相比更具概括性。按有机土矿质底层亚类控制层段内颗粒组成将有机土颗粒大小级别分成六级：粗骨质、砂质-砂质粗骨质、壤质-粗骨质、黏质-粗骨质、黏质、壤质。

2）矿物学类别

有机土的矿物学类别，根据土类或亚类的性质不同可以分为三种：第一种是铁质腐殖质土壤物质，其矿物学类别为铁腐殖质型；第二种是三种湖积物质——粪粒质土、硅藻质土、灰泥质土，其矿物学类别分别为粪粒质型、硅藻质型、灰泥质型；第三种是矿质底层亚类的矿质土层，这些矿质土层的矿物学类别检索与矿质土壤相同。

3）酸碱反应类别

反应类别用于所有有机土的土族名称中，共两类：当有机土控制层段内的一层或多层中有机土壤物质的未风干土样 pH≥4.5（0.01 mol/L CaCl$_2$ 处理）为弱酸性，其余有机土为强酸性。

4）土壤温度等级

同矿质土壤。

5）土体厚度等级

土体厚度是指到根系限制层、碎屑质颗粒大小级别土层、火山渣或浮石质替代级别土层的深度。土体厚度不足 18 cm 者定义为极浅薄，18～50 cm 者定义为浅薄，其他有机土不使用土体厚度等级。

3.3.4　土系划分标准

土系是土壤系统分类中最基层的分类单元，是发育在相同母质上、处于相同景观部位、具有相同土层排列和相似土壤属性的土壤聚合体。其划分依据应主要考虑土族内影响土壤利用的性质差异，以影响利用的表土特征和地方性分异为主。相对于其他分类级别而言，土系能够对不同的土壤类型给出精确的解释。鉴于不同的地区、土壤类型、利用条件的千差万别，在土系的标准中只列出可能使用的划分标准，某土族中的土壤聚合体之间的差别只要符合这些标准，就可以建立新的土系。

1. 土系划分可选用的土壤性质与划分标准

1）特定土层深度和厚度

（1）特定土层或属性（诊断表下层、根系限制层、残留母质层、诊断特性、诊断现象）（雏形层除外）依上界出现深度，可分为 0～50 cm、50～100 cm、100～150 cm。如指标在高级单元已经应用，则不再在土系中使用。

（2）诊断表下层厚度。在出现深度范围一致的情况下，如诊断表下层厚度差异达到两倍（即相差达到 3 倍）或厚度差异超过 30 cm，可以区分不同的土系。

2）表层土壤质地

当表层（或耕作层）20 cm 混合后质地为不同的类别时，可以按照质地类别区分土系。

土壤质地类别为砂土类、壤土类、黏壤土类、黏土类。

3）土壤中岩石碎屑、结核、侵入体

在同一土族中，当土体内加权碎屑、结核、侵入体等（直径或最大尺寸 2～75 mm）绝对含量差异超过30%时，可以划分不同土系。

4）土壤盐分含量

盐化类型的土壤（非盐成土）按照表层土壤盐分含量，可以划分不同的土系，如高盐含量（10～20 g/kg）、中盐含量（5～10 g/kg）和低盐含量（2～5 g/kg）。

2. 土系命名

土系以首次发现并记录或占优势的地区名称命名，地名不宜过大或过小，可以优先考虑乡镇或中心村以及风景名胜区的名称，名称长度一般不宜过长，最好在2～4个字。

下列情况应避免作为土系名称：①不雅的或粗俗的词语；②地质名词，如岩石名、矿物名以及当地地貌和地层名词；③动物名；④特定人名，除非该人名已被用于表示地理位置的名称；⑤已获注册的版权名和商标名；⑥在发音和拼写上与已有土系名称基本相似的名称。

在一个特定区域内，当没有合适地名用于命名两个不同土系时，可以"创造"土系名，如在某地 XY 乡的两个土系，可以借鉴美国的经验，一个命名为"XY 系"，另一个命名为"YX 系"。

3.4　诊断层与诊断特性

中国土壤系统分类设有 14 个土纲，《中国土壤系统分类检索》（第三版）（中国科学院南京土壤研究所土壤系统分类课题组和中国土壤系统分类课题研究协作组，2001）设有 11 个诊断表层、20 个诊断表下层、2 个其他诊断层、20 个诊断现象和 25 个诊断特性（表3-2），已经建立的 112 个吉林土系归属为人为土土纲、火山灰土土纲、盐成土土纲、

表3-2　中国土壤系统分类诊断层、诊断现象和诊断特性

诊断层			诊断特性
（一）诊断表层	（二）诊断表下层	（三）其他诊断层	
A.有机物质表层类	**1.漂白层**	**1.盐积层**	**1.有机土壤物质**
1.有机表层	2.舌状层	盐积现象	**2.岩性特征**
有机现象	舌状现象	2.含硫层	**3.石质接触面**
2.草毡表层	**3.雏形层**		**4.准石质接触面**
草毡现象	4.铁铝层		5.人为淤积物质
B.腐殖质表层类	5.低活性富铁层		6.变性特征
1.暗沃表层	6.聚铁网纹层		变性现象
2.暗瘠表层	聚铁网纹现象		7.人为扰动层次
3.淡薄表层	7.灰化淀积层		**8.土壤水分状况**
C.人为表层类	灰化淀积现象		**9.潜育特征**

诊断层			诊断特性
（一）诊断表层	（二）诊断表下层	（三）其他诊断层	
1.灌淤表层	8.耕作淀积层		潜育现象
灌淤现象	耕作淀积现象		**10.氧化还原特征**
2.堆垫表层	**9.水耕氧化还原层**		**11.土壤温度状况**
堆垫现象	水耕氧化还原现象		12.永冻层次
3.肥熟表层	**10.黏化层**		13.冻融特征
肥熟现象	11.黏磐		14.n 值
4.水耕表层	**12.碱积层**		**15.均腐殖质特性**
水耕现象	碱积现象		16.腐殖质特性
D.结皮表层类	13.超盐积层		**17.火山灰特性**
1.干旱表层	14.盐磐		18.铁质特性
2.盐结壳	15.石灰层		19.富铝特性
	石灰现象		20.铝质特性
	16.超石灰层		铝质现象
	17.钙积层		21.富磷特性
	钙积现象		富磷现象
	18.超钙积层		**22.钠质特性**
	19.钙磐		钠质现象
	20.磷磐		**23.石灰性**
			24.盐基饱和度
			25.硫化物质

注：加粗字体为吉林省土系调查涉及的诊断层、诊断现象和诊断特性。

潜育土土纲、均腐土土纲、淋溶土土纲、雏形土土纲、新成土土纲，主要涉及 12 个诊断层、8 个诊断现象和 13 个诊断特性，见表 3-2。

3.4.1 诊断层

1. 有机现象

有机现象是指表层中具有有机土壤物质积累，但不符合有机表层厚度条件的特征，其厚度下限定为 5 cm，或在干旱地区定为 3 cm。

在本次吉林省土壤调查中，有机现象分布相对较少，分别出现在火山灰土、淋溶土、雏形土和新成土的个别土系中，有机现象厚度+3～102 cm，平均为 10 cm，干态明度 4～5，润态明度 1.7～3，润态彩度 1～2，有机碳含量 26.7～261.6 g/kg，平均 113.8 g/kg。有机现象上述指标在各土纲中的统计见表 3-3。

表 3-3　有机现象表现特征统计

亚纲	厚度/cm		干态明度	润态明度	润态彩度	有机碳含量/(g/kg)	
	范围	平均				范围	平均
寒性火山灰土（1）	+8	8	—	—	—	139.0	139.0
冷凉淋溶土（1）	+4	4	—	—	—	34.3	34.3
寒冻雏形土（1）	+5	5	4	2	2	261.6	261.6
湿润雏形土（2）	+4～+3	4	5	2～3	2	44.9～72.6	58.8
正常新成土（2）	+3～102	31	4～5	1.7～3	1～2	26.7～124	75.4
总体特征（7）	+3～102	10	4～5	1.7～3	1～2	26.7～261.6	113.8

2. 草毡表层

草毡表层是指高寒草甸植被下具有高含量有机碳的有机土壤物质，活根与死根根系交织缠结的草毡状表层。

在本次吉林省土壤调查中，草毡表层只出现在雏形土土纲的长白山北坡系中，属于普通简育寒冻雏形土，该土系地表有一层 6 cm 左右的草毡层，该土系位于长白山自然保护区内主峰白云峰落叶松林下，海拔多在 1600～1800 m。

3. 暗沃表层

暗沃表层为有机碳含量高或较高、盐基饱和、结构良好的暗色腐殖质表层。暗沃表层是吉林省土壤中存在的最普遍的表土层，是判断是否为均腐土的一项重要指标。

在本次吉林省土壤调查中，除均腐土的 38 个土系外，在雏形土的 13 个土系，淋溶土的 2 个土系，以及人为土、潜育土和新成土的各 1 个土系中也有分布。暗沃表层分布区域温度较低，土壤湿度较大，土层较厚，有利于有机质的累积。暗沃表层厚度为 16～116 cm，平均为 41 cm，干态明度 2～5，润态明度 1.7～3，润态彩度 1～4，有机碳含量为 6.2～216.1 g/kg，平均为 36.76 g/kg，盐基饱和度均≥50%，土壤结构为粒状或块状，较为疏松。暗沃表层上述指标在各土纲中的统计见表 3-4。

表 3-4　暗沃表层表现特征统计

亚纲	厚度/cm		干态明度	润态明度	润态彩度	有机碳含量/(g/kg)	
	范围	平均				范围	平均
水耕人为土（1）	30	30	4～5	2～3	1	26.3～33.6	30.00
正常潜育土（1）	30	30	2～3	1.7	1	20.4～119.8	70.10
干润均腐土（12）	27～116	59	4～5	2～3	1～3	6.2～20.1	12.60
湿润均腐土（26）	23～98	56	3～5	1.7～3	1～3	6.9～126.1	25.33
冷凉淋溶土（2）	20～28	24	5	2～3	2	16.7～36.6	26.65
潮湿雏形土（5）	18～109	64	2～5	1.7～3	1～2	14.7～216.1	66.64
干润雏形土（1）	16	16	5	3	3	37.3	37.3
湿润雏形土（7）	27～62	44	3～5	1.7～3	1～4	13.1～57.1	24.97
正常新成土（1）	43	43	4	2	1	36.3～38.2	37.25
总体特征（56）	16～116	41	2～5	1.7～3	1～4	6.2～216.1	36.76

4. 淡薄表层

淡薄表层为发育程度较差的淡色或较薄的腐殖质表层。淡薄表层是吉林省土壤中较普遍存在的表土层，分别出现在火山灰土的 1 个土系，盐成土的 5 个土系，淋溶土的 12 个土系，雏形土的 26 个土系，新成土的 7 个土系中。淡薄表层厚度 5～59 cm，平均为 22 cm，干态明度在 3～8，润态明度 1.7～7，润态彩度 1～6，有机碳含量由于地上植被类型和气候条件不同等原因，差异较大，有机碳含量 0.8～124.0 g/kg，平均为 24.94 g/kg。淡薄表层上述指标在各土纲中的统计见表 3-5。

表 3-5 淡薄表层表现特征统计

土纲	厚度/cm		干态明度	润态明度	润态彩度	有机碳含量/(g/kg)	
	范围	平均				范围	平均
火山灰土（1）	31	31	4～7	2～3	2	18.6～72.7	45.65
盐成土（5）	7～26	15	5～8	3～6	2～4	0.8～10.4	5.80
淋溶土（12）	8～48	22	3～7	2～5	2～6	3.5～88.9	24.82
雏形土（26）	7～59	23	4～8	2～7	2～4	4.2～68.0	15.29
新成土（7）	5～33	18	3～6	1.7～5	1～3	1.3～124.0	33.16
总体特征（51）	5～59	22	3～8	1.7～7	1～6	0.8～124.0	24.94

5. 水耕表层

水耕表层是在淹水耕作条件下形成的人为表层（包括耕作层和犁底层）。

在本次吉林省土壤调查中，水耕表层只出现在人为土土纲的治安系中，治安系土壤的利用类型为水田，种植水稻，该土系通体都具有氧化还原特征。

水耕现象是指水耕作用影响较弱（或种植水稻历史较短，或在某些水旱轮作制下 10 年中只有一半或不到一半时间，当土温＞5℃时至少有 3 个月具人为滞水水分状况特征）的表层。水耕现象出现在水耕暗色潮湿雏形土的三家子系，普通暗色潮湿雏形土的北台子系，以及水耕淡色潮湿雏形土的额穆系、宝山系、龙潭系。水耕现象在吉林省多出现在种植水稻区域。例如，三家子系起源于石灰性草甸土，土体厚度多≥150 cm，地势低洼，水田季节性淹水，排水差，渗透较慢，内排水慢，现种植水稻，一年一熟。此外，额穆系、宝山系和龙潭系也均为水田，种植作物为水稻。

6. 盐结壳

盐结壳是由大量易溶性盐胶结成的灰白色或灰黑色表层结壳。在本次吉林省土壤调查中，盐结壳出现在盐成土土纲的七井子系和三王泡系中。其中，七井子系地表裸露，没有植被覆盖；三王泡系表层具有厚度约为 2 cm 的盐结壳。

7. 漂白层

漂白层是由黏粒和/或游离氧化铁淋失形成，有时会伴有氧化铁的就地分凝。在本次吉林省土壤调查中，漂白层主要出现在淋溶土的 11 个土系中，此外，雏形土的 2 个土系和均腐土的 1 个土系也出现有漂白层。漂白层主要出现在 8~58 cm 的位置，厚度为 10~49 cm，干态明度 6~8，润态明度 3~7，润态彩度 1~4。漂白层上述指标在各土纲中的统计见表 3-6。

表 3-6　漂白层表现特征统计

亚类	起始位置/cm		厚度/cm		干态明度	润态明度	润态彩度
	范围	平均	范围	平均			
漂白黏化湿润均腐土（1）	27	27	18	18	8	6	2
潜育漂白冷凉淋溶土（1）	15	15	23	23	8	6	4
暗沃漂白冷凉淋溶土（1）	28	28	14	14	8	6	4
酸性漂白冷凉淋溶土（2）	8~19	14	23~27	25	8	6	4
普通漂白冷凉淋溶土（6）	8~40	16	10~20	15	6~8	3~7	2~4
潜育简育冷凉淋溶土（1）	18	18	49	49	8	4~5	2~4
漂白暗色潮湿雏形土（1）	58	58	24	24	6	6	1
水耕淡色潮湿雏形土（1）	20	20	28	28	8	6	2
总体特征（14）	8~58	37	10~49	25	6~8	3~7	1~4

8. 雏形层

雏形层是在成土过程中形成的基本上无物质淀积，未发生明显黏化，带棕、红棕、红、黄或紫等颜色，且有土壤结构发育的 B 层。土壤含有一定数量的黏粒，在成土作用下，土壤结构发育；在土壤水分作用下，土壤中游离出来的铁吸附在土壤胶体上，使得土壤颜色变艳；含碳酸盐的母质有碳酸盐的淋溶淀积。

雏形层是判定雏形土的重要条件，本次调查的 41 个雏形土土系中均出现雏形层。雏形层的形成主要与气候、地形地貌及地下水有关；雏形层的土壤结构主要以块状和粒装结构为主。雏形层一般出现在表层以下，在本次吉林省土壤调查中，雏形层主要出现的位置为 6~70 cm，厚度为 7~60 cm，质地以壤土和砂壤土居多。

9. 水耕氧化还原层

水耕氧化还原层是指水耕条件下铁锰自水耕表层兼自其下垫土层的上部亚层还原淋溶，或兼有由下面具有潜育特征或潜育现象的土层还原上移，并在一定深度中氧化淀积的土层。

水耕氧化还原层出现在吉林省唯一的人为土土纲的治安系中。治安系的水耕氧化还原层位于 30~120 cm，厚度 90 cm，角块状结构，质地为粉质壤土，土壤结构体表面有基质对比度模糊及边界清楚的铁锈斑纹，色调为 10YR，干态明度 6~7，润态明度 3~5，润态彩度 3~4。

10. 黏化层

黏化层为黏粒含量明显高于上覆土层的表下层，主要是黏粒的淋移淀积或残积黏化；

黏粒淋移淀积主要在孔隙壁和结构体表面形成厚度>0.5 mm、丰度大于 5% 的黏粒胶膜；残积黏化主要由原土层中原生矿物发生土内风化作用就地形成黏粒并聚集，使该层次的黏粒含量高于其他土层。若表层遭受侵蚀，此层可位于地表或接近地表。

黏化层是判定淋溶土纲的基本条件，本次调查的淋溶土土纲的 16 个土系中均出现黏化层。此外在均腐土土纲的 3 个土系中也出现有黏化层。黏化层的厚度介于 7～90 cm，上部淋溶层的黏粒含量为 91～370 g/kg，平均为 156 g/kg；下部黏化层的黏粒含量为 103～579 g/kg，平均为 279 g/kg，B/A 黏粒比为 0.32～4.08，平均 1.01；其中土桥系黏化层出现在 35～125 cm，厚度达到了 90 cm，与上层黏粒比为 2.10，结构体表面具有黏粒胶膜。各亚类土壤的黏化层特征的统计见表 3-7。

表 3-7　黏化层特征统计

亚类	起始位置/cm		厚度/cm		淋溶层黏粒含量/（g/kg）	黏化层黏粒含量/（g/kg）	B/A 黏粒比
	范围	平均	范围	平均			
漂白黏化湿润均腐土（1）	45	45	30	30	182～201	485	2.41～2.66
斑纹黏化湿润均腐土（2）	34～70	52	28～42	35	91～183	125～180	0.98～1.49
潜育漂白冷凉淋溶土（1）	38	38	23	23	142～217	579	2.67～4.08
暗沃漂白冷凉淋溶土（1）	42	42	88	88	120～215	263	1.22～2.19
酸性漂白冷凉淋溶土（2）	35～61	48	28～90	59	165～314	314～570	1.00～3.22
普通漂白冷凉淋溶土（6）	19～31	26	7～76	32	107～283	103～479	0.69～2.53
斑纹暗沃冷凉淋溶土（1）	20	20	30	30	120	175	1.46
潜育简育冷凉淋溶土（1）	67	67	30	30	201～370	118	0.32～0.59
斑纹简育冷凉淋溶土（1）	17	17	50	50	201	300～324	1.49～1.61
普通钙积干润淋溶土（1）	19	19	27	27	127	173	1.36
普通简育干润淋溶土（1）	48	48	33	33	119～146	152	1.04～1.28
普通简育湿润淋溶土（1）	44	44	41	41	169	165	0.98
总体特征（19）	17～70	39	7～90	40	91～370	103～579	0.32～4.08

11. 碱积层

碱积层是交换性钠含量高的特殊淀积黏化层。诊断特点是具有厚度>0.5 mm 的黏粒胶膜和一定比例的黏粒含量，土壤结构为柱状或棱柱状结构等。

在本次吉林省土壤调查中，碱积层主要出现在盐成土的所字系和学字系两个土系中。在所字系中，由交换性钠形成的碱积柱状层出现在地表 7 cm 以下，交换性钠饱和度>30%，通体具有石灰结核和石灰斑纹等新生体；而学字系是由湖滩干旱后沉积发育而来，通体具有石灰结核，交换性钠饱和度>30%，在 80 cm 左右具有铁锰结核等新生体。

碱积现象是指土层中具有一定碱化作用的特征。

在本次吉林省土壤调查中，碱积现象主要出现在盐成土的大通系和七井子系，均腐土的洮南系，以及雏形土的大遮系中，其中，大通系和七井子系土壤的交换性钠饱和度均大于 30%。

12. 钙积层

钙积层是指富含次生碳酸盐的未胶结或未硬结土层。诊断要点为厚度≥15cm，CaCO₃相当物含量与体积百分比达到要求。在本次吉林省土壤调查中，钙积层主要出现在均腐土的 4 个土系和雏形土的 2 个土系中。碳酸盐主要以石灰斑纹或石灰结核新生体的形式出现，一般出现位置在 20～213cm，厚度 20～90cm，均具有强石灰反应。其中，普通简育干润雏形土中八面系的成土地形为河湖漫滩阶地或低平地，钙积层位置较深，位于 181～213cm，具有大量碳酸钙胶结，非常坚硬。各亚类土壤的黏化层特征的统计见表 3-8。

表 3-8　钙积层特征统计

亚类	起始位置/cm		厚度/cm		碳酸钙相当物含量/(g/kg)
	范围	平均	范围	平均	
斑纹钙积干润均腐土（2）	48～130	81	43～82	63	42～142
弱碱钙积干润均腐土（1）	40～60	20	20	20	312
普通钙积干润均腐土（1）	40～60	20	20	20	23
普通简育干润雏形土（2）	20～213	131	33～90	62	47～217
总体特征（6）	20～213	63	20～90	41	23～312

钙积现象是指土层中有一定次生碳酸盐聚积的特征，厚度或含量或可辨认的次生碳酸盐数量不符合钙积层的条件。在本次吉林省土壤调查中，钙积现象多出现在均腐土、雏形土中，另外在淋溶土中也有少量分布。

13. 盐积层

盐积层是指在冷水中溶解度大于石膏的易溶性盐富集的土层。

在本次吉林省土壤调查中，盐积层主要出现在盐成土的大通系、七井子系、三王泡系和雏形土的边昭系中。其中，前 3 个土系均属于弱碱潮湿正常盐成土，土表基本为裸地，很少有植被覆盖。具有盐积层的这 4 个土系所处地势均较低，且多为低洼地及湖漫滩。

盐积现象是指土层中有一定易溶性盐聚积的特征。

在本次吉林省土壤调查中，盐积现象主要出现在盐成土的三王泡系，均腐土的新庄系，以及雏形土的边昭系中。

3.4.2　诊断特性

1. 有机土壤物质

有机土壤物质是指经常被水分饱和，具高有机碳的泥炭、腐泥等物质，或被水分饱和的时间很短，具极高有机碳的枯枝落叶物质或草毡状物质。

在本次吉林省土壤调查中，有机土壤物质主要出现在雏形土的哈尔巴岭系和烟筒山系中。哈尔巴岭系多分布于山间沟谷或盆谷低洼地和沿河两岸河谷平原中的局部洼地，该土系外排水易积水，渗透性慢，内排水长期饱和，耕层以下土层由泥炭层退化而来，有机碳含量很高，属于有机土壤物质；烟筒山系所处地势与哈尔巴岭系相似，也为山间沟谷或河谷洼地，该土系原土壤为沼泽土，随着开垦农田退化后被埋藏，有机土壤物质厚度约为 10 cm，有机碳含量达到了 216.1 g/kg，属于高腐有机土壤物质。

2. 岩石特性

岩石特性是指土表至 125 cm 范围内土壤性状明显或较明显保留母岩或母质的岩石学性质特征。本次土系调查中涉及的岩性特征主要为砂质岩性特征。

在本次吉林省土壤调查中，岩性特征出现在雏形土的 3 个土系和新成土的 3 个土系中，其中，新成土土纲的二道白河系自淡薄表层以下，具有砂质岩性特征，下部土壤是由原河流冲积砂堆积而成，其土系通体具有少量云母碎屑，无砾石；此外，雏形土土纲的五棵树系、额穆系，以及新成土土纲的增盛系通体也均具有少量云母碎屑。

3. 石质接触面

石质接触面是土壤与紧实黏结的下垫物质（岩石）之间的界面层，不能用铁铲挖开，多为整块或碎块状。

在本次吉林省土壤调查中，石质接触面特征出现在雏形土土纲的长白岳桦系和月晴系中。其中，长白岳桦系海拔在 1800 m 左右，位于长白山火山锥体的下部，土壤非常浅薄，其石质接触面出现在 11 cm 以下；月晴系起源于岩石风化残、坡积物，多为次生阔叶林或阔叶幼林，耕地很少，土体浅薄，其石质接触面出现在 45 cm 以下，土系通体含有大量砾石。

4. 准石质接触面

准石质接触面是指土壤与连续黏结的下垫物质（一般为部分固结的砂岩、粉砂岩、页岩或泥灰岩等沉积岩）之间的界面层，湿时用铁铲可勉强挖开。下垫物质为整块状者，其莫氏硬度<3；为碎裂块体者，在水中或六偏磷酸钠溶液中振荡 15 h，可或多或少分散。

在此次吉林省土壤调查中，准石质接触面出现在均腐土的 8 个土系和雏形土的 11 个土系中，此外，淋溶土的 1 个土系和新成土的 1 个土系也出现准石质接触面（表3-9）。

表 3-9 准石质接触面统计

土纲	亚纲	起始位置/cm		土系数量
		范围	平均	
均腐土（8）	湿润均腐土	50～138	83	8
淋溶土（1）	冷凉淋溶土	40	40	1
雏形土（11）	寒冻雏形土	36	36	1
	干润雏形土	81	81	1
	湿润雏形土	40～102	61	9
新成土（1）	正常新成土	22	22	1
总体特征（21）	—	22～138	54	21

准石质接触面的起始位置在 22~138 cm，平均 67 cm。其中，雏形土土纲的八道江系土体较厚，准石质接触面位于 102 cm 以下；新成土土纲的汪清系土层较薄，准石质接触面位于 22 cm 以下，下有大量卵石。

5. 土壤水分状况

在此次土系调查中，根据吉林省降水量、蒸散量（图 3-2）、地下水埋深及年均径流，结合人为耕作状况、土壤剖面形态与气象资料等来估计土壤水分状况。

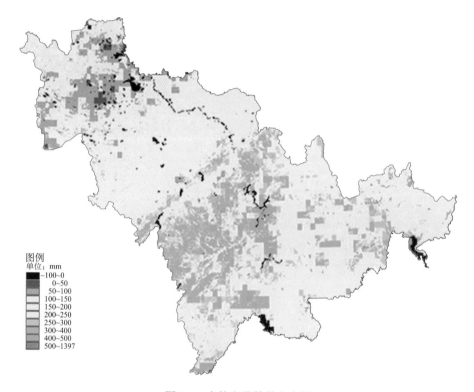

图例
单位：mm

■ -100~0
0~50
50~100
100~150
150~200
200~250
250~300
300~400
400~500
500~1397

图 3-2 　吉林省蒸散量分布图

吉林省土壤水分状况大部分属于湿润和半干润的状况。半干润水分状况：干燥度为 1~3.3，平均降水量 300~500 mm，年降水日数 80~110 d，生长期旱期日数 50~150 d，平均年径流深度<300 mm；湿润水分状况：干燥度为 0.5~0.9，平均降水量 500~1000 mm，年降水日数 110~120 d，生长期旱期日数<50 d，平均年径流深度 300~600 mm；有一部分区域因常年种植水稻或地势较低等原因，所以出现人为滞水土壤水分状况，如人为土土纲的治安系、雏形土土纲的三家子系等；其他少数部分区域因海拔、地下水位、微地形或人为等原因可能存在潮湿或常湿的土壤水分状况。本次吉林省土系调查所确定的 112 个土系分属于 5 种土壤水分状况（表 3-10）：5 个土系属于人为滞水土壤水分状况，25 个土系属于半干润土壤水分状况，69 个土系属于湿润土壤水分状况，1 个土系属于常湿润土壤水分状况，12 个土系属于潮湿土壤水分状况。

表 3-10　土壤水分状况统计

土纲	亚纲	土壤水分状况	土系数量
人为土	水耕人为土	人为滞水土壤水分状况	1
火山灰土	寒性火山灰土	湿润土壤水分状况	1
盐成土	碱积盐成土	半干润土壤水分状况	1
	正常盐成土	潮湿土壤水分状况	3
	正常盐成土	半干润土壤水分状况	1
潜育土	正常潜育土	潮湿土壤水分状况	1
均腐土	干润均腐土	半干润土壤水分状况	7
	干润均腐土	湿润土壤水分状况	5
	湿润均腐土	湿润土壤水分状况	24
	湿润均腐土	潮湿土壤水分状况	1
	湿润均腐土	人为滞水土壤水分状况	1
淋溶土	冷凉淋溶土	湿润土壤水分状况	12
	冷凉淋溶土	潮湿土壤水分状况	1
	干润淋溶土	半干润土壤水分状况	2
	湿润淋溶土	湿润土壤水分状况	1
雏形土	寒冻雏形土	常湿润土壤水分状况	1
	寒冻雏形土	湿润土壤水分状况	1
	潮湿雏形土	人为滞水土壤水分状况	2
	潮湿雏形土	湿润土壤水分状况	2
	潮湿雏形土	潮湿土壤水分状况	6
	干润雏形土	半干润土壤水分状况	12
	湿润雏形土	湿润土壤水分状况	17
新成土	砂质新成土	半干润土壤水分状况	2
	冲积新成土	湿润土壤水分状况	1
	正常新成土	湿润土壤水分状况	5
	正常新成土	人为滞水土壤水分状况	1

6. 潜育特征

潜育特征是指长期被水饱和，导致土壤发生强烈还原的特征。本次吉林省土系调查中，潜育特征主要出现在潜育土土纲的江东系，淋溶土土纲的辉发系，以及雏形土土纲的杨树系和五台系中，其中，辉发系和五台系的潜育特征出现位置较深，辉发系的潜育特征位于 85 cm 以下，土层色调为 2.5Y，润态明度 7，润态彩度为 3，有大量铁锈斑纹和少量铁锰结核；五台系潜育特征位于 80 cm 以下，土层色调为 2.5Y，润态明度 4，润态彩度为 1，结构体表面有 5%～15% 模糊-扩散的 2～6 mm 大小的铁锈斑纹（表 3-11）。

潜育现象是指土壤发生弱-中还原作用的特征。在本次吉林省土壤调查中，潜育现象主要出现在淋溶土的辉南系和砬门子系，雏形土的边昭系和陶赖昭系，以及新成土的长白山天池上系。其中，辉南系是由于表层地下水位较高，母质层经常淹水，处于还原状态下，而出现潜育现象，位于 97～128 cm。

表 3-11　潜育特征统计

亚类	起始位置/cm	厚度/cm	干态明度	润态明度	润态彩度
普通暗沃正常潜育土（1）	30	55	6	5	1
潜育漂白冷凉淋溶土（1）	85	62	8	7	3
漂白暗色潮湿雏形土（1）	58	24	6	6	1
普通暗色潮湿雏形土（1）	80	60	6	4	1
总体特征（4）	30～85	24～62	6～8	4～7	1～3

7. 氧化还原特征

氧化还原特征是指由于大多数年份某一时期土壤受季节性水分饱和，发生氧化还原交替作用而形成的特征。主要表现为锈纹锈斑和铁锰结核在土体内的分布。氧化还原特征是吉林省分布范围广泛的诊断特性，厚度范围是 7～155 cm，平均 79 cm，干态明度 3～8，润态明度 1.7～7，润态彩度 1～8。本次吉林省土系调查中，57 个土系出现氧化还原特征，在人为土、潜育土、均腐土、淋溶土、雏形土、新成土中均有出现。其中，主要出现在均腐土、淋溶土和雏形土中，其氧化还原特征出现的频率分别是均腐土为 17/38，淋溶土为 12/16、雏形土为 22/41（表 3-12）。

表 3-12　氧化还原特征

亚类	起始位置/cm		厚度/cm		干态明度	润态明度	润态彩度
	范围	平均	范围	平均			
普通简育水耕人为土（1）	30	30	90	90	6～7	3～5	3～4
普通暗沃正常潜育土（1）	30	30	55	55	6	5	1
斑纹-钙积暗厚干润均腐土（2）	104～116	110	34～46	40	5～6	3～4	2～3
斑纹钙积干润均腐土（2）	48～77	63	72～73	71	5～7	3～5	2～4
普通简育干润均腐土（1）	60	60	75	75	6～7	4～5	4
斑纹黏化湿润均腐土（2）	34～70	52	81～100	91	5～7	4～5	3～6
斑纹简育湿润均腐土（11）	16～96	57	38～146	82	4～7	2～6	1～6
普通简育湿润均腐土（1）	23	23	45	45	6～7	4～5	4
潜育漂白冷凉淋溶土（1）	61	61	24	24	8	5	6
暗沃漂白冷凉淋溶土（1）	42	42	138	138	3～6	3～4	4
酸性漂白冷凉淋溶土（2）	35～42	39	47～90	69	6～8	4～5	4～8
普通漂白冷凉淋溶土（4）	25～79	47	7～79	45	6～8	4～6	4～6
斑纹暗沃冷凉淋溶土（1）	20	20	90	90	5～7	3～4	2～3
潜育简育冷凉淋溶土（1）	45	45	52	52	7～8	4～5	4～6
斑纹简育冷凉淋溶土（1）	17	17	74	74	7～8	5～7	2～6
普通简育干润淋溶土（1）	48	48	33	33	7	6	4
水耕暗色潮湿雏形土（1）	22	22	128	128	4～6	1.7～4	1～3
漂白暗色潮湿雏形土（1）	58	58	24	24	6	6	1
酸性暗色潮湿雏形土（1）	0	0	62	62	3～5	1.7～2	1～2
普通暗色潮湿雏形土（3）	23～80	90	53～82	98	6～7	3～4	1～2

亚类	起始位置/cm		厚度/cm		干态明度	润态明度	润态彩度
	范围	平均	范围	平均			
水耕淡色潮湿雏形土（3）	0～138	23	56～100	77	5～8	4～7	2～6
弱盐淡色潮湿雏形土（1）	54	54	36	36	8	7	3
弱盐底锈干润雏形土（1）	25	25	100	100	7	5～6	1～4
普通简育干润雏形土（4）	0～46	16	24～125	132	5～7	4～6	2～4
酸性冷凉湿润雏形土（1）	0	0	155	155	4～7	2～6	1～4
暗沃冷凉湿润雏形土（1）	12	12	24	24	5	2	2
斑纹冷凉湿润雏形土（5）	0～140	16	28～138	84	4～8	3～5	2～6
斑纹干润砂质新成土（1）	0	0	137	137	4～6	3～5	3～4
普通湿润正常新成土（1）	18	18	84	84	4	1.7～2	1
总体特征（57）	0～140	39	7～155	79	3～8	1.7～7	1～8

8. 土壤温度状况

土壤温度状况是指土表下 50 cm 深度处或浅于 50 cm 的石质或准石质接触面处的土壤温度（图 3-3）。

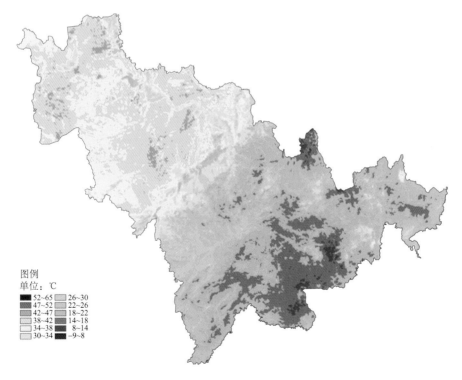

图例
单位：℃

- ■ 52～65
- ■ 47～52
- ■ 42～47
- ■ 38～42
- □ 34～38
- ■ 30～34
- □ 26～30
- □ 22～26
- □ 18～22
- □ 14～18
- ■ 8～14
- ■ -9～8

图 3-3 吉林省地表温度分布图

本次吉林省土系调查共 112 个土系，其中，105 个土系为冷性土壤温度状况，3 个土系为寒冻土壤温度状况，2 个土系为寒性土壤温度状况，2 个土系为温性土壤温度状况。

9. 均腐殖质特性

均腐殖质特性是指草原或森林草原中腐殖质的生物积累深度较大，有机质的剖面分布随草本植物根系分布深度中数量的减少而逐步减少，无陡减现象的特性。

均腐殖质特性是判定均腐土的重要条件之一，在本次吉林省土壤调查中，均腐殖质特性只出现在均腐土的全部 38 个土系中，即均腐土土纲的土系的腐殖质储量比（Rh）≤0.4。

10. 火山灰特性

火山灰特性是指土壤中火山灰、火山渣或其他火山碎屑物占全土重量的 60%或更高，矿物组成中以水铝英石、伊毛缟石、水硅铁石的短序矿物占优势，伴有铝-腐殖质络合物的特性。

在本次吉林省土壤调查中，火山灰特性出现在火山灰土纲的奶头山系，以及新成土土纲的长白山天池上系、长白山天池下系和长白天文峰系，其中，奶头山系所处地势较高，母质为浮石风化物，是火山喷出物经水流搬移而来；母质层之下为原河床的冲积砂，通体含有大量浮石；而长白山天池上系、长白山天池下系和长白天文峰系均是由火山喷出的火山渣堆积发育而成，土体发育微弱，颗粒组成以砾石、砂粒为主，且海拔均在 2500 m 以上。

11. 钠质特性

钠质特性指交换性钠饱和度（ESP）≥30%和交换性钠离子（Na^+）浓度≥2cmol/kg，或交换性钠和镁的饱和度≥50%的特性。

在本次吉林省土壤调查中，钠质特性主要出现在盐成土土纲的 3 个土系和雏形土土纲的大遮系中。其中，所字系属于碱积盐成土，其由交换性钠形成的碱积柱状层出现在地表 7 cm 以下，交换性钠饱和度>30%，24～49 cm 土层的交换性钠饱和度达到了 81.0%；七井子系土壤通体的交换性钠饱和度>30%；学字系 10～36 cm 的交换性钠饱和度为 84.4%。具有钠质特性的这 4 个土系的参比土种均是苏打草甸碱土。

在本次吉林省土壤调查中，钠质现象仅出现在雏形土土纲的边昭系中，该土系属于弱盐淡色潮湿雏形土。

12. 石灰性

石灰性是指土表至 50 cm 范围内所有亚层中 $CaCO_3$ 相当物含量均≥10 g/kg，用 1∶3 的 HCl 溶液处理有泡沫反应。在本次吉林省土壤调查中，石灰性主要存在于盐成土、均腐土、雏形土等土纲中，其石灰性特征出现的频率分别是盐成土 5/5、均腐土 15/38、雏形土 13/41（表 3-13）。碳酸钙相当物含量为 2.7～334.9 g/kg。

表 3-13　石灰性特征统计

亚类	起始位置/cm		厚度/cm		CaCO₃ 相当物含量
	范围	平均	范围	平均	/(g/kg)
弱盐简育碱积盐成土（1）	0	0	115	115	22.9～79.4
弱碱潮湿正常盐成土（3）	0～160	0	120～160	130	19.5～147.2
潜育潮湿正常盐成土（1）	0	0	120	120	36.5～55.1
斑纹钙积暗厚干润均腐土（2）	0～160	0	150～160	155	10.6～79.4
钙积暗厚干润均腐土（2）	0～165	0	107～130	129	10.3～207.6
斑纹钙积干润均腐土（3）	0～130	0	28～130	96	40.5～261.8
弱碱钙积干润均腐土（1）	0	0	110	110	137.5～312.1
普通钙积干润均腐土（2）	0～122	18	86～122	104	22.6～68.4
普通简育干润均腐土（1）	0	0	135	135	11.3～30.8
斑纹黏化湿润均腐土（1）	0	0	70	70	14.4～17.7
斑纹简育湿润均腐土（2）	0～138	52	19～35	27	16.6～54.8
普通简育湿润均腐土（1）	0	0	92	92	67.2～82.0
普通钙积干润淋溶土（1）	0	0	137	137	75.3～134.2
普通简育干润淋溶土（1）	0	0	130	130	51.5～77.1
水耕暗色潮湿雏形土（1）	0	0	150	150	32.3～334.9
弱盐淡色潮湿雏形土（1）	0	0	125	125	28.2～169.9
弱盐底锈干润雏形土（1）	0	0	125	125	35.4～203.4
普通简育干润雏形土（10）	19～213	2	95～213	138	2.7～217.0
斑纹干润砂质新成土（1）	52	52	38	38	—
普通湿润正常新成土（1）	0	0	43	43	82.8～93.4
总体特征（37）	0～213	7	19～213	109	2.7～334.9

13. 盐基饱和度

盐基饱和度指吸收复合体被 K^+、Na^+、Ca^{2+} 和 Mg^{2+} 等阳离子饱和的程度（NH₄OAc 法）。

盐基饱和度是判定富铁土、铁铝土和均腐土的重要条件之一，由于吉林省没有富铁土和铁铝土分布，所以在本次吉林省土壤调查中，均腐土土纲的 38 个土系的盐基饱和度均≥50%，其余各土纲土系的盐基饱和度均<50%。

3.5　吉林省土系建立

在野外剖面描述和实验室土样分析的基础上，参考环境条件，主要依据剖面形态特征和理化性质，对照《中国土壤系统分类检索》（第三版）和《中国土壤系统分类土族和土系划分标准》，从土纲、亚纲、土类、亚类、土族到土系，自上而下逐级确定剖面的各级分类名称。本次吉林省土系调查共建立 8 个土纲，17 个亚纲，29 个土类，51 个亚类，85 个土族，112 个土系（表 3-14 和表 3-15）。

表 3-14 吉林省典型土系

土纲	亚纲	土类	亚类	土系
人为土	水耕人为土	简育水耕人为土	普通简育水耕人为土	治安系
火山灰土	寒性火山灰土	简育寒性火山灰土	普通简育寒性火山灰土	奶头山系
盐成土	碱积盐成土	简育碱积盐成土	弱盐简育碱积盐成土	所字系
	正常盐成土	潮湿正常盐成土	弱碱潮湿正常盐成土	大通系
				七井子系
				三王泡系
			潜育潮湿正常盐成土	学字系
潜育土	正常潜育土	暗沃正常潜育土	普通暗沃正常潜育土	江东系
均腐土	干润均腐土	暗厚干润均腐土	斑纹-钙积暗厚干润均腐土	王奔系
				邓家店系
			钙积暗厚干润均腐土	二龙系
				金山系
		钙积干润均腐土	斑纹钙积干润均腐土	德顺系
				肖家系
				永久系
			弱碱钙积干润均腐土	洮南系
			普通钙积干润均腐土	马家窝棚系
				什花道系
		简育干润均腐土	普通简育干润均腐土	更新系
				伏龙泉系
	湿润均腐土	滞水湿润均腐土	暗厚滞水湿润均腐土	卡伦系
		黏化湿润均腐土	漂白黏化湿润均腐土	安子河系
			斑纹黏化湿润均腐土	吕洼系
				程家窝棚系
			普通黏化湿润均腐土	官地系
		简育湿润均腐土	斑纹简育湿润均腐土	新庄系
				先锋林场系
				直立系
				黑林子系
				六道沟系
				刘房子系
				先锋系
				平西系
				万泉系
				育民系
				榆树系

土纲	亚纲	土类	亚类	土系
均腐土	湿润均腐土	简育湿润均腐土	普通简育湿润均腐土	杨大城子系
				长白系
				沙河沿系
				叶赫系
				榆树川系
				智新系
				湾沟系
				三义系
				秋梨沟系
				吉昌系
淋溶土	冷凉淋溶土	漂白冷凉淋溶土	潜育漂白冷凉淋溶土	辉发系
			暗沃漂白冷凉淋溶土	李合系
			酸性漂白冷凉淋溶土	黄泥河系
				土桥系
			普通漂白冷凉淋溶土	白石桥系
				兴参系
				翰章系
				孟岭系
				太平岭系
				东光系
		暗沃冷凉淋溶土	斑纹暗沃冷凉淋溶土	板石系
		简育冷凉淋溶土	潜育简育冷凉淋溶土	辉南系
			斑纹简育冷凉淋溶土	砬门子系
	干润淋溶土	钙积干润淋溶土	普通钙积干润淋溶土	腰塘子系
		简育干润淋溶土	普通简育干润淋溶土	万顺系
	湿润淋溶土	简育湿润淋溶土	普通简育湿润淋溶土	太王系
雏形土	寒冻雏形土	简育寒冻雏形土	普通简育寒冻雏形土	长白岳桦系
				长白山北坡系
	潮湿雏形土	暗色潮湿雏形土	水耕暗色潮湿雏形土	三家子系
			漂白暗色潮湿雏形土	杨树系
			酸性暗色潮湿雏形土	哈尔巴岭系
			普通暗色潮湿雏形土	五台系
				烟筒山系
				北台子系
		淡色潮湿雏形土	水耕淡色潮湿雏形土	额穆系
				宝山系
				龙潭系
			弱盐淡色潮湿雏形土	边昭系

土纲	亚纲	土类	亚类	土系
雏形土	干润雏形土	底锈干润雏形土	弱盐底锈干润雏形土	大遇系
		暗沃干润雏形土	普通暗沃干润雏形土	石岭子系
		简育干润雏形土	普通简育干润雏形土	八面系
				聚宝系
				开通系
				水字系
				新华系
				广太系
				后朝阳系
				鳞字系
				三骏系
				余字系
	湿润雏形土	冷凉湿润雏形土	漂白冷凉湿润雏形土	十八道沟系
				临江系
			酸性冷凉湿润雏形土	青沟子系
			暗沃冷凉湿润雏形土	渭津系
				贤儒系
				官马系
				花园口系
			斑纹冷凉湿润雏形土	陶赖昭系
				五棵树系
				三源浦系
				兴安系
				双龙系
			普通冷凉湿润雏形土	抚松系
				八道江系
				三合系
				月晴系
		简育湿润雏形土	普通简育湿润雏形土	集安系
新成土	砂质新成土	干润砂质新成土	斑纹干润砂质新成土	瞻榆系
			普通干润砂质新成土	增盛系
	冲积新成土	寒冻冲积新成土	普通寒冻冲积新成土	长白山天池上系
	正常新成土	寒冻正常新成土	火山渣寒冻正常新成土	长白山天池下系
				长白天文峰系
		正常新成土	火山渣湿润正常新成土	二道白河系
			石质湿润正常新成土	抚民系
				汪清系
			普通湿润正常新成土	福泉系

3.6 吉林省土壤分类参比

土系集成并体现了高级分类单元的信息，同时具有明显的地域特色，因此具有定量（精确的属性范围）、定型（稳定的土层结构）和定位（明确的地理位置）的特征，在学科上为土壤高级分类单元提供支撑，是土地评价、土地利用规划、生态环境建设的重要基础数据，可以直接为生产实践服务，直接联系着各区域的实际，因此是土壤学和相关学科发展、农业生产以及生态与环境建设的重要基础数据。

目前我国土壤系统分类已进入基层单元的时代，在作为土壤基层分类单元的"土系"方面，虽然陆续取得了一些研究成果，但起步较晚，在研究广度、深度以及取得的成果规模与应用价值方面总体上还存在不足，所记述的土系还不能完全反映各地区的土系信息。

我国第二次土壤普查积累了大量丰富的数据和资料，其最终汇总时所建立的土种，具有一定的微域景观条件，近似的水热条件，相同的母质以及相同的植被与利用方式；同一土种的剖面发生层或其他土层的层序排列及厚度是相似的；同一土种的土壤特征、土层的发育程度相同；同一土种的生产性能及生产潜力相同。这些土种与土类脱钩，命名也比较简单，实际上已接近土系的含义。土种的建立是在评土、比土基础上得到的，是根据典型剖面的描述、记载、分析化验结果确立的，在地理空间上代表一定的面积分布，这实际上也代表着土壤实体；并且根据统一部署和规范，所有的县都以土种为单元绘制了大比例尺的"土壤图"，编写了"土壤志"，逐个土种阐明了其所处景观部位、分布面积、特征土层性状、有效土层厚度、养分含量变幅、土壤障碍因素、利用方向、改良措施等土种特性。

土种与土系存在着重要区别，如在概念上和划分标准上有一定的差异，但在许多方面是一致的或相近的：

（1）两者选择了地区性的影响因素，都是通过对土壤实体剖面进行研究得到数据信息；都对各层次土壤样品的理化性质进行了系统的实验室分析，剖面描述和实验室分析的方法基本是统一、规范的，除个别项目外（如关于土壤质地的划分，第二次土壤普查之初按苏联的卡钦斯基制，后期按国际制，而中国土壤系统分类中按美国制）。

（2）第二次土壤普查对土种都进行了详细的记述，如命名归属、主要性状、典型剖面和生产性能等。土种的描述和分析化验资料已经包含了鉴别土系的主要土壤特性，如土层厚度（包括表土层厚度、心土层厚度、石质层出现深度）、土壤各层次质地、土壤中碎屑含量与类型、土壤反应、碳酸钙含量、颜色、低彩度的土壤氧化还原特征等，这些正是土系记述所必需的。

（3）两者均以土壤实体为对象采用独立命名，第二次土壤普查时的土种采用在土属名称前加以特征土层定量级别修饰语或群众名称的独立命名法，土系采用首次发现地名或优势分布地区地名的独立命名法，均以土壤实体为对象脱离上级分类进行独立命名。

土种与土系的划分原则和标准不同，在划分土种时这些信息没有得到充分体现，有关的土壤特性资料没有充分利用。只要按照土系的划分原则、标准和方法对这些资料重新进行分析、整理、归纳，就可以提炼出划分土系的有用信息。对于一些鉴别土系的重要性状,如土壤水分、土壤温度、矿物学特征等,在土种资料中记载得较少,但这些特征可以通过土壤所处的地理环境、母质类型、地形地貌部位、植被等因素推断出来,有条件时对一些典型地区也可以进行补充定位观测和分析鉴定。

因此,在正确区分高级分类单元的基础上,严格遵循中国土壤系统分类的分类原则和分类体系,保证高级分类单元的一致性、土系概念和划分方法的一致性、描述方法和土层符号的一致性,以大量实地调查研究资料为支撑,将第二次土壤普查资料中的土种信息转化为"土系"或"准土系"是可能的。湖北、浙江、海南、黑龙江等省根据土壤普查资料,结合各自区域特点已经做了一些有益的探索,不仅可以加快我国土壤系统分类的基层分类研究进度,完善我国的土壤系统分类,促进土壤科学的发展,更好地为生产实际服务,而且能够节约大规模土壤调查所需要的大量的时间和资金,使宝贵的土壤普查资料充分发挥作用,为未来逐步建立大量土系及数据库奠定基础。吉林省土系基层分类单元及参比见表3-15。

表 3-15　吉林省土系基层分类单元及参比

土系	土族	参比土种
治安系	黏壤质混合型非酸性冷性-普通简育水耕人为土	浅位硅质白浆化暗棕壤
奶头山系	中粒-浮石质盖壤质混合型非酸性-普通简育寒性火山灰土	厚层浮石碎屑火山灰土
所字系	砂质硅质混合型石灰性冷性-弱盐简育碱积盐成土	中位苏打草甸碱土
大通系	砂质硅质混合型石灰性冷性-弱碱潮湿正常盐成土	白盖苏打盐土
七井子系	砂质硅质混合型石灰性冷性-弱碱潮湿正常盐成土	白盖苏打草甸碱土
三王泡系	砂质硅质混合型石灰性冷性-弱碱潮湿正常盐成土	砂质低洼苏打草甸盐土
学字系	砂质硅质混合型石灰性冷性-潜育潮湿正常盐成土	白盖苏打草甸碱土
江东系	黏壤质混合型非酸性冷性-普通暗沃正常潜育土	浅位非石灰性草甸沼泽土
王奔系	砂质硅质混合型冷性-斑纹·钙积暗厚干润均腐土	薄腐风积石灰性草甸土
邓家店系	壤质混合型冷性-斑纹·钙积暗厚干润均腐土	厚腐黄土质黑钙土
二龙系	砂质硅质混合型冷性-钙积暗厚干润均腐土	砂质石灰性黑钙土
金山系	砂壤质混合型冷性-钙积暗厚干润均腐土	浅位黄土质暗栗钙土
德顺系	砂壤质混合型冷性-斑纹钙积干润均腐土	中腐冲积石灰性草甸土
肖家系	壤质混合型冷性-斑纹钙积干润均腐土	深位埋藏低位泥炭土
永久系	壤质混合型冷性-斑纹钙积干润均腐土	中腐红黏质黑钙土
洮南系	砂壤质硅质混合型冷性-弱碱钙积干润均腐土	深位黄土质草甸栗钙土
马家窝棚系	壤质混合型冷性-普通钙积干润均腐土	薄腐黄土质草甸黑钙土
什花道系	砂壤质混合型冷性-普通钙积干润均腐土	轻度黄砂质盐化黑钙土
更新系	壤质混合型石灰性冷性-普通简育干润均腐土	砂砾底中腐冲积石灰性草甸土
伏龙泉系	壤质混合型非酸性冷性-普通暗育干润均腐土	薄腐黄土质黑土
卡伦系	壤质混合型非酸性冷性-暗厚滞水湿润均腐土	中腐坡冲积草甸土
安子河系	粗骨壤质混合型非酸性冷性-漂白黏化湿润均腐土	暗厚灰化暗棕壤
吕洼系	壤质混合型石灰性冷性-斑纹黏化湿润均腐土	厚腐坡冲积石灰性草甸土

土系	土族	参比土种
程家窝棚系	壤质混合型非酸性冷性-斑纹黏化湿润均腐土	中腐黄土质草甸黑土
官地系	黏壤质混合型非酸性冷性-普通黏化湿润均腐土	浅位黄土质白浆土
新庄系	壤质混合型石灰性冷性-斑纹简育湿润均腐土	中腐黄土质黑土
先锋林场系	砂壤质混合型酸性冷性-斑纹简育湿润均腐土	薄层基性岩山地草甸土
直立系	黏壤质混合型非酸性冷性-斑纹简育湿润均腐土	中腐黄土质白浆化黑土
黑林子系	壤质混合型非酸性冷性-斑纹简育湿润均腐土	中腐黄土质黑钙土
六道沟系	粗骨壤质混合型非酸性冷性-斑纹简育湿润均腐土	薄层细矿质暗棕壤性土
刘房子系	粉壤质混合型非酸性冷性-斑纹简育湿润均腐土	中腐黄土质黑土
先锋系	壤质混合型非酸性冷性-斑纹简育湿润均腐土	薄腐黄土质黑土
平西系	壤质混合型非酸性冷性-斑纹简育湿润均腐土	薄腐红黏质黑土
万泉系	壤质混合型非酸性冷性-斑纹简育湿润均腐土	粉质壤土深腐冲积草甸土
育民系	壤质混合型非酸性冷性-斑纹简育湿润均腐土	深腐坡冲积草甸土
榆树系	壤质混合型非酸性冷性-斑纹简育湿润均腐土	深腐黄土质黑土
杨大城子系	粗骨砂壤质混合型非酸性冷性-普通简育湿润均腐土	薄腐红黏质黑土
长白系	粗骨壤质混合型非酸性冷性-普通简育湿润均腐土	基性岩灰棕壤性土
沙河沿系	粗骨壤质混合型非酸性冷性-普通简育湿润均腐土	薄层暗矿质暗棕壤性土
叶赫系	粗骨壤质混合型非酸性冷性-普通简育湿润均腐土	厚腐坡洪积草甸土
榆树川系	粗骨壤质混合型非酸性冷性-普通简育湿润均腐土	基岩性暗棕壤
智新系	粗骨壤质混合型石灰性冷性-普通简育湿润均腐土	薄层酸性岩灰棕壤
湾沟系	粗骨壤质混合型非酸性冷性-普通简育湿润均腐土	薄层暗矿质暗棕壤性土
三义系	壤质混合型非酸性冷性-普通简育湿润均腐土	中腐黄土质黑土
秋梨沟系	壤质混合型非酸性冷性-普通简育湿润均腐土	中位黄土质暗棕壤性土
吉昌系	壤质混合型非酸性冷性-普通简育湿润均腐土	厚腐粉质暗棕壤
辉发系	黏壤质混合型酸性湿润-潜育漂白冷凉淋溶土	黄土质白浆土
李合系	壤质混合型非酸性湿润-暗沃漂白冷凉淋溶土	黄土质白浆土
黄泥河系	粗骨壤质混合型湿润-酸性漂白冷凉淋溶土	暗矿岩浅位黄土质白浆土
土桥系	黏壤质混合型湿润-酸性漂白冷凉淋溶土	浅位黄土质白浆土
白石桥系	黏质混合型酸性湿润-普通漂白冷凉淋溶土	浅位黄土质白浆土
兴参系	粉黏壤质混合型非酸性湿润-普通漂白冷凉淋溶土	灰化暗棕壤
翰章系	粗骨壤质混合型非酸性湿润-普通漂白冷凉淋溶土	暗矿岩底浅位黄土质白浆土
孟岭系	壤质混合型非酸性-普通漂白冷凉淋溶土	冲积黄土质白浆土
太平岭系	壤质混合型非酸性-普通漂白冷凉淋溶土	浅位黄土质白浆土
东光系	壤质混合型非酸性-普通漂白冷凉淋溶土	厚腐硅质暗棕壤土
板石系	壤质混合型非酸性潮湿-斑纹暗沃冷凉淋溶土	厚层平川草甸土
辉南系	粉壤质混合型非酸性湿润-潜育简育冷凉淋溶土	中腐黄土质潜育白浆土
砬门子系	黏壤质混合型酸性湿润-斑纹简育冷凉淋溶土	中位黄土质草甸白浆土
腰塘子系	壤质混合型冷性-普通钙积干润淋溶土	中度砂黄土质盐化黑钙土

续表

土系	土族	参比土种
万顺系	壤质混合型石灰性冷性-普通简育干润淋溶土	轻度黄土质盐化黑钙土
太王系	壤质混合型非酸性暖性-普通简育湿润淋溶土	深位砂砾质棕壤
长白岳桦系	壤质混合型酸性-普通简育寒冻雏形土	薄层岩性暗棕壤性土
长白山北坡系	粗骨壤质混合型非酸-普通简育寒冻雏形土	薄层火山灰棕色针叶林土
三家子系	壤质混合型石灰性冷性-水耕暗色潮湿雏形土	薄腐淹育水稻土
杨树系	壤质混合型非酸性冷性-漂白暗色潮湿雏形土	薄腐冲积草甸土
哈尔巴岭系	黏质混合型冷性-酸性暗色潮湿雏形土	中腐坡冲积潜育草甸土
五台系	壤质混合型非酸性冷性-普通暗色潮湿雏形土	深腐黄土质黑土
烟筒山系	壤质混合型非酸性冷性-普通暗色潮湿雏形土	薄层非石灰性低位泥炭土
北台子系	壤质混合型非酸性冷性-普通暗色潮湿雏形土	砂砾质冲积土型淹育水稻土
额穆系	砂质硅质混合型非酸性冷性-水耕淡色潮湿雏形土	厚层平川草甸土
宝山系	黏壤质混合型非酸性冷性-水耕淡色潮湿雏形土	浅位白浆土型淹育水稻土
龙潭系	壤质混合型非酸性冷性-水耕淡色潮湿雏形土	砂砾底黏壤质冲积土型淹育水稻土
边昭系	砂质硅质混合型石灰性冷性-弱盐淡色潮湿雏形土	深厚位苏打盐化草甸土
大赉系	壤质混合型石灰性冷性-弱盐底锈干润雏形土	中度苏打草甸碱土
石岭子系	粗骨壤质混合型非酸性冷性-普通暗沃干润雏形土	薄层砂质暗棕壤性土
八面系	砂质硅质混合型石灰性冷性-普通简育干润雏形土	中腐固定草原风砂土
聚宝系	砂质混合型冷性石灰性-普通简育干润雏形土	薄腐固定草原风砂土
开通系	硅质砂质混合型石灰性冷性-普通简育干润雏形土	薄腐石灰性固定草甸风砂土
水字系	砂壤质混合型石灰性冷性-普通简育干润雏形土	破皮黄砂黄土质淡黑钙土
新华系	砂质硅质混合型石灰性冷性-普通简育干润雏形土	中腐黄土质石灰性黑钙土
广太系	壤质混合型石灰性冷性-普通简育干润雏形土	轻度苏打盐化草甸土
后朝阳系	壤质混合型石灰性冷性-普通简育干润雏形土	中腐黄土质黑钙土
鳞字系	壤质混合型石灰性冷性-普通简育干润雏形土	中腐砂黄土质淡黑钙土
三骏系	壤质混合型石灰性冷性-普通简育干润雏形土	中度黄土质盐化黑钙土
余字系	壤质混合型石灰性冷性-普通简育干润雏形土	薄层黄砂土质淡黑钙土
十八道沟系	粗骨壤质混合型非酸性-漂白冷凉湿润雏形土	薄层基性岩准灰棕壤
临江系	粗骨壤质混合型非酸性冷性-漂白冷凉湿润雏形土	薄层灰岩准灰棕壤
青沟子系	粉黏壤质混合型-酸性冷凉湿润雏形土	中腐矿质草甸暗棕壤
渭津系	粗骨壤质混合型非酸性-暗沃冷凉湿润雏形土	薄层麻砂质暗棕壤性土
贤儒系	粗骨壤质混合型非酸性-暗沃冷凉湿润雏形土	厚腐暗矿质草甸暗棕壤
官马系	壤质混合型非酸性-暗沃冷凉湿润雏形土	厚腐坡洪积草甸土
花园口系	壤质盖粗骨壤质混合型非酸性-暗沃冷凉湿润雏形土	薄层硅质暗棕壤性土
陶赖昭系	砂质混合型非酸性-斑纹冷凉湿润雏形土	砂砾底厚腐冲积草甸土
五棵树系	砂壤质混合型非酸性-斑纹冷凉湿润雏形土	砂质非石灰性冲积土
三源浦系	黏壤质混合型非酸性-斑纹冷凉湿润雏形土	厚腐灰泥质草甸暗棕壤
兴安系	壤质混合型非酸性-斑纹冷凉湿润雏形土	中位泥质灰化暗棕壤

土系	土族	参比土种
双龙系	壤质混合型非酸性-斑纹冷凉湿润雏形土	中腐黄土质淋溶黑钙土
抚松系	粗骨壤质混合型酸性-普通冷凉湿润雏形土	砂砾质冲积土
八道江系	粗骨壤质混合型非酸性-普通冷凉湿润雏形土	浅位黄土质棕壤性土
三合系	粗骨壤质混合型非酸性-普通冷凉湿润雏形土	薄层基性岩暗棕壤土
月晴系	粗骨壤质混合型非酸性-普通冷凉湿润雏形土	薄层泥质暗棕壤性土
集安系	粗骨壤质混合型非酸性暖性-普通简育湿润雏形土	浅位麻砂质棕壤土
瞻榆树系	硅质混合型非酸性冷性-斑纹干润砂质新成土	半固定草原风砂土
增盛系	硅质混合型非酸性冷性-普通干润砂质新成土	中腐固定草原风砂土
长白山天池上系	粗骨质水铝英石混合型酸性-普通寒冻冲积新成土	薄层碎屑火山灰土
长白山天池下系	中粒-粗骨质水铝英石混合型酸性-火山渣寒冻正常新成土	薄层碎屑火山灰土
长白天文峰系	浮石质水铝英石混合型酸性-火山渣寒冻正常新成土	薄层碎屑火山灰土
二道白河系	粗骨砂质硅质混合型酸性冷性-火山渣湿润正常新成土	薄层火山灰棕色针叶林土
抚民系	粗骨壤质混合型非酸性冷性-石质湿润正常新成土	粗骨砂砾质非石灰性冲积土
汪清系	砂质盖粗骨质硅质混合型非酸性冷性-石质湿润正常新成土	壤质层状冲积土
福泉系	壤质混合型石灰性冷性-普通湿润正常新成土	深位埋藏低位泥炭土

下篇　区域典型土系

第4章 人 为 土

4.1 普通简育水耕人为土

4.1.1 治安系（Zhi'an Series）

土　　族：黏壤质混合型非酸性冷性-普通简育水耕人为土
拟定者：隋跃宇，焦晓光，李建维，王其存

分布与环境条件　治安系零星分布在吉林省东部山区、半山区的安图、珲春、汪清、和龙、龙井、通化、柳河、白山、靖宇、磐石、舒兰、永吉等县（市）的低山山麓或丘陵台地的中下部，海拔一般为 400~500 m。母质为洪积物，属温带大陆性季风气候，年均日照 2345.0 h，年均气温 5.2℃，无霜期 125 d，年均降水量 609.9 mm，≥10℃积温 2860℃。

治安系典型景观

土系特征与变幅　本土系诊断层包括水耕表层、水耕氧化还原层、暗沃表层，诊断特性有氧化还原特征、冷性土壤温度状况和人为滞水土壤水分状况。由洪积物在地势低洼处堆积发育而成，本土系暗沃表层厚度在 30 cm 左右，盐基饱和度≥50%。整个土体通体具有氧化还原特征，出现锈纹锈斑。细土质地以黏质壤土为主。

对比土系　治安系与宝山系相比，虽然二者都处于人为滞水环境，但治安系无漂白层，而宝山系的漂白层达 28 cm 左右，土体下部 pH 更低。

利用性能综述　本土系是有障碍因素的低产土壤，黑土层较薄，土壤有机碳及各种养分含量低，总储量也少，物理性质差，产量低。其改良利用除健全排灌工程设施外，应大量增施农家肥，增加有机物料的投入，测土配方施用化肥，深耕深松，培肥被作物利用的有效土层，施用石灰改良土壤的酸性等。

参比土种　第二次土壤普查中与本土系大致相对的土种是浅位硅质白浆化暗棕壤。

代表性单个土体　　位于吉林省磐石市黑石镇治安村，42°51.469′N，126°31.056′E，海拔 280.1 m。地形为丘陵台地的中下部，成土母质为洪积物，水田，种植水稻。野外调查时间为 2009 年 10 月 13 日，编号 22-015。

治安系代表性单个土体剖面

Ap1：0～19 cm，灰黄棕色（10YR5/2，干），黑棕色（10YR3/1，润），粉质黏壤土，发育中等＞50 mm 的块状结构，很坚实，100～200 条 0.5～2 mm 大小的细根系，结构面上有＜2%基质对比度模糊及边界清楚的 2～6 mm 铁锈斑纹；pH 为 6.4；向下平滑清晰过渡。

Ap2：19～30 cm，灰黄棕色（10YR4/2，干），黑色（10YR2/1，润），黏质壤土，发育较好 10～20 mm 的片状结构，坚实，1～20 条 0.5～2 mm 大小的细根系，结构体内有＜2%明显-清楚的 2～6 mm 大小的铁锈斑纹；pH 为 6.8；向下平滑清晰过渡。

Br1：30～60 cm，灰黄棕色（10YR6/2，干），暗棕色（10YR3/3，润），粉质壤土，发育差＜5 mm 的角块状结构，坚实，1～20 条 0.5～2 mm 大小的细根系，结构体表面有 5%～15%显著扩散的 2～6 mm 大小的铁锈斑；pH 为 6.9；向下波状清晰过渡。

Br2：60～120 cm，浊黄橙色（10YR7/3，干），浊黄棕色（10YR5/4，润），粉质壤土，发育差＜5 mm 的角块状结构，坚实，无根系，结构体表面有＜2%对比度模糊基质及边界清楚的 2～6 mm 铁锈斑纹；pH 为 7.1。

治安系代表性单个土体物理性质

土层	深度/cm	细土颗粒组成(粒径：mm) /(g/kg)			质地	容重/(g/cm³)
		砂粒 2～0.05	粉粒 0.05～0.002	黏粒 <0.002		
Ap1	0～19	182	474	344	粉质黏壤土	1.15
Ap2	19～30	207	490	303	黏质壤土	1.39
Br1	30～60	236	534	230	粉质壤土	1.35
Br2	60～120	101	721	178	粉质壤土	1.40

治安系代表性单个土体化学性质

深度/cm	pH (H₂O)	有机碳(C) /(g/kg)	全氮(N) /(g/kg)	全磷(P) /(g/kg)	全钾(K) /(g/kg)	CEC /(cmol/kg)
0～19	6.4	26.3	2.04	0.37	20.8	23.0
19～30	6.8	33.6	2.38	0.34	26.2	31.8
30～60	6.9	16.3	0.91	0.29	21.4	28.2
60～120	7.1	6.1	0.44	0.25	19.2	20.6

第 5 章 火 山 灰 土

5.1 普通简育寒性火山灰土

5.1.1 奶头山系（Naitoushan Series）

土　族：中粒-浮石质盖壤质混合型非酸性-普通简育寒性火山灰土
拟定者：隋跃宇，焦晓光，李建维

分布与环境条件　本土系分布于吉林省东部山区、半山区山麓台地的中上部，海拔为 700～900 m，包括白山、抚松、集安、辉南、通化、安图等县（市）。该土系母质为浮石风化物，所处地势较高，多为台地，排水易流失，渗透性强，现为阔叶落叶林。属于温带大陆性季风气候，年均气温 3.6℃，无霜期 131 d 左右，年均降水量 594 mm，≥10℃积温 2372℃。

奶头山系典型景观

土系特征与变幅　本土系的诊断层有淡薄表层，诊断特性有火山灰特性、冷性土壤温度状况和湿润土壤水分状况。地表有一层 10 cm 左右的枯枝落叶层，有有机现象。淡薄表层厚度 30 cm 左右。母质层位于 56～110 cm，厚度 35cm 左右，火山喷出物经水流搬移而来。母质层之下为原河床的冲积砂，通体含有大量浮石。层次间过渡渐变，容重一般在 0.75～1.22 g/cm³。

对比土系　与长白系相比，奶头山系具有枯枝落叶层，且有机碳含量非常高，植被茂盛，土体孔隙度很大，土壤疏松，容重较小，小于 0.8 g/cm³；而长白系不具有枯枝落叶层，有机碳含量较低，土壤较紧实。二者最显著的区别在于奶头山系具有火山灰特性，而长白系具有均腐殖质特性。奶头山系是由浮石风化物母质发育而来，是位于吉林省典型的火山灰土。

利用性能综述　本土系分布在海拔较高的山麓台地，土体较薄，砾石多，细土物质少，土质贫瘠，养分储量低，适合林木生长。对现有林地应严加保护，禁止毁林开荒。对已开垦的土地，要保护好植被，修建截水沟，防止冲刷，控制侵蚀。对于坡度较大的区域，应退耕还林。

参比土种　第二次土壤普查中与本土系大致相对的土种是厚层浮石碎屑火山灰土。

代表性单个土体　位于吉林省安图县奶头山公路西 60 m，42°19.028′N，128°09.037′E，海拔 855m。地形为山麓台地中上部，母质为火山灰冲积物，林地，落叶阔叶林，有椴树、桉树等乔木。野外调查时间为 2011 年 9 月 23 日，编号为 22-106。

奶头山系代表性单个土体剖面

Oi:　+8～0 cm，pH 为 6.3。

Ah1：0～16 cm，灰黄棕色（10YR4/2，干），黑棕色（10YR2/2，润），粉质壤土，发育良好 5～10 mm 团粒结构，疏松，100～200 条 0.5～2 mm 大小的细根系，少量粗根系，2%～5% 次圆状的风化长石，莫氏硬度为 6 左右，pH 为 5.9，向下平滑清晰过渡。

Ah2：16～31 cm，浊黄橙色（10YR7/3，干），黑棕色（10YR3/2，润），粉质壤土，发育良好的 5～10 mm 大小团粒结构，疏松，100～200 条 0.5～2 mm 大小的细根系，少量粗根系，5%～15%次圆状 2～5 mm 大小的风化长石，莫氏硬度为 6 左右，pH 为 5.7，向下平滑清晰过渡。

AC：31～56 cm，浊黄橙色（10YR6/3，干），黑棕色（10YR3/2，润），壤土，粒状结构，疏松，50～100 的 0.5～2 mm 的细根系，1～10 条 2～5 mm 大小的根系，>40%次圆状 5～20 mm 大小的风化浮石，莫氏硬度为 3 左右，pH 为 5.8，向下平滑清晰过渡。

C：56～90 cm，灰黄棕色（10YR6/2，干），灰黄棕色（10YR4/2，润），砂质壤土，粒状结构，疏松，100～200 条 0.5～2 mm 大小的细根系，少量粗根系，>40%次圆状 5～20 mm 大小的风化浮石，莫氏硬度为 3 左右，pH 为 5.9，向下平滑清晰过渡。

2C：90～110 cm，灰白色（10YR8/2，干），浊黄橙色（10YR7/3，润），粉质壤土，疏松，<2%次圆状的 5～20 mm 大小的风化浮石，莫氏硬度为 3 左右，pH 为 5.9。

奶头山系代表性单个土体物理性质

土层	深度/cm	石砾(>2mm,体积分数)/%	细土颗粒组成(粒径：mm)/(g/kg)			质地	容重/(g/cm³)
			砂粒 2~0.05	粉粒 0.05~0.002	黏粒 <0.002		
Oi	+8~0	0	270	535	195	粉质壤土	—
Ah1	0~16	17	341	552	107	粉质壤土	0.75
Ah2	16~31	29	389	530	81	粉质壤土	0.79
AC	31~56	44	361	471	168	壤土	0.97
C	56~90	62	682	266	52	砂质壤土	1.06
2C	90~110	0	359	584	57	粉质壤土	1.22

奶头山系代表性单个土体化学性质

深度/cm	pH (H₂O)	有机碳(C)/(g/kg)	全氮(N)/(g/kg)	全磷(P)/(g/kg)	全钾(K)/(g/kg)	CEC/(cmol/kg)
+8~0	6.3	139.0	9.03	0.46	14.6	43.5
0~16	5.9	72.7	5.10	0.52	16.4	28.9
16~31	5.7	18.6	1.01	0.41	19.6	12.8
31~56	5.8	6.7	0.31	0.39	18.4	6.1
56~90	5.9	4.8	0.23	0.35	16.8	4.2
90~110	5.9	2.7	0.19	0.32	16.9	4.0

第6章 盐 成 土

6.1 弱盐简育碱积盐成土

6.1.1 所字系（Suozi Series）

土　族：砂质硅质混合型石灰性冷性-弱盐简育碱积盐成土
拟定者：隋跃宇，李建维，焦晓光，陈一民，张　蕾

所字系典型景观

分布与环境条件　所字系分布在吉林省西部平原河湖漫滩、阶地或岗间低平地，海拔一般为 130～150 m，主要集中分布在通榆、乾安、前郭、大安、镇赉等县（市），公主岭、梨树、双辽和农安等县（市）也有零星分布，总面积 12.47 万 hm^2，其中耕地面积 0.8 万 hm^2，占土系面积的 6.4%，母质为河湖沉积物，荒地。属温带大陆性季风气候，年均日照 2419.7 h，年均气温 6.2℃，无霜期 145 d，年均降水量 372.6 mm，≥10℃积温 2934.6℃。

土系特征与变幅　本土系的诊断层有碱积层、淡薄表层，诊断特性有石灰性、钠质特性、冷性土壤温度状况和半干润土壤水分状况。本土系由湖滩干旱后沉积发育而来，由交换性钠形成的碱积柱状层出现在地表 7 cm 以下，交换性钠饱和度＞30%，通体具有石灰结核和石灰斑纹等新生体。细土质地以砂质壤土为主，土体板结坚硬，植物稀少。

对比土系　与相邻的七井子系相比，所字系的碱积层分布在相对较下的层次，且表层没有结壳，生长杂草，细土质地以砂质壤土为主；而七井子系有盐结皮，土表裸露无植被覆盖，细土质地以砂质壤土为主。

利用性能综述　所字系是一种低肥力的障碍性土壤，由于碱化层出现部位浅和苏打含量高，土壤胶体分散，水分物理性状恶化，土壤呈强碱性反应，因而限制了作物与草被的正常生长。在利用改良方面，首先是保护和恢复草被，倡导以牧业为主，将碱斑占 15%

以上的耕地退耕还草，可减少地表蒸发，将盐分控制在地表以下，防止碱化层翻到地表。其次对已垦耕地应注意盐分排出，是较可行的措施：一是挖砂压碱；二是修筑流量足够的各级排灌渠道便于洗盐；三是增施有机物料和种植绿肥；四是营造防风林，降低地面风速，减少地表蒸发。

参比土种 第二次土壤普查中与本土系大致相对的土种是中位苏打草甸碱土。

代表性单个土体 位于吉林省乾安县所字镇中入井西北 300 m，44°46.229′N，123°43.066′E，海拔 147.9 m。地形为河漫滩地、阶地或岗间低平地；成土母质为河湖沉积物；杂草地，生长着稀疏的小杂草。野外调查时间为 2010 年 10 月 8 日，编号 22-068。

所字系代表性单个土体剖面

Ah： 0～7 cm，浊黄橙色（10YR7/2，干），浊黄橙色（10YR6/3，润），砂质壤土，发育中等 10～20 mm 团块状结构，坚实，50～100 条 0.5～2 mm 的细根系，有＜2%清楚的 2～6 mm 石灰斑纹，＜2%的 2～5 mm 的软石灰结核，强石灰反应，pH 为 9.1，向下平滑清晰过渡。

Bn1：7～24 cm，浊黄棕色（10YR5/3，干），浊黄棕色（10YR4/3，润），壤土，棱柱状结构，很坚实，20～50 条＜0.5 mm 的极细根系，结构体表面有 2%～5%清楚的 2～6 mm 大小的石灰斑纹，2%～5%的 2～5 mm 大小的石灰结核，极强石灰反应，pH 为 9.0，向下波状清晰过渡。

Bn2：24～49 cm，浊黄橙色（10YR7/3，干），浊黄橙色（10YR6/4，润），砂质壤土，发育较好的 10～20 mm 大小的块状结构，很坚实，有 2%～5%左右显著清楚的 6～20 mm 大小的石灰斑纹，连续板状石灰胶结，极强石灰反应，pH 为 9.2，向下波状清晰过渡。

Cn：49～115 cm，浊黄橙色（10YR7/3，干），浊黄橙色（10YR6/3，润），砂质壤土，发育中等的 5～10 mm 大小的棱块状结构，很坚实，有 5%～15%清楚的＜2 mm 大小的石灰斑纹，2%～5%白色不规则的 2～5 mm 大小的软石灰结核，极强石灰反应，pH 为 8.9。

所字系代表性单个土体物理性质

| 土层 | 深度/cm | 细土颗粒组成(粒径：mm)/(g/kg) | | | 质地 | 容重/(g/cm³) |
		砂粒 2～0.05	粉粒 0.05～0.002	黏粒 <0.002		
Ah	0～7	664	262	74	砂质壤土	1.47
Bn1	7～24	496	360	144	壤土	1.39
Bn2	24～49	571	283	146	砂质壤土	1.42
Cn	49～115	667	221	112	砂质壤土	1.55

所字系代表性单个土体化学性质

深度/cm	pH (H₂O)	有机碳(C) /(g/kg)	全氮(N) /(g/kg)	全磷(P) /(g/kg)	全钾(K) /(g/kg)	交换性钠 饱和度/%	水溶性盐 含量 /(g/kg)	碳酸盐相当 物含量 /(g/kg)
0～7	9.1	9.4	0.72	0.31	21.5	12.3	2.8	22.9
7～24	9.0	10.2	1.12	0.35	20.4	46.4	4.4	37.7
24～49	9.2	2.0	0.55	0.29	18.5	81.0	9.6	59.2
49～115	8.9	1.4	0.71	0.20	19.3	75.8	9.6	79.4

6.2 弱碱潮湿正常盐成土

6.2.1 大通系（Datong Series）

土　　族：砂质硅质混合型石灰性冷性-弱碱潮湿正常盐成土
拟定者：隋跃宇，李建维，张锦源，马献发

分布与环境条件　本土系广泛分布于吉林省西部平原的河湖漫滩、阶地及岗间低平地，海拔多为 130～170 m，多与草甸土和盐土交叉分布，以通榆、前郭、大安、洮南和乾安等 5 个县（市）为多，镇赉较少，农安、梨树、双辽等县（市）有零星分布，总面积 13.13 万 hm^2。该土系母质为河湖沉积物，土体厚度大多在 1 m 以上，所处地势较低，多为低洼地及湖漫滩，外排水较差，渗透性很慢，内排水不良。

大通系典型景观

属于温带大陆性季风气候，年均日照 2915 h，年均气温 4.6℃，无霜期 132 d，年均降水量 377 mm，≥10℃积温 3175℃。

土系特征与变幅　本土系的诊断层有淡薄表层、盐积层，诊断特性有石灰性、冷性土壤温度状况和潮湿土壤水分状况，并且具有碱积现象，交换性钠饱和度＞30%。细土质地以砂质壤土为主，土壤 pH 高，碱性大，通体有石灰反应。地表裸露，有零星植被覆盖。

对比土系　与三王泡系相比，由于大通系远离水源地，附近多开垦农田，一年中淹水时间相对较少，通体相对湿度下降，土体结构较三王泡系有变化，但通体土壤 pH 高于三王泡系。二者都有盐积层，但大通系未形成盐结壳。

利用性能综述　本土系土壤由于苏打的作用、土壤胶体分散、透水性差、土壤强碱性、可溶性盐分含量高等种种障碍因素的影响，肥力低下，是一种待改良的土壤。在开发利用时，必须严加保护和改良。其利用方向应以发展牧业为主，首先必须恢复植被，减少土壤蒸发量，将盐分控制在地表以下；坚持用养结合，防止草场牲畜超载，在利用中求改善，合理利用进而达到逐步改良的目的。

参比土种　第二次土壤普查中与本土系大致相对的土种是白盖苏打盐土。

代表性单个土体　位于吉林省洮南市大通乡西北 1000 m，45°22.134′N，122°31.535′E，海拔 156.0 m。地形为河湖漫滩、阶地及岗间低平地；成土母质为河湖沉积物；现为荒草地。野外调查时间为 2011 年 7 月 9 日，剖面编号 22-095。

大通系代表性单个土体剖面

Az1：　0～3 cm，灰白色（10YR8/2，干），浊黄棕色（10YR5/3，润），砂质壤土，团块状结构，坚硬，无根系，剧烈石灰反应，pH 为 10.4，向下平滑清晰过渡。

Az2：　3～26 cm，灰黄棕色（10YR5/2，干），灰黄棕色（10YR4/2，润），砂质壤土，粒状结构，坚实，无根系，剧烈石灰反应，pH 为 10.3，向下平滑渐变过渡。

ABz：　26～60 cm，浊黄橙色（10YR6/3，干），浊黄棕色（10YR5/3，润），砂质壤土，粒状结构，坚实，无根系，剧烈石灰反应，pH 为 10.2，向下平滑渐变过渡。

BCz1：60～100 cm，浊黄橙色（10YR6/3，干），浊黄橙色（10YR7/2，润），砂质壤土，粒状结构，坚实，无根系，剧烈石灰反应，pH 为 10.1，向下平滑渐变过渡。

BCz2：100～120 cm，浊黄橙色（10YR7/3，干），浊黄橙色（10YR7/2，润），砂质壤土，粒状结构，坚实，无根系，剧烈石灰反应，pH 为 10.0。

大通系代表性单个土体物理性质

| 土层 | 深度/cm | 细土颗粒组成(粒径：mm)/(g/kg) | | | 质地 | 容重/(g/cm³) |
		砂粒 2～0.05	粉粒 0.05～0.002	黏粒 <0.002		
Az1	0～3	702	126	172	砂质壤土	—
Az2	3～26	550	320	130	砂质壤土	1.58
ABz	26～60	530	325	145	砂质壤土	1.84
BCz1	60～100	590	292	118	砂质壤土	1.72

大通系代表性单个土体化学性质

深度/cm	pH(H₂O)	有机碳(C)/(g/kg)	全氮(N)/(g/kg)	全磷(P)/(g/kg)	全钾(K)/(g/kg)	CEC/(cmol/kg)	交换性钠饱和度/%	水溶性盐含量/(g/kg)	碳酸盐相当物含量/(g/kg)
0～3	10.4	0.8	0.30	0.76	13.6	13.2	54.4	10.1	51.6
3～26	10.3	2.2	0.28	0.68	12.0	13.0	61.4	17.8	70.6
26～60	10.2	2.0	0.22	0.60	10.9	13.4	51.3	17.1	74.0
60～100	10.1	1.7	0.21	0.58	9.9	14.0	46.0	17.2	131.2

6.2.2　七井子系（Qijingzi Series）

土　族：砂质硅质混合型石灰性冷性-弱碱潮湿正常盐成土
拟定者：隋跃宇，马献发，焦晓光，李建维，张　蕾

分布与环境条件　本土系分布于
吉林省西部平原的河湖漫滩、阶
地及岗间低平地，海拔多为
130～170 m，多与草甸土和盐土
交叉分布，以通榆、前郭、大安、
洮南和乾安等5个县（市）为多，
镇赉较少，农安、梨树、双辽等
县（市）有零星分布，总面积13.13
万 hm²。该土系母质为河湖相沉
积物，土体厚度大多在150 cm左
右，所处地势较低，多为低洼地
及湖漫滩，外排水能力较差，渗

七井子系典型景观

透很慢，内排水不饱和。属于温带大陆性季风气候，年均日照2572.8 h，年均气温6.4℃，
无霜期140 d，年均降水量380.9 mm，≥10℃积温3011℃。

土系特征与变幅　本土系的诊断层有淡薄表层、盐积层，诊断特性有石灰性、钠质特性、
冷性土壤温度状况和潮湿土壤水分状况。本土系表层具有盐结壳，由交换性钠形成的碱
积现象出现在地表的盐结壳之下，交换性钠饱和度＞30%，土体下部具有云母碎屑。细
土质地以砂质壤土为主，地表有盐结皮，裸露，没有植被覆盖。

对比土系　与相邻的所字系相比，七井子系有盐结壳，表层下没有碱积柱状层，土壤水
分状况为潮湿土壤水分状况，盐分含量高，pH较高，过渡层以下有氧化还原特征；所字
系没有盐结壳，表层下有碱积柱状层，碱性土壤，土壤水分状况为半干润土壤水分状况，
通体无氧化还原特征。

利用性能综述　七井子系是一种低肥力的障碍性土壤，由于碱化层出现部位浅和苏打含量
高，土壤胶体分散，水分物理性状恶化，土壤呈强碱性反应，因而限制了作物与草被的正常
生长。在利用改良方面首先是保护和恢复草被，坚持以牧业为主的方向，应将碱斑占15%以
上的耕地进行退耕还草，可减少地表蒸发，将盐分控制在地表层以下，防止碱化层翻到地表。

参比土种　第二次土壤普查中与本土系大致相对的土种是白盖苏打草甸碱土。

代表性单个土体　位于吉林省通榆县开通镇（原七井子乡）光明村东新立屯，
44°50.514′N，122°57.133′E，海拔144.7 m。地形为河湖漫滩、阶地及岗间低平地部位，
成土母质为河湖相沉积物，地表植物为矮草地和零星分布不生长植物的裸地。野外调查
时间为2011年10月5日，剖面编号为22-123。

七井子系代表性单个土体剖面

Az：+2～0 cm，浊黄橙色（10YR7/2，干），灰黄棕色（10YR6/2，润），砂质壤土，块状结构，坚硬，无根系，中度石灰反应，pH 为 10.5，向下平滑渐变过渡。

Ahz：0～7 cm，灰黄棕色（10YR5/2，干），灰黄棕色（10YR3/3，润），砂质壤土，坚硬，无根系，强石灰反应，pH 为 10.3，向下平滑渐变过渡。

ABk：7～19 cm，浊黄橙色（10YR7/2，干），灰黄棕色（10YR6/2，润），砂质壤土，发育较好 10～20 mm 大小的块状结构，坚硬，无根系，<2%次圆小于 1 mm 大小的风化云母碎片，极强石灰反应，pH 为 10.2，向下平滑渐变过渡。

Brk1：19～52 cm，灰黄棕色（10YR6/2，干），浊黄棕色（10YR4/3，润），砂质壤土，发育较好 10～20 mm 大小的块状结构，坚硬，无根系，<2%次圆小于 1 mm 大小的风化云母碎片，极强石灰反应，有中量的锈纹锈斑；pH 为 10.2，向下平滑渐变过渡。

Brk2：52～125 cm，灰白色（10YR8/1，干），浊黄橙色（10YR7/2，润），砂质壤土，发育较好 10～20 mm 大小的块状结构，坚硬，无根系，<2%次圆小于 1 mm 大小的风化云母碎片，极强石灰反应，有少量的锈纹锈斑，pH 为 10.1，向下不规则渐变过渡。

Brk3：125～140 cm，灰白色（10YR8/2，干），灰黄棕色（10YR7/3，润），砂土，发育较好 10～20 mm 大小的块状结构，坚硬，无根系，<2%次圆小于 1 mm 大小的风化云母碎片，极强石灰反应，有少量的锈纹锈斑，pH 为 10.1。

七井子系代表性单个土体物理性质

| 土层 | 深度/cm | 细土颗粒组成(粒径：mm)/(g/kg) | | | 质地 | 容重/(g/cm³) |
		砂粒 2～0.05	粉粒 0.05～0.002	黏粒 <0.002		
Ahz	0～7	775	95	130	砂质壤土	1.54
ABk	7～19	743	187	70	砂质壤土	1.46
Brk1	19～52	666	261	73	砂质壤土	1.49
Brk2	52～125	582	305	113	砂质壤土	1.57

七井子系代表性单个土体化学性质

深度/cm	pH (H₂O)	有机碳(C)/(g/kg)	全氮(N)/(g/kg)	全磷(P)/(g/kg)	全钾(K)/(g/kg)	CEC/(cmol/kg)	交换性饱和度/%	水溶性盐含量/(g/kg)	碳酸盐相当物含量/(g/kg)
0～7	10.3	4.0	0.38	0.65	21.4	16.0	70.8	24.2	19.5
7～19	10.2	2.0	0.41	0.61	19.2	22.9	63.4	11.2	81.2
19～52	10.2	1.6	0.29	0.59	19.3	21.6	66.3	14.7	116.8
52～125	10.1	1.5	0.21	0.50	10.1	22.3	58.0	11.4	147.2

6.2.3 三王泡系 (Sanwangpao Series)

土　族：砂质硅质混合型石灰性冷性–弱碱潮湿正常盐成土
拟定者：焦晓光，隋跃宇，李建维，张锦源

分布与环境条件 三王泡系土壤多出现于松嫩平原高低河湖漫滩、阶地、砂丘及岗间洼地，海拔一般为100～200 m，主要分布在长岭、前郭、大安、乾安、通榆、镇赉等县（市），农安、双辽、梨树也有小面积分布，总面积5.13万 hm²。该土系起源于第四纪湖沉积物和风积物，土体厚度一般为100～150 cm，所处地势低洼，外排水中等，现为湖漫滩地。属于温带大陆性季风气候，年均日照 2419.7 h，年均气温

三王泡系典型景观

6.2℃，无霜期145 d，年均降水量372.6 mm，≥10℃积温2846℃。

土系特征与变幅 本土系的诊断层有淡薄表层、盐积层以及极薄的盐结壳，诊断特性有石灰性、冷性土壤温度状况和潮湿土壤水分状况，并且具有盐积现象。本土系由湖漫滩退化发育而来，表层具有盐结壳，厚度约为 2 cm。除表层的盐结壳外，通体具有盐斑新生体，交换性钠饱和度＞30%。细土质地以砂质壤土为主，土壤 pH 高，碱性较大，通体有石灰反应。

对比土系 与相邻的大通系相比，三王泡系相对更潮湿，且邻近碱泡子沟沿，一年中大部分时间都处于淹水状态，通体有大量盐斑，而大通系盐斑不清晰。三王泡系由于地表无植被，长期淹水，有机碳含量相对较高，土体结构通体无变化，大通系结构层次清晰。

利用性能综述 该系土壤由于苏打的作用，出现土壤胶体分散、透水性差、土壤强碱性、可溶性盐分含量高等多种肥力低下的影响因素，是一种待改良的土壤。在开发利用时，必须严加保护和改良。其利用方向应以发展牧业为主，首先必须恢复植被，减少土壤蒸发量，将盐分控制在地表以下；坚持用养结合，防止草场牲畜超载，在利用中求改善，达到逐步改良的目的。

参比土种 第二次土壤普查中与本土系大致相对的土种是砂质低洼苏打草甸盐土。

代表性单个土体 位于吉林省松原市乾安县大布苏镇万字井东北三王泡子沿，44°56.100′N，123°29.640′E，海拔117.7 m。地形为高低河湖漫滩、阶地、砂丘及岗间洼地部位，成土母质为第四纪湖沉积物和风积物，裸地。野外调查时间为2010年10月9日，编号为22-069。

三王泡系代表性单个土体剖面

Az1：0～2 cm，黄橙色（10YR6/3，干），黄棕色（10YR5/4，润），砂质壤土，发育中等2～5 mm厚的片状结构，很坚实，极强烈石灰反应，pH为9.9，向下平滑清晰过渡。

Az2：2～23 cm，黄棕色（10YR5/3，干），暗棕色（10YR3/3，润），砂质壤土，粒状结构，疏松，孔隙周围有2%～5%显著清楚的6～20 mm大小的盐斑，极强烈石灰反应，pH为10.0，向下平滑渐变过渡。

Az3：23～65 cm，棕色（10YR4/4，干），暗棕色（10YR3/3，润），砂质壤土，粒状结构，疏松，孔隙周围有中量显著清楚的≥20 mm大小的盐斑，极强烈石灰反应，pH为10.0，向下不规则渐变过渡。

ACz：65～120 cm，灰黄棕色（10YR6/2，干），黄棕色（10YR4/3，润），砂质壤土，粒状结构，坚实，孔隙周围有2%～5%左右显著清楚的6～20 mm大小的极少量盐斑，极强烈石灰反应，pH为9.0，向下波状渐变过渡。

Cz：120～160 cm，黄橙色（10YR7/2，干），黄棕色（10YR5/3，润），壤土，无结构，坚实，极强烈石灰反应，pH为8.4。

三王泡系代表性单个土体物理性质

| 土层 | 深度/cm | 细土颗粒组成（粒径：mm）/(g/kg) | | | 质地 | 容重 /(g/cm³) |
		砂粒 2～0.05	粉粒 0.05～0.002	黏粒 <0.002		
Az1	0～2	647	284	69	砂质壤土	—
Az2	2～23	741	170	89	砂质壤土	1.44
Az3	23～65	665	200	135	砂质壤土	1.50
ACz	65～120	608	262	130	砂质壤土	1.48
Cz	120～160	485	435	80	壤土	—

三王泡系代表性单个土体化学性质

深度/cm	pH (H₂O)	有机碳(C) /(g/kg)	全氮(N) /(g/kg)	全磷(P) /(g/kg)	全钾(K) /(g/kg)	交换性钠饱和度/%	水溶性盐含量 /(g/kg)	碳酸盐相当物含量 /(g/kg)
0～2	9.9	6.6	0.40	0.24	23.0	59.5	7.5	94.5
2～23	10.0	7.2	0.36	0.36	23.3	59.0	9.8	95.1
23～65	10.0	8.7	0.36	0.23	22.4	57.7	31.5	96.9
65～120	9.0	11.9	0.36	0.22	21.4	53.1	3.8	98.2
120～160	8.4	12.6	0.31	0.19	20.3	59.5	3.2	97.4

6.3 潜育潮湿正常盐成土

6.3.1 学字系（Xuezi Series）

土　族：砂质硅质混合型石灰性冷性-潜育潮湿正常盐成土

拟定者：隋跃宇，李建维，陈一民，张之一

分布与环境条件　本土系多出现于吉林省中西部地区松嫩及松辽平原河湖漫滩、阶地及岗间或砂丘间低平地，海拔一般为130～160 m，主要分布于通榆、乾安、前郭、镇赉、农安、长岭、洮南、双辽等8个县（市），总面积13.7万 hm²。学字系起源于湖冲积、沉积物，土体厚度为50～100 cm，所处地势较低，但外排水快，渗透率低，内排水不良，现为盐碱地。属温带大陆性季风气候，年均气温6.2℃，无

学字系典型景观

霜期145 d，年均降水量372.6 mm，≥10℃积温2946℃，年均日照2419.7 h。

土系特征与变幅　本土系的诊断层有淡薄表层、碱积层，诊断特性有石灰性、钠质特性、冷性土壤温度状况和潮湿土壤水分状况。本土系由湖滩干旱后沉积发育而来，通体具有石灰结核，交换性钠饱和度＞30%，在80 cm左右具有铁锰结核等新生体。细土质地以砂质壤土为主，砂粒含量为550～700 g/kg。土体板结坚硬，植物稀少。

对比土系　与相邻的所字系，学字系表层下没有碱积柱状层，土壤水分状况为潮湿土壤水分状况，水溶性盐含量高，pH较高，过渡层以下有氧化还原特征；所字系没有盐结壳，表层下有碱积柱状层，碱性土壤，水溶性盐含量较低，土壤水分状况为半干润土壤水分状况，通体无氧化还原特征。

利用性能综述　该土系土壤地表仅有一个不超过10 cm的脱盐层，由于碱化层位高，碱性强，盐分高重，理化性状差，只能生长一些耐盐碱的野生植物，很少被开垦耕种，是农业上难以利用的低产土壤。目前基本为荒地，碱蓬、碱茅、虎尾草、黄蒿等耐盐碱的植物生长稀疏、矮小，加以治理也很难形成有利用价值的植被。土壤的利用应坚持以牧业为主的利用原则，减轻草场负担，克服超载放牧等治理措施。

参比土种　第二次土壤普查中与本土系大致相对的土种是白盖苏打草甸碱土。

代表性单个土体　位于吉林省松原市乾安县所字乡学字井西 500 m 大布苏湖狼牙坝，44°48.180′N，123°42.960′E，海拔 151 m。地形为河湖漫滩、阶地及岗间或砂丘间低平地部位；成土母质为湖冲积、沉积物；植被为稀疏杂草地及局部裸地。野外调查时间为 2010 年 10 月 8 日，编号为 22-067。

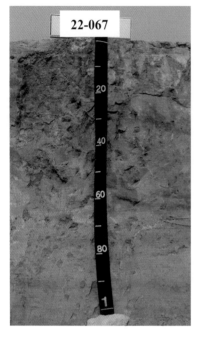

学字系代表性单个土体剖面

Ah：　0～10 cm，灰棕色（7.5YR6/2，干），棕灰色（7.5YR5/1，润），砂质壤土，发育中等的 10～20 mm 大小的棱块状结构，坚实，20～50 条＜0.5 mm 的极细根系，结构体表面有＜2%明显-清楚的 2～6 mm 大小的石灰斑纹，＜2%白色不规则的 2～5 mm 大小的软石灰结核，强烈石灰反应，pH 为 8.4，向下平滑清晰过渡。

AB：　10～36 cm，明棕灰色（7.5YR7/2，干），棕色（7.5YR6/3，润），砂质壤土，棱柱状结构，坚实，20～50 条＜0.5 mm 的极细根系，结构体表面有 2%～5%明显-清楚的 2～6 mm 大小的石灰斑纹，2%～5%白色不规则的 2～5 mm 大小的石灰结核，强烈石灰反应，pH 为 8.9，向下波状清晰过渡。

Brz1：36～80 cm，棕灰色（7.5YR6/1，干），灰棕色（7.5YR5/2，润），砂质壤土，发育较好的 10～20 mm 大小的棱块状结构，很坚实，结构体表面有 5%～15%显著清楚的 6～20 mm 大小的石灰斑纹，结构体内有 2%～5%模糊扩散的＜2 mm 大小的铁锰斑纹，5%～15%白色不规则的 6～20 mm 大小的软石灰结核，＜2%黑色球形的＜2 mm 大小的硬锰结核，连续板状石灰胶结，强烈石灰反应，pH 为 9.1，向下波状渐变过渡。

Brz2：80～120 cm，灰白色（7.5YR8/2，干），明棕灰色（7.5YR7/2，润），砂质壤土，发育中等的 5～10 mm 大小的棱块状结构，很坚实，结构体表面有 2%～5%左右显著清楚的＜2 mm 大小的石灰斑纹，结构体内有＜2%模糊扩散的＜2 mm 大小的铁锰斑纹，＜2%白色不规则的 2～5 mm 大小的石灰结核，强烈石灰反应，pH 为 9.2。

学字系代表性单个土体物理性质

土层	深度/cm	细土颗粒组成(粒径：mm)/(g/kg)			质地	容重/(g/cm³)
		砂粒 2～0.05	粉粒 0.05～0.002	黏粒 <0.002		
Ah	0～10	560	323	117	砂质壤土	1.65
AB	10～36	648	226	126	砂质壤土	1.67
Brz1	36～80	636	203	161	砂质壤土	1.34
Brz2	80～120	697	218	85	砂质壤土	1.76

学字系代表性单个土体化学性质

深度/cm	pH (H$_2$O)	有机碳(C) /(g/kg)	全氮(N) /(g/kg)	全磷(P) /(g/kg)	全钾(K) /(g/kg)	CEC /(cmol/kg)	交换性钠 饱和度/%	水溶性盐 含量 /(g/kg)	碳酸盐相 当物含量 /(g/kg)
0～10	8.4	10.4	1.07	0.32	22.8	8.7	—	—	43.7
10～36	8.9	5.2	0.64	0.31	16.1	10.0	84.4	—	53.5
36～80	9.1	5.6	0.53	0.08	30.8	10.8	69.3	15.6	36.5
80～120	9.2	1.3	0.24	0.11	31.2	7.8	81.6	15.1	55.1

第7章 潜 育 土

7.1 普通暗沃正常潜育土

7.1.1 江东系（Jiangdong Series）

土　族：黏壤质混合型非酸性冷性-普通暗沃正常潜育土
拟定者：隋跃宇，李建维，陈一民，焦晓光

江东系典型景观

分布与环境条件　本土系分布于吉林省东、中部的河谷高阶地、熔岩台地及起伏台地间低洼地，海拔在 500 m 左右，主要分布在榆树、和龙、敦化等县（市）。该土系母质为洪积物，所处地势一般为坡的底部，外排水易积水，渗透慢，内排水长期饱和。现种植大豆，也有小面积的开发为水田，种植水稻。属于温带大陆性季风气候，年均日照 2155.3 h，年均气温 4.3℃，无霜期 120 d 左右，年均降水量 591.1 mm，≥10℃积温 2200℃。

土系特征与变幅　本土系的诊断层有暗沃表层、潜育层，诊断特性有潜育特征、氧化还原特征、冷性土壤温度状况和潮湿土壤水分状况。本土系由沼泽地退化后开垦为农田，潜育层在暗沃表层之下，位于 30 cm 以下，除耕作层外，其他层次都具有氧化还原特征，出现锈纹锈斑新生体。本土系由洪积物在地势低洼处堆积发育而成，细土质地以粉质黏壤土为主。

对比土系　与哈尔巴岭系相比，江东系表层有机碳含量较高，位于 30 cm 以下有潜育层，土体相对较黏重；而哈尔巴岭系由于表层有覆盖，表层有机碳相对较低，无潜育层。

利用性能综述　本土系土壤潜在肥力高，一经开发，是重要的粮食生产基地。开垦后的土地需要进行改良：一是修筑台、条田，以排除土壤中过多的水分，增进土壤空隙流通，增加土壤空气含量，促进有机碳的分解，提高地温；二是掺砂，增加土壤砂粒含量，调剂土壤中的砂黏比例，降低土壤的持水量，有利于排出过多的水分，并能促进微生物活动和提高土温；三是增施磷肥，本系土壤中氮含量高、磷含量少，氮磷比例失调，养分不平衡，应增施磷肥来补充不足，调节氮磷比例，满足作物生长对氮磷养分的需要。

参比土种　第二次土壤普查中与本土系大致相对的土种是浅位非石灰性草甸沼泽土。

代表性单个土体　位于吉林省敦化市大桥乡（原江东乡）小站村东南 2000 m，43°20.453′N，128°18.392′E，海拔 525.2 m。地形为河谷高阶地、熔岩台地及起伏台地间低洼地部位；成土母质为洪积物；农田，种植大豆或水稻等农作物。野外调查时间为 2011年 10 月 10 日，编号为 22-126。

Ap:　0～14 cm，黑棕色（10YR3/1，干），黑色（10YR1.7/1，润），粉质黏壤土，发育良好的 5～10 mm 大小的团粒状结构，疏松，100～200 条 0.5～2 mm 大小的细根系，pH为 6.4，向下波状清晰过渡。

Ah:　14～30 cm，黑色（10YR2/1，干），黑色（10YR1.7/1，润），粉质黏壤土，大量发育较好的 10～20 mm 大小的块状结构，坚实，20～50 条 0.5～2mm 大小的细根系，结构体内有<2%明显-清楚的 2～6 mm 大小的铁锈斑纹，<2%次圆 2～5 mm 大小的风化细砾，连续的黏粒-有机碳弱胶结，pH 为 6.5，向下波状清晰过渡。

Bgr:　30～52 cm，灰色（7.5Y6/1，干），灰色（7.5Y5/1，润），黏质壤土，发育差的<5 mm 大小的核块状结构，稍坚实，无根系，结构体表面有 15%～40%模糊-扩散的 2～6 mm大小的铁锈斑纹，2%～5%次圆 2～5 mm 大小的风化砾石，pH 为 6.6，向下波状清晰过渡。

江东系代表性单个土体剖面

Cgr:　52～85 cm，灰色（7.5Y6/1，干），灰色（7.5Y5/1，润），粉质壤土，发育差的<5 mm 大小的核块状结构，稍坚实，无根系，结构体表面有 5%～15%模糊-扩散的 2～6 mm 大小的铁锈斑纹，2%～5%次圆 2～5 mm 大小的风化砾石，pH 为 6.6。

江东系代表性单个土体物理性质

土层	深度/cm	石砾(>2mm，体积分数)/%	细土颗粒组成(粒径：mm)/(g/kg)			质地	容重/(g/cm³)
			砂粒 2～0.05	粉粒 0.05～0.002	黏粒 <0.002		
Ap	0～14	2	199	460	341	粉质黏壤土	0.92
Ah	14～30	3	186	471	343	粉质黏壤土	1.34
Bgr	30～52	3	261	426	313	黏质壤土	1.42
Cgr	52～85	2	203	539	258	粉质壤土	1.52

江东系代表性单个土体化学性质

深度/cm	pH (H₂O)	有机碳(C) /(g/kg)	全氮(N) /(g/kg)	全磷(P) /(g/kg)	全钾(K) /(g/kg)	CEC /(cmol/kg)	盐基饱和度 /%
0～14	6.4	119.8	8.76	0.35	22.6	57.0	44.5
14～30	6.5	20.4	1.18	0.31	19.9	28.2	22.5
30～52	6.6	5.3	0.39	0.30	18.8	30.1	20.0
52～85	6.6	5.1	0.38	0.29	13.2	22.7	44.4

第8章 均 腐 土

8.1 斑纹-钙积暗厚干润均腐土

8.1.1 王奔系（**Wangben Series**）

土　族：砂质硅质混合型冷性-斑纹-钙积暗厚干润均腐土
拟定者：隋跃宇，焦晓光，李建维，张锦源

分布与环境条件　王奔系分布于吉林省西部地区，位于砂丘（坨）间低平地，海拔一般为 180～210 m，包括大安、通榆、双辽、前郭、洮南 5 个县（市），母质为黄土状沉积物。属温带大陆性季风气候，年均日照 2912.8 h，年均气温 7.4℃，无霜期 145 d，年均降水量 344.5 mm，≥10℃积温 3118.6℃。

王奔系典型景观

土系特征与变幅　本土系的诊断层有暗沃表层，诊断特性有均腐殖质特性、石灰性、氧化还原特征、冷性土壤温度状况和半干润土壤水分状况，具有钙积现象。本土系暗沃表层深厚，达 100 cm 左右，腐殖质储量比（Rh）≤0.4，符合均腐殖质特性，盐基饱和度≥50%。土壤具有强石灰反应，下部具有石灰斑纹，通体出现氧化还原现象，具有锈纹锈斑和铁锰结核等新生体。细土质地以砂质壤土为主。

对比土系　与卡伦系相比，王奔系的土壤水分状况是半干润土壤水分状况，土体具有钙积现象、石灰反应和氧化还原现象；而卡伦系的土壤水分状况是潮湿土壤水分状况，土体无钙积现象，无石灰反应和无氧化还原现象。

利用性能综述　本土系土壤碱性较强，地势低洼，易涝。土壤砂性较大，漏水漏肥。目前大部分为草地，开垦指数低，草原退化较严重，产草量低、质量差。应首先做好草原建设和管理，保护好天然草原，增加覆盖度和产草量；对现有耕地应做好农田基本建设，培肥土壤，增加有机物料的投入，造林防风，挖沟排水或修建台、条田，降低地下水位，提高地温，合理施用化肥，掺土压砂，精耕细作，还应退耕还林、还牧，综合治理以保持生态平衡。

参比土种　第二次土壤普查中与本土系大致相对的土种是薄腐风积石灰性草甸土。

代表性单个土体　位于吉林省双辽市王奔镇宝山村西 500 m，43°27.541′N，123°39.120′E，海拔 104.0 m。地形为砂丘（坨）间低平地部位；成土母质为黄土状沉积物；旱田，种植玉米。野外调查时间为 2010 年 10 月 14 日，编号为 22-080。

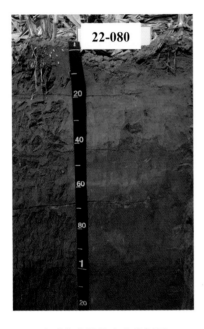

王奔系代表性单个土体剖面

Apr：0~17 cm，灰黄棕色（10YR5/2，干），灰黄棕色（10YR3/2，润），砂质壤土，粒状结构，疏松，50~100 条 0.5~2 mm 的细根系，1~20 条 2~10 mm 大小的中粗根系，2%~5%圆形的<1 mm 的风化云母碎屑，结构体外有<2%明显-清楚的 2~6 mm 大小的铁锰斑纹，<2%球形黑色 2~6 mm 大小的铁锰结核，软硬皆有，强石灰反应，pH 为 7.4，向下平滑清晰过渡。

Ahr：17~64 cm，灰黄棕色（10YR5/2，干），黑棕色（10YR3/2，润），砂质壤土，发育中等的 10~20 mm 大小的团块状结构，疏松，20~50 条 0.5~2 mm 大小的细根系，1~20 条 2~10 mm 粗细的根系，2%~5%圆形的<1mm 的风化云母碎屑，结构体外有 5%~15%明显鲜明的 2~20 mm 大小的铁锰斑纹，2%~5%球形黑色 2~6 mm 大小的铁锰结核，软硬皆有，强石灰反应，pH 为 7.8，向下平滑清晰过渡。

ABkr：64~104 cm，棕灰色（10YR5/1，干），黑棕色（10YR3/1，润），砂质壤土，发育较好的 10~20 mm 大小的块状结构，稍坚实，20~50 条 0.5~2 mm 大小的细根系，2%~5%<1mm 的风化云母碎屑，结构体外有 2%~5%明显-清楚的 2~6 mm 铁锰斑纹和石灰斑纹，<2%球形黑色 2~6 mm 软铁锰结核，强石灰反应，pH 为 7.8，向下平滑清晰过渡。

BCkr：104~150 cm，棕灰色（10YR5/1，干），黑棕色（10YR3/1，润），砂质壤土，发育较好的 10~20 mm 大小的块状结构，稍坚实，无根系，2%~5%圆形的<1 mm 的风化云母碎屑，结构体外有 2%~5%明显-清楚的 2~6 mm 的铁锰斑纹和石灰斑纹，<2%球形黑色 2~6 mm 的软铁锰结核，强石灰反应，pH 为 7.8。

王奔系代表性单个土体物理性质

土层	深度/cm	细土颗粒组成(粒径：mm) /(g/kg)			质地	容重 /(g/cm³)
		砂粒 2～0.05	粉粒 0.05～0.002	黏粒 <0.002		
Apr	0～17	585	343	72	砂质壤土	1.42
Ahr	17～64	545	355	100	砂质壤土	1.59
ABkr	64～104	615	286	99	砂质壤土	1.48
BCkr	104～150	602	309	89	砂质壤土	—

王奔系代表性单个土体化学性质

深度/cm	pH (H₂O)	有机碳(C) /(g/kg)	全氮(N) /(g/kg)	全磷(P) /(g/kg)	全钾(K) /(g/kg)	CEC /(cmol/kg)	碳酸盐相当 物含量 /(g/kg)
0～17	7.4	11.2	0.92	0.42	31.5	29.8	28.9
17～64	7.8	7.2	0.95	0.35	26.0	20.6	66.1
64～104	7.8	6.2	0.60	0.31	24.2	24.5	79.4
104～150	7.8	3.7	0.70	0.34	21.3	22.3	10.6

8.1.2 邓家店系（Dengjiadian Series）

土　　族：壤质混合型冷性-斑纹-钙积暗厚干润均腐土
拟定者：隋跃宇，焦晓光，王其存，向　凯

分布与环境条件　邓家店系分布在吉林省中、西部起伏台地缓坡中下部，集中分布在长岭、农安、扶余、公主岭、洮南、前郭、镇赉、榆树等县（市），白城、德惠等县（市）也有零星分布，母质为黄土状沉积物，旱田。属温带大陆性季风气候，年均日照 2695.2 h，年均气温 4.7℃，无霜期 145 d，年均降水量 507.7 mm，≥10℃积温 2800℃。

邓家店系典型景观

土系特征与变幅　本土系的诊断层有暗沃表层，诊断特性有均腐殖质特性、氧化还原特征、石灰性、冷性土壤温度状况和湿润土壤水分状况，具有钙积现象。本土系暗沃表层厚度≥100 cm，腐殖质储量比（Rh）≤0.4，符合均腐殖质特性，盐基饱和度≥50%。氧化还原特征出现在暗沃层之下，除铁锈斑纹新生体外，还具有石灰斑纹新生体，钙积现象。邓家店系土壤母质为石灰性黄土状沉积物，土壤通体极强石灰反应，细土质地以粉质壤土为主。

对比土系　与安子河系相比，邓家店系无漂白层，通体具有极强石灰反应，下层具有氧化还原特征，土层较深厚，无砾石；安子河系具有漂白层，通体无石灰反应，通体无氧化还原特征，土层较薄，103cm 以下为巨砾。

利用性能综述　邓家店系暗沃表层较深厚，养分含量较高，但由于开垦年限已久，耕地长期施肥不足，管理粗放，土壤有机碳含量有所减少；又因气候比较干旱，降水少而集中，土壤供水不足，不匀不稳，春旱夏涝，是发展农业的一个主要障碍。改良利用措施：一是发展井灌和旱田水浇，实行旱田蓄水保墒抗旱耕作措施（如深松、蹚春垄、镇压等），做好防洪排涝工程，防止夏涝；二是大量增施优质农肥，实行根茬还田和秸秆还田，培肥地力；三是营造农田防护林带，可减缓风速，减轻风蚀，改善农业生态环境。

参比土种　第二次土壤普查中与本土系大致相对的土种是厚腐黄土质黑钙土。

代表性单个土体　位于吉林省农安县合隆镇邓家店西袁家店路南 150 m，44°04.171′N，

125°12.307′E，海拔 188.0 m；地形为台地缓坡中下部；成土母质为黄土状沉积物；旱田，种植玉米。野外调查时间为 2009 年 10 月 2 日，编号为 22-005。

Ap： 0～23 cm，棕灰色（10YR5/1，干），黑棕色（10YR2/2，润），粉质壤土，发育中等的 10～20 mm 大小的团块状结构，疏松，50～100 条 0.5～2 mm 的细根系，极强石灰反应，pH 为 7.4，向下平滑渐变过渡。

ABhk：23～116 cm，棕灰色（10YR5/1，干），黑色（10YR2/1，润），粉质壤土，发育良好的 5～10 mm 大小的团粒结构，稍坚实，20～50 条 0.5～2 mm 大小的细根系，极强石灰反应，pH 为 8.4，向下平滑渐变过渡。

Bkr： 116～138 cm，灰黄棕色（10YR6/2，干），黑棕色（10YR3/2，润），粉质壤土，发育较好的 10～20 mm 大小的块状结构，坚实，1～20 条 0.5～2 mm 大小的细根系，结构体表面有<2%基质对比度模糊及边界清楚的 2～6 mm 大小的铁锈斑纹和石灰斑纹，极强石灰反应，pH 为 8.0，向下平滑渐变过渡。

邓家店系代表性单个土体剖面

Ckr： 138～160cm，棕灰色（10YR6/1，干），浊黄棕色（10YR4/3，润），粉质壤土，发育较差的<5 mm 大小的核块状结构，坚实，结构体表面有 5%～15%明显-清楚的 2～6 mm 大小的铁锈斑纹，极强石灰反应，pH 为 8.1。

邓家店系代表性单个土体物理性质

| 土层 | 深度/cm | 细土颗粒组成(粒径: mm) /(g/kg) | | | 质地 | 容重 /(g/cm³) |
		砂粒 2～0.05	粉粒 0.05～0.002	黏粒 <0.002		
Ap	0～23	152	709	139	粉质壤土	1.22
ABhk	23～116	263	585	152	粉质壤土	1.35
Bkr	116～138	236	619	145	粉质壤土	1.33
Ckr	138～160	337	584	79	粉质壤土	1.45

邓家店系代表性单个土体化学性质

深度/cm	pH (H₂O)	有机碳(C) /(g/kg)	全氮(N) /(g/kg)	全磷(P) /(g/kg)	全钾(K) /(g/kg)	CEC /(cmol/kg)	碳酸盐相当物含量 /(g/kg)
0～23	7.4	20.1	1.53	0.78	20.6	22.3	49.9
23～116	8.4	11.9	1.39	0.82	21.3	22.6	30.9
116～138	8.0	7.4	0.57	0.47	19.1	20.0	36.0
138～160	8.1	4.7	0.36	0.29	21.4	23.6	11.0

8.2 钙积暗厚干润均腐土

8.2.1 二龙系（Erlong Series）

土　族：砂质硅质混合型冷性-钙积暗厚干润均腐土
拟定者：焦晓光，隋跃宇，李建维，陈一民

二龙系典型景观

分布与环境条件　本土系分布于吉林省西部台地缓坡下部及岗间低平地，海拔多为 150～200 m，大安、通榆、乾安、洮南、双辽、公主岭 6 个县（市）均有分布。该土系母质为洪-冲积物，所处地势为略起伏的平原台地，坡度较小，外排水平衡，渗透性一般，内排水从不饱和，现种植单季向日葵等农作物，一年一熟。属于温带大陆性季风气候，年均气温 4.6℃，无霜期 142 d，年均降水量 377.9 cm，≥10℃积温 2982℃。

土系特征与变幅　本土系的诊断层有暗沃表层，诊断特性有均腐殖质特性、石灰性、冷性土壤温度状况和半干润土壤水分状况，具有钙积现象。本土系暗沃表层深厚，达 90 cm 左右，腐殖质储量比（Rh）≤0.4，符合均腐殖质特性，盐基饱和度≥50%。耕层土壤无石灰反应，下层土壤具有极强石灰反应，下部具有石灰斑纹新生体。容重为 1.48～1.65 g/cm³，细土质地以砂质壤土为主。

对比土系　与先锋林场系相比，二龙系土壤水分状况为半干润土壤水分状况，暗沃表层更厚，高达 90 cm，下部具有钙积现象，无氧化还原现象，质地以砂质壤土为主；而先锋林场系土壤水分状况为湿润土壤水分状况，暗沃表层下土体具有氧化还原现象，质地以粉质壤土为主。

利用性能综述　本土系分布处地形较低，腐殖层厚，养分含量及总储量较高，适宜种植玉米、向日葵、高粱等农作物。20 世纪 80 年代初期大部分都是草原，现在大多已开垦为农田，并有明显沙化现象。在利用时应加强农田基本建设，同时要种植防护林，防风固沙，防止土壤沙化。对于沙化严重的耕地要退耕还草、还林，防止土地的过度利用。

参比土种　第二次土壤普查中与本土系大致相对的土种是砂质石灰性黑钙土。

代表性单个土体　位于吉林省洮南市二龙乡仁义村五家子屯东 600 m，45°25.611′N，123°07.816′E，海拔 152.0 m。地形为台地缓坡下部及岗间低平地部位；成土母质为洪-冲积物；旱田，调查时种植单季向日葵。野外调查时间为 2011 年 7 月 10 日，编号为 22-096。

二龙系代表性单个土体剖面

Ap:　0~28 cm，灰黄棕色（10YR4/2，干），黑棕色（10YR2/3，润），砂质壤土，发育中等的 10~20 mm 大小的团块状结构，疏松，50~100 条 0.5~2 mm 的细根系，pH 为 8.2，向下平滑渐变过渡。

Ah:　28~58 cm，灰黄棕色（10YR4/2，干），黑棕色（10YR2/3，润），砂质黏壤土，发育较好的 10~20 mm 大小的块状结构，疏松，20~50 条 0.5~2 mm 大小的细根系，pH 为 8.1，向下平滑渐变过渡。

ABk:　58~90 cm，棕灰色（10YR4/1，干），黑色（10YR2/1，润），砂质壤土，发育较好的 10~20 mm 大小的块状结构，稍坚实，1~20 条 0.5~2 mm 大小的细根系，结构体表面有<2%清晰-扩散的 2~6 mm 大小的石灰斑纹，中度石灰反应，pH 为 8.1，向下平滑渐变过渡。

Bk:　90~135 cm，灰黄棕色（10YR6/2，干），浊黄棕色（10YR5/3，润），砂质壤土，发育较差的<5 mm 大小的核块状结构，坚实，1~20 条 0.5~2 mm 大小的细根系，结构体表面有 2%~5%清晰-扩散的 2~6 mm 大小的石灰斑纹，极强石灰反应，pH 为 8.2，向下波状渐变过渡。

Ck:　135~165 cm，浊黄橙色（10YR6/4，干），浊黄棕色（10YR5/4，润），壤质砂土，发育较差的<5 mm 大小的核块状结构，坚实，无根系，结构体表面有 2%~5%清晰-扩散的 2~6 mm 大小的石灰斑纹，极强石灰反应，pH 为 8.1。

二龙系代表性单个土体物理性质

土层	深度/cm	细土颗粒组成(粒径：mm)/(g/kg)			质地	容重/(g/cm³)
		砂粒 2~0.05	粉粒 0.05~0.002	黏粒 <0.002		
Ap	0~28	758	94	148	砂质壤土	1.56
Ah	28~58	662	122	216	砂质黏壤土	1.49
ABk	58~90	681	137	182	砂质壤土	1.48
Bk	90~135	697	210	93	砂质壤土	1.65
Ck	135~165	801	123	76	壤质砂土	—

二龙系代表性单个土体化学性质

深度/cm	pH (H₂O)	有机碳(C) /(g/kg)	全氮(N) /(g/kg)	全磷(P) /(g/kg)	全钾(K) /(g/kg)	CEC /(cmol/kg)	碳酸盐相当物含量 /(g/kg)
0～28	8.2	6.9	0.75	0.85	24.3	10.3	5.3
28～58	8.1	6.9	0.75	0.79	18.1	17.3	6.7
58～90	8.1	4.8	0.52	0.68	15.8	13.5	10.3
90～135	8.2	3.1	0.34	0.59	9.9	10.8	27.6
135～165	8.1	1.8	0.19	0.50	8.7	5.5	27.1

8.2.2 金山系（**Jinshan Series**）

土　族：砂壤质混合型冷性-钙积暗厚干润均腐土
拟定者：隋跃宇，焦晓光，李建维

分布与环境条件　本土系分
布于吉林省西北部边缘，大兴
安岭南端山麓台地或高阶台
地上，海拔 250 m 左右，仅在
洮南、镇赉和白城有小面积分
布，总面积 8 万 hm²。该土系
母质为洪-冲积物，所处地势
为略起伏的平原台地，坡度较
小，外排水平衡，渗透性一般，
内排水从不饱和，现种植单季
玉米、单季绿豆等农作物，一
年一熟。属于温带大陆性季风
气候，年总日照 2915 h，年均

金山系典型景观

气温 4.9℃，无霜期 140 d，年均降水量 377.9 cm，≥10℃积温 2982℃。

土系特征与变幅　本土系的诊断层有暗沃表层，诊断特性有均腐殖质特性、石灰性、冷
性土壤温度状况和半干润土壤水分状况，具有钙积现象。本土系暗沃表层深厚，达 50～
60 cm，腐殖质储量比（Rh）≤0.4，符合均腐殖质特性，盐基饱和度≥50%。土壤具有
强石灰反应，下部具有石灰斑纹、石灰结核等新生体。容重为 1.31～1.52 g/cm³，细土质
地以壤土为主。

对比土系　与肖家系相比，金山系为半干润土壤水分状况，质地以壤土为主，通体具有
石灰反应；而肖家系为湿润土壤水分状况，质地以粉质壤土为主，暗沃表层以下无石灰
反应。

利用性能综述　本土系腐殖层较厚，钙积层层位较深，但养分总储量低，加之气候较干
旱，土壤水分不足，土壤农业生产力不高。该土系一般种植绿豆或玉米。在利用时要多
植树造林，防风固沙，有条件可发展灌溉。耕作时应改变轮荒粗放的耕种习惯，实行精
耕细作，科学施肥。

参比土种　第二次土壤普查中与本土系大致相对的土种是浅位黄土质暗栗钙土。

代表性单个土体　位于吉林省洮南市野马乡金山村金山屯西北 2000 m，45°43.046′N，
122°05.909′E，海拔 239.0 m；地形为山麓台地或高阶台地部位；成土母质为洪冲积物；
旱田，种植单季玉米、绿豆等农作物。野外调查时间为 2011 年 7 月 7 日，编号为 22-092。

金山系代表性单个土体剖面

Apk: 0～16 cm, 浊黄棕色(10YR5/3, 干), 黑棕色(10YR3/2, 润), 砂质黏壤土, 发育中等的 5～10 mm 大小和发育较好的 10～20 mm 大小的块状结构, 疏松, 20～50 条 0.5～2 mm 大小的细根系, <2%角状 1～2 mm 大小的风化细石砾, 强石灰反应, pH 为 8.1, 向下平滑清晰过渡。

Ahk: 16～30 cm, 浊黄棕色(10YR5/3, 干), 暗棕色(10YR3/3, 润), 砂质黏壤土, 中发育中等的 10～20 mm 大小的团块状结构, 疏松, 1～20 条 0.5～2 mm 大小的细根系, <2%角状 1～2 mm 大小的风化细石砾, 轻度石灰反应, pH 为 8.0, 向下平滑渐变过渡。

ABk: 30～56 cm, 浊黄棕色(10YR5/4, 干), 暗棕色(10YR3/3, 润), 黏质壤土, 中发育中等的 10～20 mm 大小的团块状结构, 稍坚实, 1～20 条 0.5～2 mm 大小的细根系, <2%角状 1～2 mm 大小的风化细石砾, 具有少量假菌丝体, 中度石灰反应, pH 为 7.9, 向下平滑渐变过渡。

Bk: 56～84 cm, 浊黄橙色(10YR7/3, 干), 浊黄棕色(10YR5/3, 润), 壤土, 发育差的<5 mm 大小的核块状结构, 坚实, 1～20 条 0.5～2 mm 大小的细根系, <2%角状 1～2 mm 大小的风化细石砾, 结构体表面有 2%～5%清晰-扩散的 2～6 mm 大小的石灰斑纹, <2%不规则白色 2～6 mm 大小的软石灰结核及白色假菌丝体, 极强石灰反应, pH 为 7.9, 向下平滑渐变过渡。

Ck: 84～130 cm, 灰白色(10YR8/2, 干), 浊黄橙色(10YR6/4, 润), 壤土, 发育差的<5 mm 大小的核块状结构, 极坚实, 1～20 条 0.5～2 mm 大小的细根系, <2%角状 1～2 mm 大小的风化石英细砾, 结构体表面有 2%～5%清晰-扩散的 2～6 mm 大小的石灰斑纹, <2%不规则白色 2～6 mm 大小的软石灰结核, 极强石灰反应, pH 为 8.1。

金山系代表性单个土体物理性质

| 土层 | 深度/cm | 石砾(>2mm, 体积分数)/% | 细土颗粒组成(粒径: mm)/(g/kg) | | | 质地 | 容重/(g/cm³) |
			砂粒 2～0.05	粉粒 0.05～0.002	黏粒 <0.002		
Apk	0～16	1	499	260	241	砂质黏壤土	1.40
Ahk	16～30	1	465	275	260	砂质黏壤土	1.52
ABk	30～56	1	368	317	315	黏质壤土	1.48
Bk	56～84	2	377	496	127	壤土	1.36
Ck	84～130	1	473	418	109	壤土	1.31

金山系代表性单个土体化学性质

深度/cm	pH (H₂O)	有机碳(C) /(g/kg)	全氮(N) /(g/kg)	全磷(P) /(g/kg)	全钾(K) /(g/kg)	CEC /(cmol/kg)	碳酸盐相当物含量 /(g/kg)
0~16	8.1	18.1	1.97	0.69	22.4	22.6	33.3
16~30	8.0	17.4	1.90	0.61	18.2	24.8	16.7
30~56	7.9	14.1	1.54	0.59	15.2	25.8	31.2
56~84	7.9	6.5	0.71	0.54	19.1	19.8	197.8
84~130	8.1	3.8	0.39	0.50	18.9	16.1	152.2

8.3　斑纹钙积干润均腐土

8.3.1　德顺系（Deshun Series）

土　　族：砂壤质混合型冷性-斑纹钙积干润均腐土
拟定者：隋跃宇，李建维，张锦源，陈一民

德顺系典型景观

分布与环境条件　本土系分布于吉林省西部地区河谷平原的远河低阶地及河漫滩，海拔多在140～180 m，包括镇赉、洮南、扶余、前郭、梨树、农安等县（市）均有分布，总面积 12.6 万 hm²。该土系母质为河流静水沉积物。所处地势较低，地形平坦。外排水平衡，渗透性较差，内排水差。现种植玉米等农作物，一年一熟。属于温带大陆性季风气候，年均气温 4.9℃，无霜期 132 d，年均降水量 377.9 cm，≥10℃积温 2368℃。

土系特征与变幅　本土系的诊断层有暗沃表层和钙积层，诊断特性有均腐殖质特性、石灰性、氧化还原特征、冷性土壤温度状况和半干润土壤水分状况。本土系暗沃表层在 30～40 cm 深度，腐殖质储量比（Rh）≤0.4，符合均腐殖质特性，盐基饱和度≥50%。土壤具有强石灰反应，下部具有石灰斑纹，通体出现氧化还原现象，具有铁锈斑纹和铁锰结核等新生体。土体容重为 1.32～1.58 g/cm³，细土质地以砂质壤土为主。

对比土系　与肖家系相比，德顺系土壤水分状况为半干润土壤水分状况，质地以砂质壤土为主，具有氧化还原特征；而肖家系土壤水分状况为湿润土壤水分状况，质地以粉质壤土为主，暗沃表层以下才有铁锰结核和锈纹锈斑。

利用性能综述　本土系是中肥力、中适应性土壤，特点是土壤养分含量水平中等，具有一定保肥能力，但土壤中有石灰聚集，较冷凉，并且所处地理环境干旱少雨，对作物生长有一定的抑制。旱田首先考虑加强农田基本设施建设、改善土壤环境；其次应注意培肥地力，多施用有机肥，降低其碱性。在施用化肥上，增施氮肥的同时要特别注意磷肥的施用。

参比土种　第二次土壤普查中与本土系大致相对的土种是中腐冲积石灰性草甸土。

代表性单个土体 位于吉林省洮南市德顺乡庆丰村二队，45°24.743′N，122°53.640′E，海拔 142.0 m。地形为河谷平原的远河低阶地及河漫滩部位；成土母质为河流静水沉积物；旱田，种植玉米、绿豆等农作物。野外调查时间为 2011 年 7 月 10 日，编号为 22-097。

Ahk: 0～22 cm，棕灰色（10YR4/1，干），黑色（10YR2/1，润），黏质壤土，发育较好的 10～20 mm 大小的团块状结构，坚实，50～100 条 0.5～2 mm 的细根系，强石灰反应，pH 为 8.3，向下平滑渐变过渡。

ABk: 22～48 cm，棕灰色（10YR5/1，干），棕灰色（10YR3/1，润），砂质壤土，团粒状结构，坚实，20～50 条 0.5～2 mm 大小的细根系，强石灰反应，pH 为 8.4，向下不规则清晰过渡。

Bkr1: 48～72 cm，灰白色（10YR7/1，干），灰黄棕色（10YR5/2，润），砂质壤土，团粒状结构，坚实，1～20 条 0.5～2 mm 大小的细根系，结构体表面有 2%～5%模糊-扩散的 2～6 mm 大小的石灰斑纹和铁锈斑纹，具有少量假菌丝体，0～2%的根孔，孔内填充细土，极强石灰反应，pH 为 8.6，向下平滑渐变过渡。

德顺系代表性单体土体剖面

Bkr2: 72～120 cm，浊黄橙色（10YR7/3，干），浊黄棕色（10YR5/4，润），壤土，团粒状结构，坚实，1～20 条 0.5～2 mm 大小的细根系，结构体表面有 2%～5%模糊-扩散的铁锈斑纹和<2%明显-清楚石灰斑纹，0～2%的根孔，孔内填充细土，极强石灰反应，pH 为 8.7，向下平滑渐变过渡。

Ckr: 120～130 cm，浊黄橙色（10YR7/2，干），浊黄橙色（10YR6/3，润），砂质壤土，坚实，无根系，结构体表面有 2%～5%模糊-扩散的铁锈斑纹和<2%明显-清楚石灰斑纹，极强石灰反应，pH 为 8.6。

德顺系代表性单个土体物理性质

土层	深度/cm	细土颗粒组成(粒径: mm) /(g/kg)			质地	容重 /(g/cm³)
		砂粒 2～0.05	粉粒 0.05～0.002	黏粒 <0.002		
Ahk	0～22	310	310	380	黏质壤土	1.32
ABk	22～48	443	496	61	砂质壤土	1.49
Bkr1	48～72	575	382	43	砂质壤土	1.57
Bkr2	72～120	494	399	107	壤土	1.58
Ckr	120～130	624	328	48	砂质壤土	1.58

德顺系代表性单个土体化学性质

深度/cm	pH (H₂O)	有机碳(C) /(g/kg)	全氮(N) /(g/kg)	全磷(P) /(g/kg)	全钾(K) /(g/kg)	CEC /(cmol/kg)	碳酸盐相当物含量 /(g/kg)
0～22	8.3	15.9	1.94	0.35	16.8	27.4	69.4
22～48	8.4	7.4	0.66	0.28	22.4	17.8	165.0
48～72	8.6	3.0	0.27	0.25	19.5	11.9	134.1
72～120	8.7	2.6	0.23	0.22	17.4	13.2	77.0
120～130	8.6	2.1	0.19	0.22	18.4	11.7	42.4

8.3.2 肖家系（Xiaojia Series）

土　　族：壤质混合型冷性-斑纹钙积干润均腐土
拟定者：焦晓光，隋跃宇，李建维，马献发

分布与环境条件 肖家系主要分布在吉林省东、中部山区、半山区的沟谷或盆谷低洼地，也见于西部平原区的局部封闭洼地，零星分布于全省各市（地、州）的 26 个县（市、区），其中超过 600 hm² 的只有扶余市，300 hm² 以上的有长岭、东丰、榆树 3 个县（市），其余各县（市）则很少。母质为第四纪黄土状沉积物。年均日照 2433.9 h，年均气温 5.3℃，无霜期 145 d，年均降水量 469.7 mm，≥10℃积温 2870℃。

肖家系典型景观

土系特征与变幅 本土系的诊断层有暗沃表层，诊断特性有均腐殖质特性、氧化还原特征、石灰性、冷性土壤温度状况和湿润土壤水分状况，具有钙积现象。本土系暗沃表层厚度在 77 cm 左右，腐殖质储量比（Rh）≤0.4，符合均腐殖质特性，盐基饱和度≥50%。具有石灰结核和铁锈斑纹新生体，强石灰反应。在暗沃表层之下，有铁锈斑纹和铁锰结核等新生体。土壤容重一般在 1.35～1.46 g/cm³，细土质地以粉质壤土为主。

对比土系 与新庄系相比，肖家系土壤通体都有石灰反应，盐渍化较为严重，暗沃表层在 77cm，较深厚；新庄系仅表层有石灰反应，下层无石灰反应，暗沃表层在 50cm。

利用性能综述 肖家系质地为粉质壤土，保水保肥性能好，有机碳和养分含量均较丰富，适合种植旱田作物。但由于地势低洼、地下水位较高、土壤冷凉，不易发小苗，到生育后期往往出现徒长，贪青晚熟。其改良措施主要是挖沟排水，降低地下水位，增强土壤通透性，提高地温；其次是增施磷肥、钾肥，使氮、磷、钾养分协调一致；三是施用石灰改良土壤酸性。如有水源条件，可开垦水田，但要建立合理的排灌系统，注意防止土壤次生盐渍化。

参比土种 第二次土壤普查中与本土系大致相对的土种是深位埋藏低位泥炭土。

代表性单个土体 位于吉林省扶余市肖家乡福泉屯东下沟子距屯 300 m，45°07.065′N，125°55.442′E，海拔 148.6 m。地形为山区及半山的沟谷或盆谷低洼地部位，成土母质为第四纪黄土状沉积物，旱田，种植玉米等农作物。野外调查时间为 2010 年 10 月 2 日，编号为 22-052。

肖家系代表性单个土体剖面

Ah:　0～28 cm，灰黄棕色（10YR4/2，干），黑棕色（10YR2/2，润），粉质壤土，发育良好的 5～10 mm 大小的团粒结构，疏松，100～200 条 0.5～2 mm 大小的细根系，1～20 条 2～10 mm 大小的中粗根系，土体内有垂直方向不连续的 10～30 cm 长 3～5 mm 宽的裂隙，间距 50～100 cm，<2%球形白色的 2～6 mm 大小的软石灰结核，强石灰反应，pH 为 7.7，向下平滑渐变过渡。

ABk：28～77 cm，灰黄棕色（10YR4/2，干），黑棕色（10YR2/2，润），粉质壤土，发育良好的 5～10 mm 大小的团粒结构，疏松，50～100 条 0.5～2 mm 的细根系，1～20 条 2～10 mm 中粗的根系，结构体内有2%～5%明显-清楚的 2～6 mm 大小的铁锰斑纹，<2%球形 2～6 mm 大小的软石灰结核，pH 为 7.8，强石灰反应，向下波状渐变过渡。

Br：　77～115 cm，灰黄棕色（10YR5/2，干），黑棕色（10YR3/2，润），粉质壤土，粒状结构，坚实，20～50 条 0.5～2 mm 大小的细根系，结构体内有2%～5%明显-扩散的 2～6 mm 大小的铁锈斑纹，轻度石灰反应，pH 为 8.0，向下波状模糊过渡。

Cr：115～150 cm，浊黄棕色（10YR5/3，干），暗棕色（10YR3/4，润），粉质壤土，粒状结构，坚实，无根系，结构体内有 5%～15%显著-扩散的 2～6 mm 大小的铁锰斑纹，轻度石灰反应，pH 为 7.9。

肖家系代表性单个土体物理性质

| 土层 | 深度/cm | 细土颗粒组成(粒径：mm)/(g/kg) | | | 质地 | 容重/(g/cm³) |
		砂粒 2～0.05	粉粒 0.05～0.002	黏粒 <0.002		
Ah	0～28	342	544	114	粉质壤土	1.35
ABk	28～77	267	595	138	粉质壤土	1.37
Br	77～115	329	604	67	粉质壤土	1.46
Cr	115～150	387	530	83	粉质壤土	1.45

肖家系代表性单个土体化学性质

深度/cm	pH (H₂O)	有机碳(C) /(g/kg)	全氮(N) /(g/kg)	全磷(P) /(g/kg)	全钾(K) /(g/kg)	CEC /(cmol/kg)	碳酸盐相当物含量 /(g/kg)
0～28	7.7	18.8	1.22	0.61	27.2	32.6	40.5
28～77	7.8	15.0	0.85	0.53	21.6	32.9	35.4
77～115	8.0	5.5	0.34	0.41	26.9	31.5	9.9
115～150	7.9	4.6	0.31	0.35	25.3	30.6	3.3

8.3.3　永久系（Yongjiu Series）

土　族：壤质混合型冷性-斑纹钙积干润均腐土
拟定者：焦晓光，隋跃宇，李建维，马献发

分布与环境条件　永久系分布
在吉林省西部起伏台地上，海拔
200 m 左右。仅分布在长岭、前
郭两个县，面积均有 0.67 万 hm²
以上。母质为第四纪红黏土，旱
田。属温带大陆性季风气候，年
均日照 2676.7 h，年均气温 6.6℃，
无霜期 135 d，年均降水量
333.8 mm，≥10℃积温 2778.9～
2945.8℃。

永久系典型景观

土系特征与变幅　本土系的诊断层有暗沃表层、钙积层，诊断特性有均腐殖质特性、石
灰性、冷性土壤温度状况和湿润土壤水分状况，具有钙积现象。本土系暗沃表层厚度在
50 cm 左右，腐殖质储量比（Rh）≤0.4，符合均腐殖质特性，盐基饱和度≥50%，具有
铁锰结核新生体。钙积现象出现在 21～51 cm 和 94～130 cm 深度，钙积层在 51～94 cm
深度，具有石灰结核以及大量石灰斑纹。土系通体含有少量砾石，强石灰反应。层次间
过渡渐变平滑，容重一般为 1.28～1.65 g/cm³，细土质地以粉质壤土为主。

对比土系　与德顺系相比，永久系土壤水分状况为湿润土壤水分状况，质地以粉质壤土
为主；而德顺系水分状况为半干润土壤水分状况，质地以砂质壤土为主，虽都有钙积层，
但因为水分状况不同，永久系的钙积层更厚。

利用性能综述　永久系腐殖质层较厚，土壤质地较黏，结构性较好，土壤离子交换性能
较高，保水保肥能力强。但所处环境偏旱，且土壤中石灰反应较强，土壤中明显缺磷，
属中产土壤。目前以种植玉米为主，还种植甜菜、向日葵等经济作物。改良利用要注意
磷肥施用，氮肥和磷肥合理配施；要进行土壤培肥，增施有机肥，实行根茬秸秆还出，
加厚耕作层；应注意耕作保墒，春季加强镇压，以弥补土壤缺水问题。

参比土种　第二次土壤普查中与本土系大致相对的土种是中腐红黏质黑钙土。

代表性单个土体　位于吉林省长岭县永久镇明塔村 8 队东 500 m，44°09.793′N，
124°43.465′E，海拔 191.5 m。地形为起伏台地部位，成土母质为第四纪红黏土，旱田，

种植玉米。野外调查时间为 2010 年 10 月 12 日，编号 22-075。

永久系代表性单个土体剖面

Apr: 0～21 cm，灰黄棕色（10YR4/2，干），黑棕色（10YR2/3，润），粉质壤土，发育良好的 5～10 mm 大小的团粒状结构，疏松，50～100 条 0.5～2 mm 的细根系，1～20 条 2～10 mm 大小的中粗根系，2%～5%角状 2～5 mm 大小的强风化细砾，2%～5%球形黑色的 2～6 mm 大小的软铁锰结核，强石灰反应，pH 为 7.7，向下平滑清晰过渡。

Ahrk: 21～51 cm，灰棕色（7.5YR4/2，干），黑棕色（7.5YR2/2，润），壤土，粒状结构，坚实，20～50 条 0.5～2 mm 大小的细根系，1～20 条 2～10 mm 粗细的根系，2%～5%角状强风化的 2～5 mm 大小的细砾，2%～5%球形黑色的 2～6 mm 大小的软铁锰结核，2%～5%不规则白色的 6～20 mm 大小的软石灰结核，中度石灰反应，pH 为 7.7，向下不规则渐变过渡。

Bk: 51～94 cm，红棕色（5YR4/6，干），红棕色（5YR4/8，润），粉质壤土，团粒状结构，很坚实，1～20 条 0.5～2 mm 大小的细根系，<2%角状强风化的 2～5 mm 大小的细砾，5%～15%不规则白色的≥20 mm 大小的软石灰结核，土体内有中量垂直方向 3～5 mm 宽、30～50 cm 长的裂隙，间隔 10～30 cm，裂隙内填充上层土体，极强石灰反应，pH 为 7.9，向下不规则渐变过渡。

2Bk: 94～130cm，红棕色（5YR4/6，干），红棕色（5YR4/8，润），粉质壤土，团粒状结构，较坚实，无根系，结构体表面有 5%～15%明显-清楚的 2～6 mm 大小的石灰斑纹，<2%不规则白色的 2～6 mm 大小的软石灰结核，土体内有少量垂直方向宽 3～5 mm、长 30～50 cm 的裂隙，间隔 10～30 cm，裂隙内填充上层土体，极强石灰反应，pH 为 8.0。

永久系代表性单个土体物理性质

土层	深度/cm	石砾(>2mm, 体积分数)/%	细土颗粒组成(粒径：mm)/(g/kg)			质地	容重 /(g/cm³)
			砂粒 2～0.05	粉粒 0.05～0.002	黏粒 <0.002		
Apr	0～21	2	326	546	128	粉质壤土	1.28
Ahrk	21～51	3	379	453	168	壤土	1.42
Bk	51～94	0	247	574	179	粉质壤土	1.57
2Bk	94～130	0	128	725	147	粉质壤土	1.65

永久系代表性单个土体化学性质

深度/cm	pH (H₂O)	有机碳(C) /(g/kg)	全氮(N) /(g/kg)	全磷(P) /(g/kg)	全钾(K) /(g/kg)	CEC /(cmol/kg)	碳酸钙相当 物含量 /(g/kg)
0～21	7.7	12.3	1.17	0.57	21.4	23.4	43.1
21～51	7.7	11.3	1.13	0.54	20.7	24.9	96.1
51～94	7.9	3.7	1.05	0.48	21.5	24.8	142.2
94～130	8.0	2.9	0.99	0.46	21.5	20.5	261.8

8.4　弱碱钙积干润均腐土

8.4.1　洮南系（Taonan Series）

土　　族：砂壤质硅质混合型冷性-弱碱钙积干润均腐土

拟定者：隋跃宇，陈一民，李建维，张之一

洮南系典型景观

分布与环境条件　本土系分布于吉林省西北部大兴安岭东南端山前台地的低平地带及丘陵间低平地，海拔 200 m 左右。仅在洮南、镇赉和白城有小面积分布，总面积 8.1 万 hm²。该土系母质为洪-冲积物。所处地势为略起伏的平原台地，坡度较小。外排水平衡，渗透性一般，内排水从不饱和。现种植单季玉米、单季绿豆等农作物，一年一熟。属于温带大陆性季风气候，年均日照 2915 h，年均气温 4.9℃，年均降水量 377.9 mm，≥10℃积温 2982℃，无霜期 132 d。

土系特征与变幅　本土系的诊断层有暗沃表层和钙积层，诊断特性有均腐殖质特性、石灰性、碱积现象、冷性土壤温度状况和半干润土壤水分状况。本土系暗沃表层厚度在 30 cm 左右，腐殖质储量比（Rh）≤0.4，符合均腐殖特性，盐基饱和度≥50%。土壤具有极强石灰反应，下部具有石灰结核新生体，钙积层在 40～60 cm 左右。容重 1.18～1.50 g/cm³，细土质地以砂质壤土为主。

对比土系　洮南系与伏龙泉系相比，虽然两者养分含量和有机碳含量都不高，但洮南系有钙积层，且质地以砂质壤土为主；而伏龙泉系没有钙积层，上部质地以砂质壤土为主，下部以壤土为主。

利用性能综述　本土系是吉林省西部发展牧业的主要土壤资源之一。由于所处的地理位置干旱少雨，加之石灰含量较高，土质贫瘠。以前多为天然牧场或割草场，现多已开垦为农田，一般种植谷子、向日葵等作物。该土系应防止过度开垦和放牧，对已开垦的农田应实行精耕细作，科学施肥，特别是多施用有机物料，改善土壤结构和养分，同时要多植树造林，防风固沙。有条件的情况下可发展灌溉，克服干旱。对于不宜耕作的土地，要实行退耕还林、还牧，保护植被。

参比土种 第二次土壤普查中与本土系大致相对的土种是深位黄土质草甸栗钙土。

代表性单个土体 位于吉林省洮南市军马场 205 号地西南 1500 m，45°25.749′N，122°13.389′E，海拔 200.0 m。地形为山前台地的低平地带及丘陵间低平地部位，成土母质为洪–冲积物，旱田，种植玉米、绿豆等农作物。野外调查时间为 2011 年 7 月 8 日，编号为 22-093。

Apk：0～19 cm，灰黄棕色（10YR5/2，干），暗棕色（10YR3/3，润），砂质壤土，发育良好的 5～10 mm 大小的团粒状结构，很疏松，50～100 条 0.5～2 mm 的细根系，极强石灰反应，pH 为 8.1，向下平滑清晰过渡。

洮南系代表性单个土体剖面

ABk：19～27 cm，灰黄棕色（10YR6/3，干），灰黄棕色（10YR4/3，润），砂质壤土，发育较好的 10～20 mm 大小的块状结构，稍坚实，50～100 条 0.5～2 mm 的细根系，极强石灰反应，pH 为 8.1，向下波状清晰过渡。

Bk1：27～42 cm，浊黄橙色（10YR7/2，干），浊黄棕色（10YR5/4，润），壤土，发育较好的 10～20 mm 大小的块状结构，坚实，20～50 条 0.5～2 mm 大小的细根系，<2%不规则的石灰结核，极强石灰反应，pH 为 8.0，向下不规则模糊过渡。

Bk2：42～62 cm，浅黄橙色（10YR8/3，干），浊黄橙色（10YR7/4，润），砂质壤土，发育较差的<5 mm 大小的核块状结构,坚实,无根系,5%～15%不规则的白色软石灰结核,2%～5%角状风化 6～20 mm 大小的长石块，极强石灰反应，pH 为 8.2，向下波状渐变过渡。

Ck：62～110 cm，浅黄橙色（10YR8/3，干），浊黄橙色（10YR7/4，润），壤质砂上，发育较差的<5 mm 大小的核块状结构，坚实，无根系；2%～5%不规则的白色软石灰结核，2%～5%角状风化 6～20 mm 大小的长石石块，极强石灰反应，土壤 pH 为 8.4。

洮南系代表性单个土体物理性质

土层	深度/cm	石砾(>2mm，体积分数)/%	细土颗粒组成(粒径：mm)/(g/kg)			质地	容重/(g/cm³)
			砂粒 2～0.05	粉粒 0.05～0.002	黏粒 <0.002		
Apk	0～19	0	621	238	141	砂质壤土	1.18
ABk	19～27	0	657	197	146	砂质壤土	1.33
Bk1	27～42	0	482	318	200	壤土	1.33
Bk2	42～62	2	663	228	109	砂质壤土	1.50
Ck	62～110	3	770	185	45	壤质砂土	—

洮南系代表性单个土体化学性质

深度/cm	pH (H₂O)	有机碳(C) /(g/kg)	全氮(N) /(g/kg)	全磷(P) /(g/kg)	全钾(K) /(g/kg)	CEC /(cmol/kg)	碳酸盐相当物含量 /(g/kg)
0～19	8.1	17.4	1.90	0.71	15.2	14.3	137.5
19～27	8.1	16.1	1.76	0.68	13.1	14.4	143.8
27～42	8.0	5.8	0.63	0.61	11.2	12.8	272.7
42～62	8.2	2.9	0.31	0.58	9.9	10.7	312.1
62～110	8.4	1.7	0.18	0.50	8.8	6.7	287.8

8.5 普通钙积干润均腐土

8.5.1 马家窝棚系（Majiawopeng Series）

土 族：壤质混合型冷性-普通钙积干润均腐土

拟定者：隋跃宇，张锦源，王其存，焦晓光

分布与环境条件 马家窝棚系分布在吉林省中西部地区起伏台地缓坡下部或台地间低平地上，海拔 180～220 m，主要分布在农安、扶余、前郭、长岭、公主岭、梨树等县（市）。母质为黄土状沉积物，旱田。属温带大陆性季风气候，年均日照 2695.2 h，年均气温 4.7℃，年均降水量 507.7 mm，≥10℃积温 2800℃，无霜期 145 d。

马家窝棚系典型景观

土系特征与变幅 本土系的诊断层有暗沃表层，诊断特性有均腐殖质特性、石灰性、冷性土壤温度状况和湿润土壤水分状况。本土系暗沃表层厚度在 38 cm 左右，腐殖质储量比（Rh）≤0.4，符合均腐殖质特性，盐基饱和度≥50%。在 60 cm 以下，土体具有石灰假菌丝体。土体无砾石，通体有石灰反应，由上至下反应不断增强。层次间过渡渐变平滑，容重一般在 1.32～1.51 g/cm³，细土质地以壤土和粉质壤土为主。

对比土系 与卡伦系相比，马家窝棚系耕层较薄，有机碳含量较低，通体有石灰反应；而卡伦系耕层较厚，养分较丰富，土体通体均无石灰反应。

利用性能综述 马家窝棚系土壤水分条件较好，但耕层薄，土壤养分含量偏低，是有开发潜力的中低产土壤之一。改良措施应采取多施有机肥、秸秆还田等措施，加大耕层厚度，提高土壤基础肥力；同时还应科学施用化肥，合理确定氮磷配比，促进幼苗生长发育；局部地势偏低地块，地下水位较高，还要注意水涝危害。

参比土种 第二次土壤普查中与本土系大致相对的土种是薄腐黄土质草甸黑钙土。

代表性单个土体 位于吉林省农安县新刘家乡马家窝棚屯，44°28.106′N，126°01.638′E，海拔 182.2 m。地形为起伏台地缓坡下部或台地间低平地部位，成土母质为黄土状沉积物，旱田，种植玉米。野外调查时间为 2009 年 10 月 3 日，编号为 22-025。

马家窝棚系代表性单个土体剖面

Ap: 0~9 cm，灰黄棕色（10YR5/2，干），黑棕色（10YR3/2，润），壤土，发育中等的10~20 mm大小的团块状结构，疏松，50~100条0.5~2 mm的细根系，轻度石灰反应，pH为7.7，向下平滑渐变过渡。

Ah: 9~38 cm，灰黄棕色（10YR5/2，干），黑棕色（10YR2/3，润），壤土，发育较好的10~20 mm大小的块状结构，稍坚实，20~50条0.5~2 mm大小的细根系，轻度石灰反应，pH为7.7，向下平滑渐变过渡。

Bk: 38~60 cm，灰黄棕色（10YR6/2，干），黑棕色（10YR2/3，润），粉质壤土，发育较好的10~20 mm大小的块状结构，坚实，1~20条0.5~2 mm大小的细根系，强石灰反应，pH为7.8，向下平滑渐变过渡。

BCk：60~122 cm，浊黄橙色（10YR7/3，干），浊黄橙色（10YR6/4，润），粉质壤土，发育较差的<5 mm大小的核块状结构，坚实，结构体表面有2%~5%明显-清楚的2~6 mm大小的菌丝体，强石灰反应，pH为7.9。

马家窝棚系代表性单个土体物理性质

土层	深度/cm	细土颗粒组成(粒径：mm)/(g/kg)			质地	容重/(g/cm³)
		砂粒 2~0.05	粉粒 0.05~0.002	黏粒 <0.002		
Ap	0~9	345	495	160	壤土	1.32
Ah	9~38	406	487	107	壤土	1.41
Bk	38~60	298	598	104	粉质壤土	1.45
BCk	60~122	396	560	44	粉质壤土	1.51

马家窝棚系代表性单个土体化学性质

深度/cm	pH (H₂O)	有机碳(C) /(g/kg)	全氮(N) /(g/kg)	全磷(P) /(g/kg)	全钾(K) /(g/kg)	CEC /(cmol/kg)	碳酸盐相当物含量 /(g/kg)
0~9	7.7	14.6	1.44	0.24	25.6	22.6	25.6
9~38	7.7	10.0	0.92	0.26	24.4	20.5	26.0
38~60	7.8	7.2	0.91	0.23	15.3	21.8	68.4
60~122	7.9	2.8	0.36	0.16	24.7	20.8	43.4

8.5.2　什花道系（**Shihuadao Series**）

土　族：砂壤质混合型冷性-普通钙积干润均腐土
拟定者：焦晓光，隋跃宇，陈一民，张锦源，李建维

分布与环境条件　本土系分布于吉林省西部微起伏台地缓坡及岗间低平地，多于风沙土、盐碱土，呈复区分布，海拔 100～200 m，总面积 11.7 万 hm²。该土系母质为河湖沉积物或冲积物。所处地势较低，外排水平衡，渗透性中等，内排水季节性饱和。现种植水稻，属于温带大陆性季风气候，年均日照 2572.8 h，年均降水量 380.9 mm，无霜期 135 d 左右，年均气温 6.4℃，≥10℃积温 2860℃。

什花道系典型景观

土系特征与变幅　本土系的诊断层有暗沃表层和钙积层，诊断特性有均腐殖质特性、石灰性、冷性土壤温度状况和半干润土壤水分状况。本土系暗沃表层厚度在 40 cm 左右，腐殖质储量比（Rh）<0.4，符合均腐殖质特性，盐基饱和度≥50%。土壤具有强石灰反应，下部具有石灰结核新生体，钙积层在 40～60 cm 深度，碳酸钙石灰少量弱胶结，土体坚硬紧实。容重为 1.40～1.51 g/cm³，细土质地以砂质壤土为主。

对比土系　与腰塘子系相比，什花道系有暗沃表层，但无黏化层，质地以砂质壤土为主；而腰塘子系是淡薄表层，有黏化层，碱化度更大，质地以壤土为主。

利用性能综述　本土系养分含量较低，碳酸盐含量高，呈弱碱性，属于中低产土壤类型，适合种植向日葵、小米等耐盐耐旱作物。利用的主要问题是培肥土壤，防风固沙，对于缺磷土壤应增施磷肥。

参比土种　第二次土壤普查中与本土系大致相对的土种是轻度黄砂质盐化黑钙土。

代表性单个土体　位于吉林省通榆县什花道乡襄平村下洼子屯，44°55.172′N，123°15.471′E，海拔 148.8 m。地形为微起伏台地缓坡及岗间低平地，成土母质为河湖沉积物或冲积物，水田，种植水稻。野外调查时间为 2011 年 10 月 4 日，编号为 22-119。

Ah：　0～35 cm，灰黄棕色（10YR5/2，干），黑棕色（10YR3/2，润），壤质砂土，团粒状结构，松散，50～100 条 0.5～2 mm 的细根系，pH 为 8.1，向下平滑渐变过渡。

Bwk：35～76 cm，灰黄棕色（10YR6/2，干），灰黄棕色（10YR4/2，润），砂质黏壤土，发育较好的 10～20 mm 大小的小块状结构，坚实，1～20 条 0.5～2 mm 大小的细根系，强石灰反应，pH 为 8.1，向下平滑渐变过渡。

Ck：　76～121 cm，灰黄棕色（10YR6/2，干），灰黄棕色（10YR4/2，润），砂质黏壤土，发育较好的 10～20 mm 大小的小块状结构，坚实，1～20 条 0.5～2 mm 大小的细根系，强石灰反应，pH 为 8.2。

什花道系代表性单个土体剖面

什花道系代表性单个土体物理性质

土层	深度/cm	细土颗粒组成(粒径：mm)/(g/kg)			质地	容重 /(g/cm³)
		砂粒 2～0.05	粉粒 0.05～0.002	黏粒 <0.002		
Ah	0～35	705	114	181	壤质砂土	1.48
Bwk	35～76	587	182	231	砂质黏壤土	1.40
Ck	76～121	620	141	239	砂质黏壤土	1.51

什花道系代表性单个土体化学性质

深度/cm	pH (H₂O)	有机碳(C) /(g/kg)	全氮(N) /(g/kg)	全磷(P) /(g/kg)	全钾(K) /(g/kg)	CEC /(cmol/kg)	碳酸盐相当物含量 /(g/kg)
0～35	8.1	9.4	0.89	0.37	24.3	12.7	7.6
35～76	8.1	6.3	0.86	0.31	21.9	16.2	22.6
76～121	8.2	4.6	0.61	0.27	21.6	—	52.9

8.6 普通简育干润均腐土

8.6.1 更新系（Gengxin Series）

土　族：壤质混合型石灰性冷性-普通简育干润均腐土
拟定者：隋跃宇，李建维，张锦源，焦晓光

分布与环境条件　更新系零星分布在吉林省西部地区的河漫滩和低阶地上，旱田。海拔一般在 130～140 m。分布于扶余市和长岭县境内。母质为黄土状沉积物，属温带大陆性季风气候，年均日照 2433.9 h，年均气温 5.3℃，无霜期 145 d，年均降水量 469.7 mm，≥10℃积温 2870℃。

更新系典型景观

土系特征与变幅　本土系的诊断层有暗沃表层，诊断特性有均腐殖质特性、氧化还原特征、石灰性、冷性土壤温度状况和湿润土壤水分状况。本土系暗沃表层厚度在 60 cm 左右，腐殖质储量比（Rh）≤0.4，符合均腐殖质特性，盐基饱和度≥50%。氧化还原特征出现在暗沃层之下，除锈纹锈斑和铁锰结核等新生体外，土壤通体具有石灰反应。土壤容重一般在 1.43～1.63 g/cm³，细土质地上部以壤土为主，下部以砂质壤土为主。

对比土系　与肖家系相比，更新系主要是钠盐聚集，土壤碱性强，土壤 pH 相对较高，暗沃表层较薄，质地上下层差异较大，上层为壤土和粉质壤土，过渡层及母质层都为砂质壤土；肖家系碱性较弱，土壤 pH 较低，暗沃表层深厚达 77cm，质地通体为粉质壤土。

利用性能综述　更新系属中低产土壤类型，目前多种植玉米、向日葵、甜菜等旱田作物，一些水源充足的区域已将旱田改为水田。该土种主要的障碍因素是表层土壤湿度过大、质地黏重、土体冷凉，使潜在肥力难以发挥，春天小苗生长缓慢；底土层砂性大，漏水漏肥。改良利用方向首先应继续以农业利用为主，增强有机物料的投入，实行秸秆还田，增加耕层厚度，改善土壤物理性状；其次是增加氮、磷肥的施用量，特别是注意磷肥的施用；再次是修建台、条田，降低地下水位，提高土温，发挥土壤潜在肥力。

参比土种　第二次土壤普查中与本土系大致相对的土种是砂砾底中腐冲积石灰性草甸土。

代表性单个土体　　位于吉林省扶余市更新乡房身村屯北 300 m，45°14.423′N，125°44.796′E，海拔 135.8 m。地形为河漫滩和低阶地中上部，成土母质为黄土状沉积物，旱田，种植玉米。野外调查时间为 2010 年 10 月 1 日，编号 22-051。

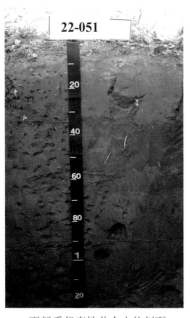

更新系代表性单个土体剖面

Ah：　0～32 cm，灰黄棕色（10YR5/2，干），黑棕色（10YR3/2，润），壤土，发育较好的 10～20 mm 大小的团块结构，很坚实，100～200 条 0.5～2 mm 大小的细根系，1～20 条 2～10 mm 大小的中粗根系，土体内有任意方向不连续的短细裂隙，间距小，<2%球形黑色的 2～6 mm 大小的软铁锰结核，轻度石灰反应，pH 为 8.1，向下平滑清晰过渡。

ABr：32～60 cm，灰黄棕色（10YR4/2，干），黑棕色（10YR2/3，润），粉质壤土，发育良好的 5～10 mm 大小的团粒结构，稍坚实，50～100 条 0.5～2 mm 的细根系，1～20 条 2～10 mm 大小的中粗根系，土体内有任意方向不连续的短细裂隙，间距小，结构体内有<2%明显-清楚的 2～6 mm 大小的铁锰斑纹，<2%球形黑色的 2～6 mm 大小的软铁锰结核，强石灰反应，pH 为 8.6，向下平滑渐变过渡。

Br：　60～88 cm，浊黄橙色（10YR6/3，干），棕色（10YR4/4，润），砂质壤土，发育中等的 5～10 mm 大小的棱块状结构，坚实，20～50 条 0.5～5 mm 大小的细根系，结构体内有 5%～15%显著-扩散的 6～20 mm 大小的铁锈斑纹，有 1～2 个动物穴，穴内填充土体，强石灰反应，pH 为 8.3，向下波状渐变过渡。

Cr：88～135 cm，浊黄橙色（10YR7/3，干），浊黄棕色（10YR5/4，润），砂质壤土，发育较差的<5 mm 大小的核块状结构，坚实，无根系，结构体内有 5%～15%显著-扩散的 6～20 mm 大小的铁锰斑纹，中度石灰反应，弱碱性 pH 为 8.2。

更新系代表性单个土体物理性质

土层	深度/cm	细土颗粒组成(粒径：mm)/(g/kg)			质地	容重/(g/cm³)
		砂粒 2～0.05	粉粒 0.05～0.002	黏粒 <0.002		
Ah	0～32	474	395	131	壤土	1.45
ABr	32～60	375	527	98	粉质壤土	1.46
Br	60～88	535	364	101	砂质壤土	1.43
Cr	88～135	769	159	72	砂质壤土	1.63

更新系代表性单个土体化学性质

深度/cm	pH (H₂O)	有机碳(C) /(g/kg)	全氮(N) /(g/kg)	全磷(P) /(g/kg)	全钾(K) /(g/kg)	CEC /(cmol/kg)	碳酸盐相当物含量 /(g/kg)
0～32	8.1	12.0	1.03	0.51	25.4	27.7	15.1
32～60	8.6	10.7	0.58	0.46	24.9	27.3	30.8
60～88	8.3	7.3	0.32	0.34	28.1	27.0	28.2
88～135	8.2	2.4	0.15	0.31	27.7	25.4	11.3

8.6.2　伏龙泉系（Fulongquan Series）

土　　族：壤质混合型非酸性冷性-普通简育干润均腐土
拟定者：隋跃宇，王其存，李建维，陈一民

分布与环境条件　本土系分布于吉林省中部松辽平原局部隆起地带的高台地，海拔 250 m。集中分布在农安县境内，总面积 0.71 万 hm²，其中耕地 0.43 万 hm²。母质为黄土状沉积物，属温带大陆性季风气候，年均日照 2695.2 h，年均气温 4.7℃，无霜期 145 d，年均降水量 507.7 mm，≥10℃积温 2800℃。

伏龙泉系典型景观

土系特征与变幅　本土系的诊断层有暗沃表层，诊断特性有均腐殖质特性、冷性土壤温度状况和半干润土壤水分状况。本土系暗沃表层厚度在 40 cm 左右，腐殖质储量比（Rh）≤0.4，符合均腐殖质特性，盐基饱和度≥50%。容重为 1.23～1.46 g/cm³，细土质地上部以砂质壤土为主，下部以壤土为主。

对比土系　与洮南系相比，伏龙泉系没有钙积层，通体无石灰反应，土壤上部质地以砂质壤土为主，下部以壤土为主；而洮南系有钙积层，通体有石灰反应，土壤质地以砂质壤土为主。

利用性能综述　伏龙泉系土壤适种作物较广，可种植粮、油、糖等农作物，耕性也较好。但黑土层薄，有机碳及养分含量低，易旱，土壤侵蚀较严重，加之管理比较粗放，属低产土壤类型。目前大多数已垦为耕地，今后应以农业利用为主要方向，但要加强土壤的培肥与改良，如大量增施有机肥料、深耕深翻，推行秸秆还田技术，实行科学配方施肥，加强耕作管理，特别是抗旱保墒栽培技术，适宜种植甜菜、向日葵等耐盐碱作物。

参比土种　第二次土壤普查中与本土系大致相对的土种是薄腐黄土质黑土。

代表性单个土体　位于吉林省农安县伏龙泉镇长发村西北 200 m，44°25.641′N，124°33.094′E，海拔 230.0 m。地形为隆起地带的高台地部位，成土母质为黄土状沉积物，旱田，种植玉米。野外调查时间为 2009 年 10 月 4 日，编号为 22-009。

Ap: 0~15 cm，浊黄棕色（10YR5/3，干），暗棕色（10YR3/3，润），壤土，发育良好的 5~10 mm 大小的团粒状结构，疏松，50~100 条 0.5~2 mm 粗细的细根系，2%~5%角状的 2~5 mm 大小的风化石砾，pH 为 7.9，向下波状渐变过渡。

AB：15~38 cm，浊黄棕色（10YR5/3，干），暗棕色（10YR3/3，润），砂质壤土，发育中等的 10~20 mm 大小的团粒状结构，稍坚实，20~50 条 0.5~2 mm 大小的细根系，2%~5%角状的 2~5 mm 大小的风化石砾，pH 为 7.8，向下波状渐变过渡。

Bw：38~61 cm，浊黄橙色（10YR6/4，干），棕色（10YR4/4，润），壤土，发育较好的 10~20 mm 大小的块状结构，坚实，1~20 条 0.5~2 mm 大小的细根系，2%~5%角状的 2~5 mm 大小的风化石砾，pH 为 7.7，向下波状渐变过渡。

伏龙泉系代表性单个土体剖面

C: 61~134 cm，明黄棕色（10YR6/6，干），棕色（10YR4/6，润），壤土，发育较好的 10~20 mm 大小的块状结构，坚实，无根系，角状的风化 2~5 mm 大小的石砾为 2%~5%，pH 为 6.5。

伏龙泉系代表性单个土体物理性质

| 土层 | 深度/cm | 石砾(>2mm，体积分数)/% | 细土颗粒组成(粒径：mm)/(g/kg) | | | 质地 | 容重/(g/cm³) |
			砂粒 2~0.05	粉粒 0.05~0.002	黏粒 <0.002		
Ap	0~15	2	455	471	74	壤土	1.23
AB	15~38	4	500	459	41	砂质壤土	1.32
Bw	38~61	3	409	469	122	壤土	1.43
C	61~134	5	510	379	111	壤土	1.46

伏龙泉系代表性单个土体化学性质

深度/cm	pH (H₂O)	有机碳(C) /(g/kg)	全氮(N) /(g/kg)	全磷(P) /(g/kg)	全钾(K) /(g/kg)	CEC /(cmol/kg)
0~15	7.9	14.9	1.20	0.43	23.2	18.2
15~38	7.8	11.7	0.85	0.51	22.5	19.7
38~61	7.7	5.2	0.39	0.34	21.1	19.7
61~134	6.5	4.3	0.35	0.41	19.3	17.5

8.7　暗厚滞水湿润均腐土

8.7.1　卡伦系（Kalun Series）

土　族：壤质混合型非酸性冷性-暗厚滞水湿润均腐土
拟定者：焦晓光，隋跃宇，侯　萌，李建维

卡伦系典型景观

分布与环境条件　卡伦系分布在吉林省中东部地区的起伏漫岗间或低丘间低平地，包括九台、榆树、舒兰、东丰等县（市），梨树、磐石、龙井等县（市）也有分布，但分布零星。总面积 1.91 万 hm²，其中耕地面积 1.10 万 hm²，占土系面积的 57.6%。母质为黄土状沉积物，属温带大陆性季风气候，年均日照 2678.9 h，年均气温 5.6℃，无霜期 144 d，年均降水量 594.8 mm，≥10℃积温 2700℃。

土系特征与变幅　本土系的诊断层有暗沃表层，诊断特性有均腐殖质特性、冷性土壤温度状况和潮湿土壤水分状况。本土系暗沃表层较厚，厚度在 80 cm 左右，腐殖质储量比（Rh）≤0.4，符合均腐殖质特性，盐基饱和度≥50%。地下水位较浅，在 50 cm 左右出现浅层地下水。细土质地以粉质壤土为主。

对比土系　与马家窝棚系相比，卡伦系耕层厚，有机碳含量高，地下水位浅，无石灰反应；而马家窝棚系耕层较薄，有机碳含量低，通体有石灰反应，且土体从上到下石灰反应越来越剧烈。

利用性能综述　卡伦系土壤养分较丰富，适种范围较广，特别适合种植喜湿耐涝作物，以种植玉米、向日葵等旱田作物为主。但由于所处地势低洼，土质黏，土壤温度低，尤其易受涝害。有条件的地方可以改旱田为水田，以稻治涝，变不利为有利。旱田耕地应以排出地表积水、降低地下水位、提高地温为改良目标，可以在田面修排水沟和台、条田或改变传统工作方法，实行大垄栽培等方法。同时在培肥地力方面，可以采取客土压沙、增施热性有机肥料等措施，效果也十分明显。

参比土种　第二次土壤普查中与本土系大致相对的土种是中腐坡冲积草甸土。

代表性单个土体　位于吉林省公主岭市黑林子镇卡伦村六社公路北，43°38.373′N，124°49.402′E，海拔 193.0 m。地形为起伏漫岗间或低丘间低平地部位，成土母质为黄土状沉积物，旱田，种植玉米等农作物。野外调查时间为 2010 年 10 月 17 日，编号为 22-087。

Ap：　0～27 cm，灰黄棕色（10YR5/2，干），黑棕色（10YR3/2，润），粉质壤土，发育良好的 5～10 mm 大小的团粒状结构，疏松，100～200 条 0.5～2 mm 大小的细根系，1～20 条 2～10 mm 大小的中粗根系，无石灰反应，pH 为 7.2，向下平滑渐变过渡。

Ah：　27～76 cm，棕灰色（10YR4/1，干），黑色（10YR2/1，润），粉质壤土，发育中等的 10～20mm 大小的团块状结构，稍坚实，50～100 条 0.5～2 mm 的细根系，1～20 条 2～10 mm 大小的中粗根系，无石灰反应，pH 为 7.4，向下不规则渐变过渡。

卡伦系代表性单个土体剖面

卡伦系代表性单个土体物理性质

土层	深度/cm	细土颗粒组成(粒径：mm)/(g/kg)			质地	容重 /(g/cm³)
		砂粒 2～0.05	粉粒 0.05～0.002	黏粒 <0.002		
Ap	0～27	285	630	85	粉质壤土	1.33
Ah	27～76	200	696	104	粉质壤土	1.51

卡伦系代表性单个土体化学性质

深度/cm	pH (H₂O)	有机碳(C) /(g/kg)	全氮(N) /(g/kg)	全磷(P) /(g/kg)	全钾(K) /(g/kg)	CEC /(cmol/kg)
0～27	7.2	23.2	1.86	0.51	18.9	21.2
27～76	7.4	21.9	1.79	0.49	19.5	22.1

8.8　漂白黏化湿润均腐土

8.8.1　安子河系（Anzihe Series）

土　族：粗骨壤质混合型非酸性冷性-漂白黏化湿润均腐土
拟定者：焦晓光，李建维，陈一民，张锦源

安子河系典型景观

分布与环境条件　本土系广泛分布于吉林省东部山区、半山区山坡地的中上部，海拔 300～500 m，包括珲春、白山、汪清、柳河、通化、舒兰、集安、辉南、安图等共 19 个县（市、区）均有分布。该土系母质为页岩、片岩等风化残、坡积物。所处地势一般为坡的中上部，外排水易流失，渗透性慢。现种植玉米，属于温带大陆性季风气候，年均气温 4.5℃，无霜期 128 d 左右，年均降水量 730 mm，≥10℃积温 2700℃。

土系特征与变幅　本土系的诊断层有暗沃表层、漂白层、黏化层，诊断特性有均腐殖质特性、准石质接触面、冷性土壤温度状况和湿润土壤水分状况。本土系暗沃层厚度在 27 cm 左右，腐殖质储量比（Rh）≤0.4，符合均腐殖质特性，盐基饱和度≥50%。漂白层位于 27～45 cm，颜色灰白色。黏化层位于 45～75 cm，与上层黏粒比＞1.2，结构体表面具有黏粒-有机质胶膜新生体。母质层位于 75～103 cm 深度，含有少量砾石。准石质接触面位于 103 cm 以下，含有大量砾石。土壤通体无石灰反应，层次间过渡渐变，容重一般在 1.38～1.69 g/cm^3，细土质地以粉质壤土为主。

对比土系　与李合系相比，安子河系腐殖质储量比（Rh）≤0.4，符合均腐殖质特性，为均腐土，无氧化还原特征；而李合系腐殖质储量比（Rh）＞0.4，不符合均腐殖质特性，有氧化还原特征。

利用性能综述　本土系分布在地形相对较缓的部位，土体厚度和有机碳含量中等，但通气透水性较差，表层养分易流失。在耕种利用时应尽量采取深松耕，增加土壤的通气透水性，同时要注重养分的保蓄，适当增施有机肥和秸秆还田，以培肥地力。

参比土种　第二次土壤普查中与本土系大致相对的土种是暗厚灰化暗棕壤。

代表性单个土体　位于吉林省辉南县杉松岗镇（原安子河乡）安山堡村东南，42°30.187′N，126°15.026′E，海拔 370.0 m。地形为低山山坡地的中上部，成土母质为页岩、片岩等风化残、坡积物，旱田，种植玉米、大豆等农作物。野外调查时间为 2011 年 9 月 26 日，编号为 22-112。

Ah: 0～27 cm，灰黄棕色（10YR5/2，干），黑棕色（10YR3/2，润），粉质壤土，发育中等的 10～20 mm 大小的团块状结构，稍坚实，50～100 条 0.5～2 mm 的细根系，pH 为 6.3，向下波状渐变过渡。

E:　27～45 cm，灰白色（10YR8/1，干），灰黄棕色（10YR6/2，润），粉质壤土，发育中等 2～5 mm 厚的片状结构，坚实，无根系，pH 为 6.7，向下波状渐变过渡。

Bt: 45～75 cm，灰黄棕色（10YR6/2，干），黑棕色（10YR3/2，润），黏土，发育中等的 5～10 mm 大小的块状结构，很坚实，无根系，>5%明显的黏粒胶膜，pH 为 6.4，向下波状渐变过渡。

BC: 75～103 cm，灰棕色（10YR4/1，干），黑棕色（10YR2/2，润），粉质壤土，发育中等的 5～10 mm 大小的棱块状结构，很坚实，无根系，2%～5%明显的黏粒胶膜，<2%不规则的新鲜花岗岩巨砾，pH 为 6.8，向下波状渐变过渡。

安子河系代表性单个土体剖面

R:　103～115 cm，40%～80%不规则的新鲜花岗岩巨砾。

安子河系代表性单个土体物理性质

土层	深度/cm	石砾(>2mm，体积分数)/%	细土颗粒组成(粒径：mm)/(g/kg)			质地	容重/(g/cm³)
			砂粒 2～0.05	粉粒 0.05～0.002	黏粒 <0.002		
Ah	0～27	0	160	639	201	粉质壤土	1.38
E	27～45	0	231	587	182	粉质壤土	1.42
Bt	45～75	5	131	384	485	黏土	1.62
BC	75～103	78	189	631	180	粉质壤土	1.69

安子河系代表性单个土体化学性质

深度/cm	pH (H₂O)	有机碳(C) /(g/kg)	全氮(N) /(g/kg)	全磷(P) /(g/kg)	全钾(K) /(g/kg)	CEC /(cmol/kg)
0～27	6.3	29.7	2.94	1.59	17.8	23.6
27～45	6.7	17.9	0.95	0.84	17.5	12.8
45～75	6.4	12.7	0.88	0.74	17.1	23.5
75～103	6.8	9.8	0.81	1.34	19.4	24.1

8.9　斑纹黏化湿润均腐土

8.9.1　吕洼系（Lüwa Series）

土　　族：壤质混合型石灰性冷性-斑纹黏化湿润均腐土
拟定者：焦晓光，隋跃宇，王其存，向　凯

吕洼系典型景观

分布与环境条件　吕洼系分布在吉林省中西部地区起伏台地岗间低平地，海拔 180～200 m。主要见于扶余、德惠、农安、洮南、通榆等县（市）。总面积 0.75 万 hm²，其中耕地面积 0.39 万 hm²，占土系面积的 52.7。母质为黄土状沉积物，属温带大陆性季风气候，年均日照 2695.2 h，年均气温 4.7℃，无霜期 145 d，年均降水量 507.7 mm，≥10℃ 积温 2800℃。

土系特征与变幅　本土系的诊断层有暗沃表层和黏化层，诊断特性有均腐殖质特性、氧化还原特征、石灰性、冷性土壤温度状况和湿润土壤水分状况。本土系暗沃表层厚度在 70 cm 左右，且具有石灰反应，腐殖质储量比（Rh）≤0.4，符合均腐殖质特性，盐基饱和度≥50%。黏化层在暗沃层之下，位于 70～110 cm 深度，与上层的黏粒比 ≥1.2。氧化还原特征出现在 70～170 cm 深度，具有铁锈斑纹新生体。细土质地以粉壤土为主。

对比土系　与新庄系相比，吕洼系的土壤水分状况为湿润土壤水分状况，无盐积现象，锈纹锈斑对比度模糊，丰度较小；而新庄系的土壤水分状况为人为滞水土壤水分状况，由于长期种植水稻，表层发生了轻微的次生盐渍化现象，锈纹锈斑对比度明显，丰度较大。

利用性能综述　吕洼系暗沃表层较深厚，土壤肥力高，适种范围较广，是吉林省高产土种之一，多种植玉米、向日葵和甜菜等作物，产量相对较高。由于所处地势低，土壤冷凉，易受涝害，加之土壤石灰含量较高等障碍因素，仍需进行改良培肥。修建台、条田，实行大垄栽培，客土压砂，增施热性有机肥料等均能收到良好的改良效果。

参比土种　第二次土壤普查中与本土系大致相对的土种是厚腐坡冲积石灰性草甸土。

代表性单个土体　位于吉林省农安县合隆镇邓家屯村吕洼子屯西北 800 m，44°05.898′N，

125°13.992′E，海拔 190.5 m，起伏台地岗间低平地部位，成土母质为黄土状沉积物，旱田，种植玉米。野外调查时间为 2009 年 10 月 2 日，编号 22-003。

Ap：　0～20 cm，灰黄棕色（10YR4/2，干），黑棕色（10YR3/1，润），粉质壤土，发育中等的 10～20 mm 大小的团块状结构，疏松，50～100 条 0.5～2 mm 大小的细根系，轻度石灰反应，pH 为 7.4，向下平滑渐变过渡。

Ah：　20～70 cm，灰黄棕色（10YR4/2，干），黑棕色（10YR3/2，润），粉质壤土，发育良好的 5～10 mm 大小的团粒结构，稍坚实，20～50 条 0.5～2 mm 大小的细根系，中度石灰反应，pH 为 7.4，向下平滑渐变过渡。

ABr：70～112 cm，灰黄棕色（10YR5/2，干），黄棕色（10YR4/3，润），粉质壤土，发育较好的 10～20 mm 大小的块状结构，坚实，1～20 条 0.5～2 mm 大小的细根系，结构体表面有<2%对比度模糊基质及边界清楚的 2～6 mm 大小的铁锈斑纹，pH 为 7.5，向下平滑渐变过渡。

吕洼系代表性单个土体剖面

BCr：112～170 cm，灰黄棕色（10YR5/2，干），黄棕色（10YR4/3，润），壤土，发育良好的 5～10 mm 大小的团粒结构，坚实，1～20 条 0.5～2 mm 大小的细根系，结构体表面有<2%对比度模糊基质及边界清楚的 2～6 mm 大小的铁锈斑纹，pH 为 7.5，向下波状清晰过渡。

C：　170～200 cm，黄橙色（10YR7/3，干），黄棕色（10YR5/4，润），粉质壤土，发育良好的 5～10 mm 大小的团粒结构，坚实，1～20 条 0.5～2 mm 大小的细根系，pH 为 7.5。

吕洼系代表性单个土体物理性质

土层	深度/cm	细土颗粒组成（粒径：mm)/(g/kg)			质地	容重/(g/cm³)
		砂粒 2～0.05	粉粒 0.05～0.002	黏粒 <0.002		
Ap	0～20	216	672	112	粉质壤土	1.27
Ah	20～70	188	721	91	粉质壤土	1.31
ABr	70～112	211	664	125	粉质壤土	1.36
BCr	112～170	509	350	141	壤土	—
C	170～200	220	654	126	粉质壤土	1.52

吕洼系代表性单个土体化学性质

深度/cm	pH (H₂O)	有机碳(C) /(g/kg)	全氮(N) /(g/kg)	全磷(P) /(g/kg)	全钾(K) /(g/kg)	CEC /(cmol/kg)	碳酸盐相当物含量 /(g/kg)
0～20	7.4	17.7	1.59	0.59	20.5	19.4	17.7
20～70	7.5	11.8	0.84	0.51	20.7	22.6	14.4
70～112	7.5	9.1	0.68	0.44	19.8	26.1	16.9
112～170	7.5	3.2	0.40	0.42	21.6	18.5	24.2
170～200	7.5	2.6	0.37	0.37	22.4	34.1	20.2

8.9.2 程家窝棚系（Chengjiawopeng Series）

土　族：壤质混合型非酸性冷性-斑纹黏化湿润均腐土
拟定者：焦晓光，张锦源，隋跃宇，陈一民

分布与环境条件　本土系主要分布在吉林省中部波状起伏台地缓坡下部地形较洼部位，海拔 200 m 左右。分布在长春的双阳、榆树、德惠、九台等县（市、区）和四平市的公主岭市，延边朝鲜族自治州各市县也有零星分布。总面积 1.69 万 hm²，耕地面积 1.22 万 hm²，占本土系面积的 72.2%。母质为黄土状沉积物。旱田，调查时种植玉米，且已收获。属温带大陆性季风气候，年均日照 2658.4 h，年均气

程家窝棚系典型景观

温为 7.2℃，无霜期 142 d，年均降水量 531.5 mm，≥10℃积温 3078.5℃。

土系特征与变幅　本土系的诊断层有暗沃表层和黏化层，诊断特性有氧化还原特征、均腐殖质特性、冷性土壤温度状况和湿润土壤水分状况。本土系暗沃表层厚度在 30 cm 左右，具有砖头碎屑和煤渣等侵入体，腐殖质储量比（Rh）≤0.4，符合均腐殖质特性，盐基饱和度≥50%。黏化层在暗沃层之下，位于 34～62 cm，与上层的黏粒比≥1.2。氧化还原特征出现在暗沃表层之下，具有铁锰结核新生体。土壤容重一般在 1.21～1.48 g/cm³，细土质地以粉质壤土为主。

对比土系　与官马系相比，程家窝棚系氧化还原特征出现在土体下部，而表层没有氧化还原特征；官马系在土体的上部出现氧化还原特征。

利用性能综述　程家窝棚系土壤潜在肥力较高，但有效肥力差，供肥能力弱，适种范围较广泛，作物产量较低，属较有开发潜力的中产土壤之一。主要障碍因素是由于地势较低平、地下水位高、土壤湿度大、冷浆，有效肥力难以发挥，特别是不利于小苗生长。其改良利用措施应施热性有机肥料，掺砂改黏，深耕、深松活化表土层；搞好排水渠系建设，降低地下水位，提高土壤温度；春播时测土计量施用化肥，以促进幼苗的生育，另外合理轮作，适时旱种，加强田间管理，以促进作物早熟。

参比土种　第二次土壤普查中与本土系大致相对的土种是中腐黄土质草甸黑土。

代表性单个土体　位于吉林省四平市平西乡程家窝棚 2 队西 200 m，43°09.432′N，

124°19.219′E，海拔 173.5 m。地形为波状起伏台地缓坡下部地形较洼部位，成土母质为黄土状沉积物，旱田，种植玉米。野外调查时间为 2010 年 10 月 16 日，编号为 22-085。

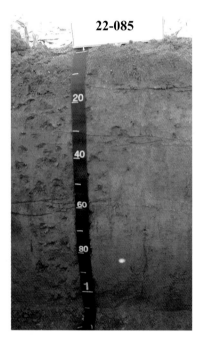

22-085

程家窝棚系代表性单个土体剖面

Ap: 0～15 cm, 灰黄棕色（10YR5/2, 干），暗棕色（10YR3/3, 润），粉质壤土，发育良好的 5～10 mm 大小的团粒状结构，疏松，100～200 条 0.5～2 mm 大小的细根系，1～20 条 2～10 mm 大小的中粗根系，土体内侵入少量砖头和煤渣碎屑，pH 为 6.3，向下平滑清晰过渡。

Ah: 15～34 cm, 灰黄棕色（10YR5/3, 干），浊黄棕色（10YR4/3, 润），粉质壤土，发育中等的 10～20 mm 大小的团块状结构，坚实，50～100 条 0.5～2 mm 大小的细根系，1～20 条 2～10 mm 大小的中粗根系，土体内侵入极少量砖头和煤渣碎屑，pH 为 6.7，向下平滑渐变过渡。

Btr: 34～62 cm, 浊黄橙色（10YR6/4, 干），浊黄棕色（10YR5/4, 润），粉质壤土，发育较好的 10～20 mm 大小的块状结构，坚实，20～50 条 0.5～2 mm 大小的细根系，5%～15% 球形黑色 2～6 mm 大小的软铁锰结核，有少量白色二氧化硅粉末，有少量裂隙，隙内填充土体，pH 为 6.7，向下不规则清晰过渡。

Cr: 62～115 cm, 浊黄橙色（10YR7/4, 干），黄棕色（10YR5/6, 润），粉质壤土，发育较好的 10～20 mm 大小的块状结构，坚实，1～20 条 0.5～2 mm 大小的细根系，5%～15% 球形黑色 2～6 mm 大小的软铁锰结核，有白色二氧化硅粉末，有极少量裂隙，隙内填充土体，pH 为 6.8。

程家窝棚系代表性单个土体物理性质

| 土层 | 深度/cm | 细土颗粒组成（粒径：mm）/(g/kg) | | | 质地 | 容重 /(g/cm³) |
		砂粒 2～0.05	粉粒 0.05～0.002	黏粒 <0.002		
Ap	0～15	315	502	183	粉质壤土	1.21
Ah	15～34	295	584	121	粉质壤土	1.46
Btr	34～62	210	610	180	粉质壤土	1.27
Cr	62～115	173	721	106	粉质壤土	1.48

程家窝棚系代表性单个土体化学性质

深度/cm	pH (H₂O)	有机碳(C) /(g/kg)	全氮(N) /(g/kg)	全磷(P) /(g/kg)	全钾(K) /(g/kg)	CEC /(cmol/kg)
0～15	6.3	27.6	1.66	1.07	20.7	17.6
15～34	6.7	15.4	0.92	0.68	19.3	22.2
34～62	6.7	13.6	0.87	0.51	17.4	19.9
62～115	6.8	2.7	0.33	0.33	11.7	20.8

8.10　普通黏化湿润均腐土

8.10.1　官地系（Guandi Series）

土　族：黏壤质混合型非酸性冷性-普通黏化湿润均腐土
拟定者：隋跃宇，焦晓光，张锦源，李建维

分布与环境条件　本土系分布于
吉林省东、中部的山区及低山丘陵
区的山坡中下部，海拔在 500 m 左
右。该土系母质为黄土状沉积物。
所处地势一般为坡的中下部，外排
水流失，渗透性快，内排水从不饱
和。现种植玉米，属于温带大陆性
季风气候，年均日照 2155.3 h，年
均气温 4.3℃，无霜期 120 d 左右，
年均降水量 591.1 mm，≥10℃积
温 2200℃。

官地系典型景观

土系特征与变幅　本土系的诊断层有暗沃表层，诊断特性有冷性土壤温度状况和湿润土
壤水分状况。本土系暗沃表层厚度在 47 cm 左右，腐殖质储量比（Rh）≤0.4，符合均腐
殖质特性，盐基饱和度≥50%。土壤通体无砾石，无石灰反应，层次间过渡渐变，容重
为 1.24~1.57 g/cm³，细土质地以粉质壤土为主。

对比土系　与辉南系相比，官地系地势一般为坡的中下部，外排水流失，渗透性快，内
排水从不饱和，所以无氧化还原现象；而辉南系由于表层地下水位较高，母质层经常淹
水，处于还原状态下，出现潜育现象，土壤通体有氧化还原特征，质地以粉质黏壤土
为主。

利用性能综述　官地系耕作层有机碳养分含量较高，适合作物生长。亚耕层土壤较紧实，
结构较差，养分含量也明显下降，供肥性能差，特别是淀积层较黏重，水分物理性状不
良，因此，该土壤属中产土壤，以旱田为主，玉米产量一般在 7500~12000 kg/hm²。利
用改良措施主要以培肥地力为主，增施有机肥，有条件的可进行秸秆还田，配合氮、磷
化肥的合理施用；其次采取深耕、深松措施，增加活土层，改善亚表层的物理性状和结
构状态，使作物根系生长良好；再次采取综合性措施，控制水土流失，防止肥力下降。

参比土种　第二次土壤普查中与本土系大致相对的土种是浅位黄土质白浆土。

代表性单个土体　位于吉林省敦化市官地镇东胜南村，43°33.396′N，128°26.061′E，海拔 450.5 m。地形为山区及低山丘陵区的山坡中下部，成土母质为黄土状沉积物，旱田，调查时种植玉米。野外调查时间为 2011 年 10 月 11 日，编号为 22-132。

官地系代表性单个土体剖面

Ap：0～17 cm，灰黄棕色（10YR5/2，干），黑棕色（10YR3/2，润），粉质壤土，发育中等的 10～20 mm 大小的团块状结构，疏松，100～200 条 0.5～2 mm 大小的细根系，pH 为 6.2，向下波状渐变过渡。

Aht：17～47 cm，灰黄棕色（10YR5/2，干），暗棕色（10YR3/3，润），粉质壤土，碎屑状结构，坚实，20～50 条 0.5～2 mm 大小的细根系，孔隙大小为 0.5～0.2 mm，pH 为 6.2，向下平滑清晰过渡。

Bt1：47～76 cm，浊黄橙色（10YR6/3，干），棕色（10YR4/4，润），粉质壤土，发育中等的 5～10 mm 大小的棱块状结构，坚实，1～20 条 0.5～2 mm 大小的细根系，pH 为 6.3，向下平滑渐变过渡。

Bt2：76～93 cm，浊黄橙色（10YR6/4，干），棕色（10YR4/6，润），粉质壤土，发育中等的 5～10 mm 大小的棱块状结构，很坚实，无根系，pH 为 6.4，向下平滑渐变过渡。

C：93～108 cm，明黄棕色（10YR6/6，干），棕色（10YR4/4，润），粉质壤土，发育较差的 <5 mm 大小的核块状结构，很坚实，无根系，pH 为 6.6。

官地系代表性单个土体物理性质

| 土层 | 深度/cm | 细土颗粒组成(粒径：mm)/(g/kg) | | | 质地 | 容重/(g/cm³) |
		砂粒 2～0.05	粉粒 0.05～0.002	黏粒 <0.002		
Ap	0～17	163	616	221	粉质壤土	1.38
Aht	17～47	208	596	196	粉质壤土	1.24
Bt1	47～76	200	561	239	粉质壤土	1.49
Bt2	76～93	173	598	229	粉质壤土	1.57
C	93～108	263	518	219	粉质壤土	—

官地系代表性单个土体化学性质

深度/cm	pH (H₂O)	有机碳(C) /(g/kg)	全氮(N) /(g/kg)	全磷(P) /(g/kg)	全钾(K) /(g/kg)	CEC /(cmol/kg)
0~17	6.2	22.6	1.85	0.71	21.4	29.3
17~47	6.2	15.5	1.18	0.64	22.5	25.2
47~76	6.3	5.7	0.41	0.51	20.6	27.1
76~93	6.4	4.5	0.36	0.34	19.6	28.6
93~108	6.6	4.1	0.35	0.31	18.3	25.1

8.11　斑纹简育湿润均腐土

8.11.1　新庄系（Xinzhuang Series）

土　族：壤质混合型石灰性冷性-斑纹简育湿润均腐土
拟定者：焦晓光，隋跃宇，李建维，张锦源

新庄系典型景观

分布与环境条件　本土系广泛分布于吉林省中部的双阳、榆树、德惠、九台和公主岭等县（市、区），延边朝鲜族自治州也有零星分布。分布于波状起伏平原的低洼部位，海拔 200 m 左右。该土系母质为第四纪黄土状沉积物质。土体厚度在 150 cm 以上。所处地势较低，易于积水，渗透性中等，多数年份内排水短期饱和。现多种植水稻、玉米、大豆等作物，一年一熟。属于温带大陆性季风性气候，年均气温 4℃，无霜期 144 d，年均降水量 585 mm，≥10℃积温 2840℃。

土系特征与变幅　本土系的诊断层有暗沃表层，诊断特性有均腐殖质特性、氧化还原特征、石灰性、冷性土壤温度状况和人为滞水土壤水分状况。本土系暗沃表层厚度在 50 cm 左右，腐殖质储量比（Rh）≤0.4，符合均腐殖质特性，盐基饱和度≥50%。耕作层有盐积现象，具有弱石灰反应。氧化还原特征出现在暗沃层之下，具有铁锈斑纹新生体。细土质地以粉质壤土为主。

对比土系　与肖家系相比，新庄系由于长期种植水稻，表层发生了轻微的次生盐渍化现象，有轻度石灰反应，而亚表层及以下土体均无石灰反应；肖家系通体具有石灰反应。

利用性能综述　新庄系土壤是吉林省高产土壤之一，基础肥力高，保水、保肥性能好，适种范围广，粮食产量高，玉米产量 11 250～15 000 kg/hm²，水稻产量 7500～10 000 kg/hm²，目前绝大部分开垦为农田，开垦率最高。该系土壤虽无明显障碍因素，但自然肥力有明显下降趋势，耕层腐殖质含量明显减少，腐殖质层厚度趋于浅薄。利用中应以保护为主，防止表层盐化、土壤侵蚀，控制水土流失；其次是培肥土壤，增加有机物料投入，如使用优质农肥，改良耕作制度，推行秸秆还田和根茬还田，以不断提高土壤有机碳含量。

参比土种　第二次土壤普查中与本土系大致相对的土种是中腐黄土质黑土。

代表性单个土体　位于吉林省榆树市新庄镇八垅村屯南 600 m，45°02.293′N，126°44.270′E，海拔 160.9 m。地形为波状起伏平原的低洼部位，成土母质为第四纪黄土状沉积物质，农田，种植水稻、玉米、大豆等农作物。野外调查时间为 2011 年 10 月 15 日，编号为 22-137。

Azp：0～19 cm，棕灰色（10YR4/1，干），黑色（10YR2/1，润），粉质壤土，发育中等的＞50 mm 的整块状结构，坚实，100～200 条 0.5～2 mm 大小的细根系，轻度石灰反应，pH 为 7.8，向下平滑渐变过渡。

Ah：19～54 cm，黑棕色（10YR3/1，干），黑色（10YR1.7/1，润），粉质壤土，发育中等的 10～20 mm 大小的团块状结构，稍坚实，20～50 条 0.5～2 mm 大小的细根系，pH 为 7.9，向下波状渐变过渡。

ABr：54～95 cm，灰黄棕色（10YR5/2，干），灰黄棕色（10YR4/2，润），粉质壤土，发育较好的 10～20 mm 大小的块状结构，坚实，1～20 条 0.5～2 mm 大小的细根系，结构体表面有 2%～5%明显-清楚的 2～6 mm 大小的铁锈斑纹，pH 为 7.9，向下不规则渐变过渡。

Cr：95～125 cm，浊黄橙色（10YR7/3，干），浊黄橙色（10YR6/4，润），粉质壤土，发育较差的＜5 mm 大小的核块状结构，坚实，50～100 条 0.5～2 mm 大小的细根系，结构体表面有 2%～5%明显-清楚的 2～6 mm 大小的铁锈斑纹，pH 为 7.7。

新庄系代表性单个土体剖面

新庄系代表性单个土体物理性质

土层	深度/cm	细土颗粒组成(粒径：mm)/(g/kg)			质地	容重/(g/cm³)
		砂粒 2～0.05	粉粒 0.05～0.002	黏粒 <0.002		
Azp	0～19	36	823	141	粉质壤土	1.25
Ah	19～54	91	759	150	粉质壤土	1.23
ABr	54～95	100	753	147	粉质壤土	1.27
Cr	95～125	124	754	122	粉质壤土	—

新庄系代表性单个土体化学性质

深度/cm	pH (H₂O)	有机碳(C) /(g/kg)	全氮(N) /(g/kg)	全磷(P) /(g/kg)	全钾(K) /(g/kg)	CEC /(cmol/kg)	碳酸钙相当 物含量 /(g/kg)
0～19	7.8	37.6	2.65	0.81	19.6	34.5	54.8
19～54	7.9	36.7	2.24	0.76	13.8	32.7	—
54～95	7.9	33.9	1.84	0.34	17.7	32.2	—
95～125	7.7	2.7	0.29	0.31	18.6	22.6	—

8.11.2　先锋林场系（Xianfenglinchang Series）

土　族：砂壤质混合型酸性冷性-斑纹简育湿润均腐土
拟定者：隋跃宇，李建维，向　凯，焦晓光

分布与环境条件　先锋林场系
是山川平地草甸植被发育的土
壤，零星分布于吉林东部山区。
先锋林场系是山地上所发育的
土壤，海拔较高，在 1500 m 左
右。母质为黄土状沉积物，属温
带大陆性季风气候，年均日照
2150～2480 h，年均气温 2～
6℃，无霜期 100 d，年均降水量
400～650 mm，≥10℃ 积温
2603.4℃。

先锋林场系典型景观

土系特征与变幅　本土系的诊断层有暗沃表层，诊断特性有均腐殖质特性、氧化还原特
征、冷性土壤温度状况和湿润土壤水分状况。本土系暗沃表层厚度在 51 cm 左右，腐殖
质储量比（Rh）≤0.4，符合均腐殖质特性，盐基饱和度≥50%。氧化还原特征出现在暗
沃表层之下，主要位于 50～90 cm 深度，有锈纹锈斑和铁锰结核等新生体。土壤容重一
般在 1.52～1.61 g/cm³，细土质地以粉质壤土为主。

对比土系　与二龙系相比，先锋林场系土壤水分状况为湿润土壤水分状况，暗沃表层下
土体具有氧化还原现象，质地以粉质壤土为主；而二龙系土壤水分状况为半干润土壤水
分状况，暗沃表层更厚，达 90 cm，下部具有钙积现象，无氧化还原现象，质地以砂质
壤土为主。

利用性能综述　先锋林场系土体有机碳和氮含量较高，土壤的潜在肥力较大，土壤物理
性质良好，是一种肥力较高的土壤。但是由于在山地间形成，海拔高、天气寒冷、土壤
结冻期长，不适合农业生产，多作为林业用地或草地，周围环境优美、空气清新，可考
虑发展旅游业，并且要注意保护环境，防止生态环境被破坏。

参比土种　第二次土壤普查中与本土系大致相对的土种是薄层基性岩山地草甸土。

代表性单个土体　位于吉林省延边朝鲜族自治州和龙市八家子林业局先锋林场，
42°31.163′N，128°36.885′E，海拔 1425 m。地形为高山山谷的山间岗平地，成土母质为
黄土状沉积物，草本植物及零星分布的小灌木。野外调查时间为 2010 年 6 月 24 日，编

号为 22-034。

先锋林场系代表性单个土体剖面

Ah：0～51 cm，浊黄棕色（10YR5/3，干），黑棕色（10YR3/2，润），粉质壤土，发育良好的 5～10 mm 大小的团粒结构，疏松，100～200 条 0.5～2 mm 大小的细根系，pH 为 4.9，向下平滑渐变过渡。

Br：51～92 cm，浊黄橙色（10YR7/4，干），棕色（10YR4/6，润），砂质壤土，发育较好的 10～20 mm 大小的块状结构，稍坚实，20～50 条 0.5～2 mm 大小的细根系，结构体表面有 2%～5%明显-清楚的 2～6 mm 大小的铁锈斑纹，pH 为 5.5，向下平滑渐变过渡。

Cr：92～110 cm，浅黄橙色（10YR8/4，干），棕色（10YR4/6，润），粉质壤土，发育较好的 10～20 mm 大小的块状结构，坚实，无根系，结构体表面有 2%～5%明显-清楚的 2～6 mm 大小的铁锈斑纹，<2%角状风化 2～5 mm 大小的细砾，pH 为 5.7。

先锋林场系代表性单个土体物理性质

土层	深度/cm	细土颗粒组成(粒径：mm)/(g/kg)			质地	容重/(g/cm³)
		砂粒 2～0.05	粉粒 0.05～0.002	黏粒 <0.002		
Ah	0～51	154	614	232	粉质壤土	1.52
Br	51～92	715	169	116	砂质壤土	1.61
Cr	92～110	207	584	209	粉质壤土	1.55

先锋林场系代表性单个土体化学性质

深度/cm	pH(H₂O)	有机碳(C)/(g/kg)	全氮(N)/(g/kg)	全磷(P)/(g/kg)	全钾(K)/(g/kg)	CEC/(cmol/kg)
0～51	4.9	66.8	7.52	1.37	20.5	25.6
51～92	5.5	39.4	3.77	0.91	23.5	20.0
92～110	5.7	15.2	2.30	0.81	21.7	28.5

8.11.3 直立系（Zhili Series）

土　族：黏壤质混合型非酸性冷性–斑纹简育湿润均腐土
拟定者：焦晓光，隋跃宇，李建维，张锦源

分布与环境条件　直立系分布
在吉林省东部山区半山区向中部
波状起伏台地过渡带的丘陵较平
缓的岗坡地，海拔一般为 220～
260 m。以永吉、舒兰、榆树和双
阳区较多。总面积有 2.05 万 hm²，
其中耕地面积 1.63 万 hm²，占土
系面积的 79.51%。母质为第四
纪黄土沉积物。属温带大陆性季
风气候，年均日照 2866 h，年均
气温 4℃，无霜期 135 d，年均
降水量 500 mm，≥10℃积温
2860℃。

直立系典型景观

土系特征与变幅　本土系的诊断层有暗沃表层，诊断特性有均腐殖质特性、氧化还原特
征、冷性土壤温度状况和湿润土壤水分状况。本土系暗沃表层厚度在 94 cm 左右，腐殖
质储量比（Rh）≤0.4，符合均腐殖质特性，盐基饱和度≥50%。土系下部具有氧化还原
特征，位于 65～130 cm，除有少量铁锰结核和锈纹锈斑等新生体外，还具有二氧化硅粉
末。土体无砾石，无石灰反应，容重一般在 0.96～1.39 g/cm³，细土质地以粉质壤土为主。

对比土系　与青沟子系相比，直立系具有很深厚的暗沃表层，有接近 1m 的深度，只有
土体下部有氧化还原反应，细土质地以粉质壤土为主；而青沟子系的暗沃表层深度较直
立系浅，但是土壤通体有氧化还原反应，细土质地以粉质黏壤土为主。

利用性能综述　直立系耕作层有机碳含量较高，适合作物生长。亚表层较紧，结构较差，
养分含量也明显下降，供肥性能差，特别是淀积层较黏重，物理性状不良。因此，该土
种属中产土壤，以旱田为主，玉米产量一般在 7500～10 000 kg/hm²。利用改良措施主要
以培肥地力为主，首先增施有机肥料，有条件的可进行秸秆还田，配合氮、磷化肥的合
理施用；其次采取深耕、深松措施，增加活土层的厚度，改善亚表层的物理性状和结构
状态，使作物根系良好生长；再次是采取综合性措施，控制水土流失，防止肥力下降。

参比土种　第二次土壤普查中与本土系大致相对的土种是中腐黄土质白浆化黑土。

代表性单个土体　位于吉林省榆树市新庄镇直立村四间房屯丘陵台地，45°0.355′N，
126°47.482′E，海拔 187.0 m。地形为起伏台地过渡带的丘陵及较平缓的岗坡地；成土母

质为第四纪黄土沉积物；旱田，调查时种植玉米。野外调查时间为2010年10月3日，编号为22-056。

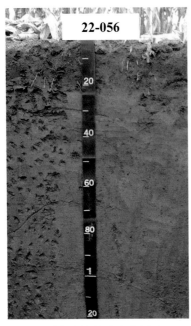

直立系代表性单个土体剖面

Ap: 0～18 cm，灰黄棕色（10YR4/2，干），黑棕色（10YR2/2，润），粉质壤土，发育良好的5～10 mm大小的团粒状结构，疏松，100～200条0.5～2 mm大小的细根系，1～20条2～10 mm大小的中粗根系，pH为5.5，向下平滑清晰过渡。

Ah: 18～35 cm，灰黄棕色（10YR4/2，干），黑棕色（10YR2/2，润），粉质黏壤土，发育良好的5～10 mm大小的团粒状结构，疏松，100～200条0.5～2 mm大小的细根系，1～20条2～10 mm大小的中粗根系，pH为6.1，向下平滑清晰过渡。

Ber: 35～65 cm，灰黄棕色（10YR4/2，干），黑棕色（10YR2/3，润），粉质黏壤土，片状结构，稍坚实，50～100条0.5～2 mm的细根系，1～20条2～10 mm大小的中粗根系，pH为6.5，向下不规则清晰过渡。

BCrq: 65～94 cm，浊黄棕色（10YR5/3，干），暗棕色（10YR3/3，润），粉质壤土，发育较好的10～20 mm大小的块状结构，坚实，20～50条0.5～2 mm大小的细根系，结构体外有2%～5%明显-清楚的2～6 mm大小的铁锰斑纹，孔隙周围有<2%模糊-扩散的极小二氧化硅粉末，2%～5%球形黑色的2～6 mm大小的软铁锰结核，pH为6.5，向下平滑渐变过渡。

Crq: 94～130 cm，浊黄橙色（10YR7/3，干），浊黄棕色（10YR5/4，润），粉质壤土，发育中等的5～10 mm大小和发育较好的10～20 mm大小的块状结构，坚实，结构体外有5%～15%明显-清楚的2～6 mm大小的铁锰斑纹，孔隙周围有2%～5%模糊-扩散的极小二氧化硅粉末，2%～5%球形黑色的2～6 mm大小的软铁锰结核，pH为6.4。

直立系代表性单个土体物理性质

土层	深度/cm	细土颗粒组成(粒径：mm)/(g/kg)			质地	容重/(g/cm³)
		砂粒 2～0.05	粉粒 0.05～0.002	黏粒 <0.002		
Ap	0～18	146	600	254	粉质壤土	0.96
Ah	18～35	144	557	299	粉质黏壤土	1.32
Ber	35～65	117	606	277	粉质黏壤土	1.11
BCrq	65～94	82	692	226	粉质壤土	1.23
Crq	94～130	50	782	168	粉质壤土	1.39

直立系代表性单个土体化学性质

深度/cm	pH (H₂O)	有机碳(C) /(g/kg)	全氮(N) /(g/kg)	全磷(P) /(g/kg)	全钾(K) /(g/kg)	CEC /(cmol/kg)
0~18	5.5	23.4	1.84	0.62	21.2	22.4
18~35	6.1	21.6	1.64	0.73	19.6	21.5
35~65	6.5	14.4	0.91	0.60	20.7	23.6
65~94	6.5	6.9	0.44	0.58	21.3	22.6
94~130	6.4	3.7	0.31	0.56	21.9	21.1

8.11.4　黑林子系（Heilinzi Series）

土　　族：壤质混合型非酸性冷性-斑纹简育湿润均腐土
拟定者：隋跃宇，焦晓光，李建维，陈一民

黑林子系典型景观

分布与环境条件　黑林子系分布在吉林省中西部半干旱地区起伏台地上，海拔 180～220 m。主要分布在农安、扶余、前郭、大安、长岭、公主岭、梨树等县（市），长春市郊、德惠、洮南、镇赉等县（市、区）也有小面积分布。总面积 19.83 万 hm²，其中耕地面积 15.19 万 hm²，占土系面积的 76.6%。母质为黄土状沉积物，旱田。属温带大陆性季风气候，年均日照 2678.9 h，年均气温 5.6℃，无霜期 144 d，年均降水量 594.8 mm，≥10℃积温 2700℃。

土系特征与变幅　本土系的诊断层有暗沃表层，诊断特性有均腐殖质特性、氧化还原特征、石灰性、冷性土壤温度状况和湿润土壤水分状况。本土系暗沃表层厚度在 50 cm 左右，腐殖质储量比（Rh）≤0.4，符合均腐殖质特性，盐基饱和度≥50%。土系通体具有氧化还原特征，只出现铁锰结核新生体，而基本无锈纹锈斑等其他新生体。土体无砾石，下部有轻度石灰反应，容重一般在 1.37～1.56 g/cm³，细土质地以粉质壤土为主。

对比土系　与万泉系相比，黑林子系暗沃表层较浅，土壤通体有氧化还原反应，黑土层和黄土层之间过渡极其模糊，且新生体以铁锰结核为主，基本上没有锈纹锈斑；而万泉系暗沃表层深厚，氧化还原特征出现在暗沃层之下，除了铁锰结核以外，还有少量铁锈斑纹等新生体。

利用性能综述　黑林子系属于高产土壤类型，适种性广泛，种植玉米、大豆、高粱、谷子等均能获得高产，目前以种植玉米为主，产量可达 10 000 kg/hm² 以上。该区域为旱作农业区，今后仍以发展粮食生产为主，但应注意培肥地力。除增施优质农家肥外，可采用秸秆还田和根茬还田技术。应采用新农作制结合根茬还田整地打垄，既有利于保墒又可保证春播时的播种质量。

参比土种　第二次土壤普查中与本土系大致相对的土种是中腐黄土质黑钙土。

代表性单个土体　位于吉林省公主岭市黑林子镇柳杨村 8 队屯南 200 m，43°45.458′N，

124°53.457′E，海拔 203.2 m。地形为起伏台地；成土母质为黄土状沉积物；旱田，种植玉米。野外调查时间为 2010 年 10 月 17 日，编号为 22-086。

Apr：0～18 cm，灰黄棕色（10YR5/2，干），黑棕色
（10YR3/2，润），粉质壤土，发育良好的 5～10 mm
大小的团粒状结构，疏松，100～200 条 0.5～2 mm
大小的细根系，1～20 条 2～10 mm 大小的中粗根
系，2%～5% 不规则黑色 2～6 mm 大小的软铁锰结
核，无石灰反应，pH 为 7.3，向下平滑渐变过渡。

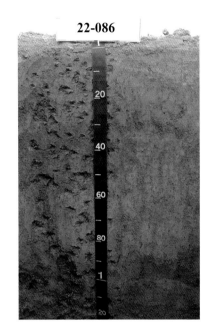

22-086

Ahr：18～52 cm，灰黄棕色（10YR5/2，干），黑棕色
（10YR3/2，润），粉质壤土，发育中等的 10～20 mm
大小的团块状结构，稍坚实，50～100 条 0.5～2 mm
大小的细根系，1～20 条 2～10 mm 大小的中粗根
系，2%～5% 不规则黑色 2～6 mm 大小的软铁锰结
核，无石灰反应，pH 为 7.5，向下不规则渐变过渡。

Br：52～103 cm，浊黄橙色（10YR7/4，干），浊黄橙色
（10YR6/4，润），粉质壤土，发育较好的 10～20 mm
大小的块状结构，坚实，20～50 条 0.5～2 mm 大小
的细根系，2%～5% 不规则黑色 2～6 mm 大小的软

黑林子系代表性单个土体剖面

铁锰结核，有 1～2 个动物穴，穴内填充土体，有 1～2 只蚯蚓，无石灰反应，pH 为 7.5，向下波状渐变过渡。

Ckr：103～138 cm，浊黄橙色（10YR7/4，干），浊黄橙色（10YR6/4，润），粉质壤土，发育较好的 10～20 mm 大小的块状结构，坚实，1～20 条 0.5～2 mm 的细根系，2%～5% 不规则黑色 2～6 mm 大小的软铁锰结核，轻度石灰反应，pH 为 7.5。

黑林子系代表性单个土体物理性质

| 土层 | 深度/cm | 细土颗粒组成（粒径：mm）/(g/kg) | | | 质地 | 容重/(g/cm³) |
		砂粒 2～0.05	粉粒 0.05～0.002	黏粒 <0.002		
Apr	0～18	291	596	113	粉质壤土	1.56
Ahr	18～52	343	588	69	粉质壤土	1.37
Br	52～103	307	623	70	粉质壤土	1.49
Ckr	103～138	273	670	57	粉质壤土	1.43

黑林子系代表性单个土体化学性质

深度/cm	pH (H₂O)	有机碳(C) /(g/kg)	全氮(N) /(g/kg)	全磷(P) /(g/kg)	全钾(K) /(g/kg)	CEC /(cmol/kg)
0～18	7.3	13.5	1.24	0.49	22.2	24.2
18～52	7.5	9.7	0.77	0.55	18.5	23.7
52～103	7.5	4.8	0.36	0.37	17.2	20.6
103～138	7.5	4.3	0.29	0.22	11.6	16.6

8.11.5 六道沟系（Liudaogou Series）

土　族：粗骨壤质混合型非酸性冷性-斑纹简育湿润均腐土
拟定者：李建维，焦晓光，隋跃宇，向　凯

分布与环境条件　六道沟系多
出现于长白山熔岩台地的低阶
地、台地及山麓缓坡地带。六道
沟系起源于各种岩石风化物的
残积物或坡积物。经耕作熟化，
土体厚度大多在 150～200 cm，
现多种植大豆、玉米等农作物，
一年一熟。属温带大陆性季风气
候，年均日照 2269.3 h，年均气
温 5.9℃，无霜期 140 d，年均降
水量 830.9 mm，≥10℃积温
1660～2820℃。

六道沟系典型景观

土系特征与变幅　本土系的诊断层有暗沃表层，诊断特性有均腐殖质特性、冷性土壤温
度状况和湿润土壤水分状况。本土系暗沃表层厚度在 40 cm 左右，腐殖质储量比（Rh）
≤0.4，符合均腐殖质特性，盐基饱和度≥50%。氧化还原特征出现在母质层，主要位于
63 cm 以下，有铁锈斑纹、铁锰结核和二氧化硅粉末等新生体。通体有少量砾石，细土
质地以粉质壤土为主。

对比土系　六道沟系与黑林子系相比，虽然二者均具有暗沃表层和均腐殖质特性，但六
道沟系母质为岩石风化物的残积物或坡积物，黑土层与下层黄土之间层次过渡突然，氧
化还原特征出现在母质层，土系通体无石灰反应；而黑林子系母质为黄土状沉积物，不
同土层之间过渡平缓，土系通体具有氧化还原特征，且土体下部有轻度石灰反应。

利用性能综述　六道沟系土壤养分状况处在较好水平，土壤物理性质好、肥力较高。目
前多种植玉米、大豆等作物，玉米平均年产量可达 9000 kg/hm² 以上，因此经过一定改良，
该土种仍是吉林省东北部地区高产土壤之一。改良措施：一是进行农田基本建设，修建截
水和排水工程，降低地下水位，消除涝害威胁，有条件的地方可以改旱田为水田，因地制
宜，充分利用水资源；二是要培肥地力，增施热性有机肥料，提高耕层土壤维度；三是注
意化肥施用，特别是注意施用磷肥和钾肥，提高作物苗期抗寒能力，促进作物早熟。

参比土种　第二次土壤普查中与本土系大致相对的土种是薄层细矿质暗棕壤性土。

代表性单个土体　位于吉林省白山市临江市六道沟镇西北涝甸子，41°37.680′N，127°13.980′E，海拔 480.0 m。地形为低阶地、台地及山麓缓坡地带，成土母质为岩石风化物的残积物或坡积物，旱田，种植大豆、玉米等农作物。野外调查时间为 2010 年 6 月 29 日，编号为 22-042。

六道沟系代表性单个土体剖面

Ah：0～21 cm，灰黄棕色（10YR5/2，干），黑棕色（10YR3/2，润），粉质壤土，粒状结构，疏松，50～100 条 0.5～2mm 大小的细根系，<2%圆状 2～5 mm 大小的强风化长石细砾，pH 为 6.2，向下平滑清晰过渡。

AB：21～40 cm，灰黄棕色（10YR5/2，干），暗棕色（10YR3/3，润），砂质壤土，发育良好的 5～10 mm 大小的团粒结构，较疏松，20～50 条 0.5～2 mm 大小的细根系，2%～5%圆状 2～5 mm 大小的强风化长石细砾，pH 为 6.3，向下平滑清晰过渡。

BC：40～63 cm，黄橙色（10YR7/3，干），棕色（10YR4/4，润），砂质壤土，发育中等的 10～20 mm 大小的团块状结构，较坚实，1～20 条 0.5～2 mm 大小的细根系，2%～5%次圆状 2～5 mm 大小的风化长石细砾，pH 为 6.6，向下波状清晰过渡。

Crq1：63～136 cm，明棕色（7.5YR5/6，干），棕色（7.5YR4/6，润），粉质壤土，发育较差的<5 mm 大小的核块状结构，坚实，无根系，5%～15%新鲜的次圆状 6～20 mm 大小的正长石石块，莫氏硬度 6 左右，5%～15%明显-清楚的 2～6 mm 大小的铁锰斑纹，位于结构体外，2%～5%不规则黑色 2～6 mm 大小的软铁锰结核，有极少量的二氧化硅粉末，pH 为 6.6，向下平滑渐变过渡。

Crq2：136～173 cm，黄橙色（10YR7/4，干），棕色（10YR4/6，润），粉质壤土，发育中等的 5～10 mm 大小的棱块状结构，坚实，无根系，5%～15%新鲜的次圆状 6～20 mm 大小的正长石石块，莫氏硬度 6 左右，5%～15%模糊-扩散的 2～6 mm 大小的铁锰斑纹，位于结构体外，2%～5%不规则黑色 2～6 mm 大小的软铁锰结核，有极少量的二氧化硅粉末，pH 为 6.6。

六道沟系代表性单个土体物理性质

土层	深度/cm	石砾(>2mm，体积分数)/%	细土颗粒组成(粒径： mm)/(g/kg)			质地
			砂粒 2～0.05	粉粒 0.05～0.002	黏粒 <0.002	
Ah	0～21	5	139	671	190	粉质壤土
AB	21～40	5	575	291	134	砂质壤土
BC	40～63	6	628	261	111	砂质壤土
Crq1	63～136	37	383	521	96	粉质壤土
Crq2	136～173	42	148	719	133	粉质壤土

六道沟系代表性单个土体化学性质

深度/cm	pH (H₂O)	有机碳(C) /(g/kg)	全氮(N) /(g/kg)	全磷(P) /(g/kg)	全钾(K) /(g/kg)	CEC /(cmol/kg)
0～21	6.2	23.7	1.75	0.69	17.4	18.3
21～40	6.3	21.5	1.41	0.66	18.0	18.0
40～63	6.6	7.8	0.49	0.38	24.2	13.0
63～136	6.6	4.2	0.47	0.25	21.3	16.2
136～173	6.6	3.8	0.45	0.12	31.3	21.0

8.11.6　刘房子系（Liufangzi Series）

土　　族：粉壤质混合型非酸性冷性-斑纹简育湿润均腐土
拟定者：隋跃宇，焦晓光，李建维，张　蕾

分布与环境条件　多出现于吉林省中部波状起伏台地，海拔180～240 m，主要分布于哈大铁路沿线的德惠、榆树、长春市郊、公主岭、梨树等 10 个县（市）和地区，总面积 17 万 hm²。该系土壤起源于第四纪黄土状黏土沉积物，土体厚度 110～150 cm，地下水位深，所处地势较低，外排水平衡，渗透性中等，内排水很少饱和。现种植玉米，一年一熟。属温带大陆性季风气候，年均温度 5.6℃，无霜期

刘房子系典型景观

144 d，年均降水量 630 mm，≥10℃积温 3034℃。

土系特征与变幅　本土系的诊断层有暗沃表层，诊断特性有均腐殖质特性、氧化还原特征、冷性土壤温度状况和湿润土壤水分状况。本土系暗沃表层厚度在 88 cm 左右，腐殖质储量比（Rh）≤0.4，符合均腐殖质特性，盐基饱和度≥50%。土系除耕作层外，均具有氧化还原特征，位于 16～162 cm 深度，有少量铁锰结核和锈纹锈斑等新生体，在 88～162 cm 深度，还具有二氧化硅粉末。土壤发育于第四纪黄土状黏土沉积物，土体无砾石，无石灰反应，容重一般在 1.15～1.49 g/cm³，细土质地以粉质壤土为主。

对比土系　与相邻的平西系相比，刘房子系不仅土体上下都有新生体，且新生体中皆有锈纹锈斑、铁锰结核和二氧化硅粉末；而平西系土体中基本无锈纹锈斑，无二氧化硅粉末；另外，刘房子系暗沃表层较平西系深厚。

利用性能综述　刘房子系土壤是吉林省高产土壤之一，基础肥力高，保水保肥性能好，适种范围广，粮食产量高，玉米产量 11 250～15 000 kg/hm²，目前绝大部分开垦为农田，开垦率最高。该系土壤虽无明显障碍因素，但自然肥力有明显下降趋势，耕层腐殖质含量明显减少，腐殖质层厚度趋于浅薄。利用中应以保护为主，防止土壤侵蚀，控制水土流失；其次是培肥土壤，增加有机物料投入，如使用优质农肥，改良耕作制度，推行秸秆还田和根茬还田，以不断提高土壤有机碳含量。

参比土种　第二次土壤普查中与本土系大致相对的土种是中腐黄土质黑土。

代表性单个土体　位于吉林省公主岭市刘房子街道山前村 1 队，43°33.420′N，124°49.680′E，海拔 192 m。地形为波状起伏台地，成土母质为第四纪黄土状黏土沉积物，旱田，现种植玉米。野外调查时间为 2010 年 10 月 18 日，编号为 22-090。

刘房子系代表性单个土体剖面

Ap:　0～16 cm，灰黄棕色（10YR4/2，干），黑棕色（10YR3/1，润），粉质黏壤土，粒状结构，疏松，50～100 条 0.5～2 mm 的细根系，pH 为 5.9，向下平滑清晰过渡。

Ahr:　16～42 cm，黑棕色（10YR3/2，干），黑棕色（10YR2/2，润），粉质壤土，粒状结构，疏松，20～50 条 0.5～2 mm 大小的细根系，<2%球形的铁锰结核，pH 为 6.6，向下平滑清晰过渡。

ABr:　42～88 cm，灰黄棕色（10YR4/2，干），黑棕色（10YR3/2，润），粉质壤土，发育良好的 5～10 mm 大小的团粒结构，坚实，20～50 条 0.5～2 mm 大小的细根系，结构体外有 2%～5%明显-清楚的 2～6 mm 大小的铁锰斑纹，<2%球形黑色的 2～6 mm 大小的铁锰结核，有少量蚯蚓，pH 为 7.2，向下不规则清晰过渡。

BCrq:　88～131 cm，灰黄棕色（10YR5/2，干），黄棕色（10YR4/3，润），粉质壤土，发育良好的 5～10 mm 大小的团粒结构，坚实，1～20 条 0.5～2 mm 大小的细根系，结构体外有 2%～5%明显-清楚的 2～6 mm 大小的铁锰斑纹，孔隙周围有<2%模糊-扩散的极小二氧化硅粉末，2%～5%球形黑色的 2～6 mm 大小的软铁锰结核，pH 为 7.2，向下波状清晰过渡。

Crq:　131～162 cm，黄橙色（10YR7/3，干），黄棕色（10YR5/4，润），粉质壤土，发育中等的 10～20 mm 大小的团块状结构，很坚实，结构体外有 5%～15%明显-清楚的 2～6 mm 大小的铁锰斑纹，孔隙周围有 2%～5%模糊-扩散的极小二氧化硅粉末，2%～5%球形黑色的 2～6 mm 大小的铁锰结核，pH 为 6.7。

刘房子系代表性单个土体物理性质

土层	深度/cm	细土颗粒组成(粒径：mm)/(g/kg)			质地	容重/(g/cm³)
		砂粒 2～0.05	粉粒 0.05～0.002	黏粒 <0.002		
Ap	0～16	169	547	284	粉质黏壤土	1.15
Ahr	16～42	121	675	204	粉质壤土	1.39
ABr	42～88	167	676	157	粉质壤土	1.49
BCrq	88～131	191	678	131	粉质壤土	1.44
Crq	131～162	379	528	93	粉质壤土	1.43

<h3 style="text-align:center">刘房子系代表性单个土体化学性质</h3>

深度/cm	pH (H₂O)	有机碳(C) /(g/kg)	全氮(N) /(g/kg)	全磷(P) /(g/kg)	全钾(K) /(g/kg)	CEC /(cmol/kg)
0~16	5.9	16.4	1.41	0.51	20.9	27.3
16~42	6.6	14.7	1.24	0.34	20.9	26.4
42~88	7.2	10.3	0.85	0.34	21.4	24.8
88~131	7.2	3.5	0.35	0.28	17.4	14.0
131~162	6.7	2.3	0.29	0.22	22.4	17.4

8.11.7　先锋系（Xianfeng Series）

土　族：壤质混合型非酸性冷性-斑纹简育湿润均腐土
拟定者：隋跃宇，焦晓光，李建维，陈一民

分布与环境条件　本土系广泛
分布于吉林省中部波状起伏台
地中下部地形较注的部位，海拔
200 m 左右。主要分布在长春的
双阳、榆树、德惠、九台等市（县、
区）和四平的公主岭市，延边朝
鲜族自治州也有零星分布。该土
系母质为第四纪黄土状黏黄土
沉积物，土体厚度在 150 cm 以
上。所处地势较低，外排水平衡，
渗透率中等，内排水良好。现多
种植玉米、大豆等作物，一年一
熟。属于温带大陆性季风气候，

先锋系典型景观

年均日照 2866 h，年均气温 4℃，无霜期 135 d，年均降水量 500 mm，≥10℃积温 2860℃。

土系特征与变幅　本土系的诊断层有暗沃表层，诊断特性有均腐殖质特性、氧化还原特
征、冷性土壤温度状况和湿润土壤水分状况。本土系暗沃表层厚度在 60 cm 左右，腐殖
质储量比（Rh）≤0.4，符合均腐殖质特性，盐基饱和度≥50%。本土系通体具有氧化还
原特征，有少量锈纹锈斑和铁锰结核等新生体。土体无砾石，无石灰反应，容重一般在
1.16～1.56 g/cm^3，细土质地以粉质壤土为主。

对比土系　与六道沟系相比，先锋系所处海拔较低，具有较厚的暗沃表层，土壤通体具
有氧化还原反应，土系母质为第四纪黄土状黏黄土沉积物；而六道沟系母质是起源于各
种岩石风化物的残积物或坡积物，只有母质层才出现氧化还原特性。

利用性能综述　先锋系土壤是吉林省高产土壤之一，基础肥力高，保水保肥性能好，适
种范围广，粮食产量高，玉米产量 11 250～15 000 kg/hm^2，目前绝大部分开垦为农田，
开垦率相对较高。该系土壤虽无明显障碍因素，但自然肥力有明显下降趋势，耕作层腐
殖质含量明显减少，腐殖质层厚度趋于浅薄。利用中应以保护为主，防止土壤侵蚀，控
制水土流失；其次是培肥土壤，增加有机物料投入，如使用优质农肥，改良耕作制度，
推行秸秆还田和根茬还田，以不断提高土壤有机碳含量。

参比土种　第二次土壤普查中与本土系大致相对的土种是薄腐黄土质黑土。

代表性单个土体　位于吉林省榆树市先锋乡工农村，44°55.616′N，126°14.088′E，海拔

190.1 m。地形为波状起伏台地中下部地形较洼的部位，成土母质为第四纪黄土状黏土沉积物，旱田，种植玉米、大豆等作物，现种植玉米。野外调查时间为 2011 年 10 月 15 日，编号为 22-138。

先锋系代表性单个土体剖面

Apr: 0～13 cm，灰黄棕色（10YR4/2，干），黑棕色（10YR3/2，润），粉质壤土，发育良好的 5～10 mm 大小的团粒结构，疏松，100～200 条 0.5～2 mm 大小的细根系，较湿润，有＜2%的 2 mm 左右大小的铁锰锈斑，pH 为 7.2，向下平滑渐变过渡。

Ahr: 13～31 cm，灰黄棕色（10YR4/2，干），黑棕色（10YR3/2，润），粉质壤土，发育较好的 10～20 mm 大小的团块结构，疏松，100～200 条 0.5～2 mm 大小的细根系，较湿润，有＜2%的 2 mm 左右大小的铁锰锈斑，pH 为 6.3，向下平滑渐变过渡。

ABr: 31～59 cm，浊黄棕色（10YR5/3，干），暗棕色（10YR3/3，润），粉质壤土，发育较好的 10～20 mm 大小的块状结构，疏松，50～100 条 0.5～2 mm 大小的细根系，较湿润，有＜2%的 2 mm 左右大小的铁锰锈斑，pH 为 6.7，向下平滑渐变过渡。

BCr: 59～119 cm，浊黄橙色（10YR6/3，干），浊黄棕色（10YR4/3，润），粉质壤土，发育较差的 5～10 mm 大小的棱块状结构，疏松，20～50 条 0.5～2 mm 大小的细根系，较湿润，有 2%～5%的 2 mm 左右大小的铁锰锈斑，pH 为 7.2，向下平滑渐变过渡。

Cr: 119～170 cm，浊黄橙色（10YR7/4，干），浊黄棕色（10YR5/4，润），粉质壤土，发育差的＜5 mm 大小的核块状结构，疏松，1～20 条 0.5～2 mm 大小的细根系，较湿润，有 2%～5%的 2 mm 左右大小的铁锰锈斑，pH 为 7.7。

先锋系代表性单个土体物理性质

土层	深度/cm	细土颗粒组成(粒径：mm)/(g/kg)			质地	容重 /(g/cm³)
		砂粒 2～0.05	粉粒 0.05～0.002	黏粒 <0.002		
Apr	0～13	191	621	188	粉质壤土	1.18
Ahr	13～31	174	670	156	粉质壤土	1.47
ABr	31～59	177	648	175	粉质壤土	1.16
BCr	59～119	115	723	162	粉质壤土	1.40
Cr	119～170	122	744	134	粉质壤土	1.56

先锋系代表性单个土体化学性质

深度/cm	pH (H₂O)	有机碳(C) /(g/kg)	全氮(N) /(g/kg)	全磷(P) /(g/kg)	全钾(K) /(g/kg)	CEC /(cmol/kg)
0～13	7.2	18.3	1.50	0.47	21.6	25.5
13～31	6.3	17.5	1.40	0.43	19.5	16.6
31～59	6.7	17.5	1.32	0.40	21.6	28.9
59～119	7.2	9.4	0.64	0.35	20.3	27.0
119～170	7.7	3.7	0.34	0.31	20.6	22.2

8.11.8 平西系（Pingxi Series）

土　　族：壤质混合型非酸性冷性-斑纹简育湿润均腐土
拟定者：隋跃宇，李建维，焦晓光，徐　欣，周　珂

分布与环境条件　平西系零星分布在吉林省中部松辽平原波状起伏台地岗坡中上部，海拔一般在 200～250 m。主要见于梨树、公主岭、九台和长岭等县（市、区）。母质为第四纪红色沉积物，旱田。属温带大陆性季风气候，年均日照 2568.4 h，年均气温 7.2℃，无霜期 142 d，年均降水量 531.5 mm，≥10℃积温 3078.5℃。

平西系典型景观

土系特征与变幅　本土系的诊断层有暗沃表层，诊断特性有均腐殖质特性、氧化还原特征、冷性土壤温度状况和湿润土壤水分状况。本土系暗沃表层厚度在 33 cm 左右，腐殖质储量比（Rh）<0.4，符合均腐殖质特性，盐基饱和度≥50%。土系通体具有氧化还原特征，只出现铁锰结核新生体，而没有斑纹等其他新生体。土体无砾石和石灰反应，容重一般在 1.41～1.59 g/cm³，细土质地以粉质壤土为主。

对比土系　与榆树系相比，平西系暗沃表层较薄，土壤肥力较榆树系低，且平西系土体没有锈纹锈斑，氧化还原特征比榆树系弱。

利用性能综述　平西系黑土层较厚，质地较黏重，但土体内夹有砂砾，故耕作性较好，适种性广，属中等肥力水平，垦殖率达到 70%，主要用于旱田耕地。但由于开垦年限久，耕层有机碳和养分明显降低，所处地形部位也有中度侵蚀程度。改良利用的途径：加强田间管理，防止水土流失，采取综合措施搞好水土保持，防止土壤侵蚀。

参比土种　第二次土壤普查中与本土系大致相对的土种是薄腐红黏质黑土。

代表性单个土体　位于吉林省四平市平西乡九间房屯村东，43°14.126′N，124°28.222′E，海拔 191.1 m。地形为波状起伏台地岗坡中上部，成土母质为第四纪红色沉积物，旱田，调查时种植玉米。野外调查时间为 2010 年 10 月 16 日，编号为 22-084。

Ah: 0～33 cm，黄棕色（10YR5/3，干），暗棕色（10YR3/3，润），粉质壤土，发育良好的 5～10 mm 大小的团粒状结构，疏松，100～200 条 0.5～2 mm 大小的细根系，1～20 条 2～10 mm 大小的中粗根系，2%～5%角状新鲜 2～5 mm 大小的长石细砾，5%～15%球形黑色 2～6 mm 大小的铁锰结核，pH 为 6.0，向下平滑清晰过渡。

BCr1：33～65 cm，浊黄橙色（10YR6/4，干），黄棕色（10YR5/6，润），粉质壤土，发育中等的 10～20 mm 大小的团块状结构，坚实，50～100 的 0.5～2 mm 的细根系，1～20 条 2～10 mm 大小的中粗根系，2%～5%球形 2～6 mm 大小的铁锰结核，pH 为 6.5，向下平滑渐变过渡。

BCr2：65～96 cm，浊黄橙色（10YR7/4，干），明黄棕色（10YR6/6，润），粉质壤土，发育中等的 10～20 mm 大小的团块状结构，坚实，20～50 条 0.5～2 mm 大小的细根系，2%～5%球形黑色 2～6 mm 大小的软铁锰结核，有 1～2 个动物穴，穴内填充土体，pH 为 6.8，向下平滑渐变过渡。

平西系代表性单个土体剖面

Cr: 96～116 cm，浊黄橙色（10YR7/4，干），明黄棕色（10YR6/6，润），粉质壤土，发育中等的 10～20 mm 大小的团块状结构，坚实，20～50 条 0.5～2 mm 大小的细根系，5%～15%球形黑色 2～6 mm 大小的软铁锰结核，pH 为 6.7。

平西系代表性单个土体物理性质

| 土层 | 深度/cm | 细土颗粒组成(粒径：mm)/(g/kg) | | | 质地 | 容重 /(g/cm³) |
		砂粒 2～0.05	粉粒 0.05～0.002	黏粒 <0.002		
Ah	0～33	239	539	222	粉质壤土	1.41
BCr1	33～65	222	694	84	粉质壤土	1.51
BCr2	65～96	232	712	56	粉质壤土	1.59
Cr	96～116	306	619	75	粉质壤土	—

平西系代表性单个土体化学性质

深度/cm	pH (H₂O)	有机碳(C) /(g/kg)	全氮(N) /(g/kg)	全磷(P) /(g/kg)	全钾(K) /(g/kg)	CEC /(cmol/kg)
0～33	6.0	9.3	0.74	0.52	19.5	22.1
33～65	6.5	3.3	0.35	0.27	18.2	18.9
65～96	6.8	3.1	0.30	0.25	14.0	18.2
96～116	6.7	2.9	0.35	0.31	10.2	21.4

8.11.9　万泉系（Wanquan Series）

土　族：壤质混合型非酸性冷性-斑纹简育湿润均腐土
拟定者：焦晓光，徐　欣，隋跃宇，李建维

分布与环境条件　万泉系分布于吉林省中部第二松花江、拉林河、饮马河、伊通河、沐石河、东辽河等河谷平原河漫滩或低阶地。分布在包括德惠、九台、梨树、公主岭、榆树、四平市郊、镇赉、扶余等共 15 个县（市、区）和地区。母质为河流冲积物，旱田。属温带大陆性季风气候，年均日照 2866 h，年均气温 4℃，无霜期 135 d，年均降水量 500 mm，≥10℃积温 2860℃。

万泉系典型景观

土系特征与变幅　本土系的诊断层有暗沃表层，诊断特性有均腐殖质特性、氧化还原特征、冷性土壤温度状况和湿润土壤水分状况。本土系暗沃表层厚度在 100 cm 左右，腐殖质储量比（Rh）≤0.4，符合均腐殖质特性，盐基饱和度≥50%。暗沃层具有铁锰结核新生体，氧化还原特征出现在暗沃表层之下，主要位于 96～165 cm 深度，有少量铁锈斑纹和铁锰结核等新生体。土体无砾石和石灰反应，容重一般在 1.16～1.27 g/cm³，细土质地以粉质壤土为主。

对比土系　万泉系与榆树系相比，都具有非常深厚的暗沃表层，但是万泉系只在暗沃表层以下出现氧化还原特征；而榆树系土壤通体出现氧化还原特征。

利用性能综述　万泉系是高肥力适应性广的土壤，适种当地多种农作物，尤其适宜种植水稻、大豆、玉米等作物。目前，由于河流下切和人为对上游地表径流的节制，地下水位已见下降，土壤冷凉性状有了一定程度的改善，因此，在农业生产上的地位日趋重要。今后利用上要继续以农业利用为主，加强农田基本建设，侧重整修江河堤防，挖沟排水，防洪治涝，进一步改善土壤的过湿冷凉性状，充分发挥土壤潜在肥力。农业措施上应针对适耕期短的特点，抓住墒情，及时播种，加强热性肥料的施用和田间管理，并要注意苗期氮、磷化肥的补给。

参比土种　第二次土壤普查中与本土系大致相对的土种是粉质壤土深腐冲积草甸土。

代表性单个土体　位于吉林省榆树市先锋乡万泉十社南 500 m，44°50.607′N，126°14.076′E，海拔 210.0 m；地形为河谷平原河漫滩或低阶地，成土母质为河流冲积物，旱田，调查时种植玉米。野外调查时间为 2010 年 10 月 4 日，编号为 22-059。

Ap：　0～25 cm，棕灰色（10YR4/1，干），黑棕色（10YR3/1，润），粉质壤土，发育良好的 5～10 mm 大小的团粒状结构，疏松，100～200 条 0.5～2 mm 大小的细根系，1～20 条 2～10 mm 大小的中粗根系，<2%球形黑色的 2～6 mm 大小的软铁锰结核，pH 为 7.1，向下平滑清晰过渡。

Ahr：25～96 cm，棕灰色（10YR4/1，干），黑色（10YR2/1，润），粉质壤土，发育良好的 5～10 mm 大小的团粒状结构，疏松，50～100 条细根系，1～20 条 2～10 mm 的中粗根系，2%～5%球形黑色的 2～6 mm 大小的软铁锰结核，pH 为 7.4，向下平滑清晰过渡。

Br：　96～165 cm，灰黄棕色（10YR5/2，干），黑棕色（10YR3/2，润），粉质壤土，发育较好的 10～20 mm 的块状结构，坚实，20～50 条 0.5～2 mm 大小的细根系，1～20 条 2～10 mm 粗细的根系，结构体外有 2%～5%明显-清楚的

万泉系代表性单个土体剖面

2～6 mm 大小的铁锰斑纹，结构体表面有<2%的铁锰胶膜，1～2 个动物穴，穴内填充土体，pH 为 7.3，向下平滑清晰过渡。

Cr：　165～180 cm，浊黄橙色（10YR6/3，干），浊黄棕色（10YR5/3，润），粉质壤土，发育较差的 <5 mm 大小的核块状结构，坚实，无根系，结构体外有 2%～5%明显-清楚的 2～6 mm 大小的铁锰斑纹，结构体表面有<2%的铁锰胶膜，pH 为 7.3。

万泉系代表性单个土体物理性质

| 土层 | 深度/cm | 细土颗粒组成(粒径：mm)/(g/kg) | | | 质地 | 容重/(g/cm³) |
		砂粒 2～0.05	粉粒 0.05～0.002	黏粒 <0.002		
Ap	0～25	129	758	113	粉质壤土	1.24
Ahr	25～96	207	675	118	粉质壤土	1.16
Br	96～165	196	677	127	粉质壤土	1.27
Cr	165～180	175	737	88	粉质壤土	—

万泉系代表性单个土体化学性质

深度/cm	pH (H₂O)	有机碳(C) /(g/kg)	全氮(N) /(g/kg)	全磷(P) /(g/kg)	全钾(K) /(g/kg)	CEC /(cmol/kg)
0～25	7.1	20.9	1.57	1.04	26.6	38.3
25～96	7.4	15.6	0.94	1.03	24.9	33.6
96～165	7.3	7.0	0.43	0.79	27.3	29.4
165～180	7.3	4.8	0.40	0.64	25.3	23.3

8.11.10　育民系（Yumin Series）

土　族：壤质混合型非酸性冷性-斑纹简育湿润均腐土
拟定者：隋跃宇，焦晓光，张锦源，李建维，侯　萌

分布与环境条件　育民系主要分布于吉林省中部松辽平原波状起伏台地间低地，包括九台、德惠、榆树、梨树、公主岭、长春市郊区、伊通等 9 个县（市、区）和地区。总面积有 0.51 万 hm^2，其中耕地面积 0.34 万 hm^2，占土系面积的 66.7%。母质为黄土状坡积、冲积物，旱田耕地。属温带大陆性季风气候，年均日照 2866 h，年均气温 4℃，无霜期 135 d，年均降水量 500 mm，≥10℃积温 2860℃。

育民系典型景观

土系特征与变幅　本土系的诊断层有暗沃表层，诊断特性有均腐殖质特性、氧化还原特征、冷性土壤温度状况和湿润土壤水分状况。本土系暗沃表层厚度在 57 cm 左右，腐殖质储量比（Rh）≤0.4，符合均腐殖质特性，盐基饱和度≥50%。氧化还原特征出现在暗沃层之下，主要位于 57～95 cm 深度，有锈纹锈斑和铁锰结核等新生体。土壤容重一般在 1.08～1.33 g/cm^3，细土质地以粉质壤土为主。

对比土系　与榆树系相比，育民系暗沃表层相对比较浅，层次过渡不明显，在暗沃表层以下出现锈纹锈斑和铁锰结核等新生体；而榆树系具有较深的暗沃表层，且土壤通体具有锈纹锈斑新生体。

利用性能综述　育民系属高肥广适应性土壤，适种粮、豆、糖、油、薯及瓜果、蔬菜等，潜在肥力高。玉米年产量可达 13 000 kg/hm^2 或更高。由于地下水位较高，土壤较冷浆、黏重，耕性差，春季适耕期短，早春发苗较慢，目前大多已开垦为耕地。在农业利用上，应加强农田基本建设，着重抓好开沟排水，因地制宜，修建台、条田，实行旱地大垄栽培，提高地温，促进植株发育；要加强田间管理，施用热性有机肥料、掺砂、施炉灰渣等均可改良冷浆、黏重的不良物理性状，进一步发挥潜在肥力；要注意科学施用化肥，特别是施足氮、磷底肥，促进苗期发育；水源充足的地方可开发水田种稻，经济效益显著。

参比土种　第二次土壤普查中与本土系大致相对的土种是深腐坡冲积草甸土。

代表性单个土体　位于吉林省榆树市育民乡保田村前十家子北 100 m，45°07.673′N，

126°33.506′E，海拔 190.5 m；地形为波状起伏台地间低地；成土母质为黄土状坡积、冲积物；旱田，调查时种植玉米。野外调查时间为 2010 年 10 月 3 日，编号为 22-057。

育民系代表性单个土体剖面

Ah： 0～28 cm，灰黄棕色（10YR4/2，干），黑棕色（10YR2/2，润），粉质壤土，发育良好的 5～10 mm 大小的团粒状结构，疏松，100～200 条 0.5～2 mm 大小的细根系，1～20 条 2～10 mm 大小的中粗根系，pH 为 6.3，向下波状清晰过渡。

ABr： 28～57 cm，浊黄棕色（10YR5/3，干），暗棕色（10YR3/3，润），粉质壤土，发育较好的 10～20 mm 大小的块状结构，稍坚实，50～100 条 0.5～2 mm 大小的细根系，1～20 条 2～10 mm 大小的中粗根系，结构体外有 2%～5% 明显-清楚的 2～6 mm 大小的铁锰斑纹，结构体表面有 <2% 的铁锰胶膜，pH 为 6.5，向下波状渐变过渡。

Br： 57～95 cm，浊黄橙色（10YR6/3，干），棕色（10YR4/4，润），粉质壤土，发育较差的 <5 mm 大小的核块状结构，坚实，20～50 条 0.5～2 mm 大小的细根系，结构体外有 2%～5% 明显-清楚的 2～6 mm 大小的铁锰斑纹，结构体表面有 <2% 的铁锰胶膜，2%～5% 球形黑色的 2～6 mm 大小的软铁锰结核，pH 为 6.4，向下波状渐变过渡。

Cr： 95～138 cm，浊黄橙色（10YR6/4，干），棕色（10YR4/4，润），粉质壤土，发育中等的 5～10 mm 左右的小块状结构，坚实，结构体外有 5%～15% 明显-清楚的 2～6 mm 大小的铁锰斑纹，2%～5% 球形黑色的 2～6 mm 大小的软铁锰结核，1～2 个动物穴，穴内填充土体，pH 为 6.8。

育民系代表性单个土体物理性质

| 土层 | 深度/cm | 细土颗粒组成(粒径：mm)/(g/kg) | | | 质地 | 容重/(g/cm³) |
		砂粒 2～0.05	粉粒 0.05～0.002	黏粒 <0.002		
Ah	0～28	142	637	221	粉质壤土	1.08
ABr	28～57	113	674	213	粉质壤土	1.15
Br	57～95	113	732	155	粉质壤土	1.25
Cr	95～138	95	795	110	粉质壤土	1.33

育民系代表性单个土体化学性质

深度/cm	pH (H₂O)	有机碳(C)/(g/kg)	全氮(N)/(g/kg)	全磷(P)/(g/kg)	全钾(K)/(g/kg)	CEC/(cmol/kg)
0～28	6.3	16.3	1.30	0.60	23.7	25.6
28～57	6.5	10.9	0.78	0.60	20.9	25.3
57～95	6.4	5.4	0.40	0.70	25.5	22.5
95～138	6.8	3.9	0.35	0.51	21.6	23.0

8.11.11 榆树系（Yushu Series）

土　　族：壤质混合型非酸性冷性–斑纹简育湿润均腐土
拟定者：隋跃宇，焦晓光，陈文婷，周　珂，李建维

分布与环境条件　榆树系分布于吉林东部波状起伏台地，海拔200～240 m。见于哈大铁路沿线的榆树、德惠、公主岭、梨树、扶余等县（市）境内。母质为黄土状黏土沉积物，旱田。属温带大陆性季风气候，年均日照2866 h，年均气温4℃，无霜期135 d，年均降水量 500 mm，≥10℃积温2860℃。

榆树系典型景观

土系特征与变幅　本土系的诊断层有暗沃表层，诊断特性有均腐殖质特性、氧化还原特征、冷性土壤温度状况和湿润土壤水分状况。本土系暗沃表层厚度在 80 cm 左右，腐殖质储量比（Rh）≤0.4，符合均腐殖质特性，盐基饱和度≥50%。土系通体具有氧化还原特征，出现铁锈斑纹新生体，在土体下部还有二氧化硅粉末和铁锰胶膜等新生体。土体无砾石和石灰反应，容重一般在 1.12～1.35 g/cm³，细土质地以粉质壤土为主。

对比土系　与育民系相比，榆树系暗沃表层较深厚，层次间过渡较明显；而育民系暗沃表层相对比较浅，由于受到坡积水土流失的影响，层次过渡不明显。

利用性能综述　榆树系基本无障碍因素，是高产土壤类型，适种性广泛，种植玉米、大豆、高粱、谷子等均能获得高产，目前以种植玉米为主，产量高达 15 000 kg/hm² 以上。今后利用方向仍以发展粮食为主，但应注意培肥地力。除增施优质农家肥外，可采用秸秆还田和根茬还田技术。应采用新农作制结合根茬还田整地打垄，既有利于保墒又可保证春播时的播种质量。

参比土种　第二次土壤普查中与本土系大致相对的土种为深腐黄土质黑土。

代表性单个土体　位于吉林省榆树市刘家乡太平村八社西南 500 m，44°48.709′N，126°15.857′E，海拔 219.0 m。地形为波状起伏台地，成土母质为黄土状黏土沉积物，旱田，调查时种植玉米。野外调查时间为 2010 年 10 月 4 日，编号为 22-060。

Ahr: 0～26 cm，灰黄棕色（10YR4/2，干），黑棕色（10YR2/2，润），粉质壤土，发育良好的5～10 mm大小的团粒状结构，疏松，100～200条0.5～2 mm大小的细根系，1～20条2～10 mm大小的中粗根系，结构体外有<2%明显-清楚的2～6 mm大小的铁锰斑纹，pH为7.0，向下平滑清晰过渡。

ABr: 26～84 cm，灰黄棕色（10YR4/2，干），黑棕色（10YR2/2，润），粉质壤土，发育良好的5～10 mm大小的团粒状结构，疏松，50～100条0.5～2 mm大小的细根系，1～20条2～10 mm大小的中粗根系，结构体外有2%～5%明显-清楚的2～6 mm大小的铁锰斑纹，pH为7.1，向下波状渐变过渡。

榆树系代表性单个土体剖面

BCr: 84～180 cm，浊黄橙色（10YR6/3，干），棕色（10YR4/4，润），粉质壤土，发育较好的10～20 mm大小的块状结构，坚实，20～50条0.5～2 mm大小的细根系，1～20条2～10 mm大小的中粗根系，结构体外有5%～15%明显-清楚的2～6 mm大小的铁锰斑纹，结构体表面有<2%的铁锰胶膜，1～2个动物穴，穴内填充土体，pH为7.1，向下不规则渐变过渡。

Crq: 180～200 cm，浊黄橙色（10YR7/3，干），浊黄棕色（10YR5/4，润），粉土，发育较差的<5 mm大小的核块状结构，坚实，无根系，结构体外有5%～15%明显-清楚的2～6 mm大小的铁锰斑纹，孔隙周围有2%～5%模糊-扩散的极小二氧化硅粉末，结构体表面有<2%的铁锰胶膜，pH为6.9。

榆树系代表性单个土体物理性质

| 土层 | 深度/cm | 细土颗粒组成(粒径：mm)/(g/kg) | | | 质地 | 容重/(g/cm³) |
		砂粒 2～0.05	粉粒 0.05～0.002	黏粒 <0.002		
Ahr	0～26	121	725	154	粉质壤土	1.12
ABr	26～84	116	734	150	粉质壤土	1.15
BCr	84～180	71	769	160	粉质壤土	1.35
Crq	180～200	93	802	105	粉土	—

榆树系代表性单个土体化学性质

深度/cm	pH (H₂O)	有机碳(C) /(g/kg)	全氮(N) /(g/kg)	全磷(P) /(g/kg)	全钾(K) /(g/kg)	CEC /(cmol/kg)
0～26	7.0	18.0	1.32	0.75	23.6	22.0
26～84	7.1	11.4	0.74	0.54	22.4	25.4
84～180	7.1	4.0	0.34	0.57	26.4	22.5
180～200	6.9	3.3	0.32	0.61	26.6	25.0

8.12 普通简育湿润均腐土

8.12.1 杨大城子系（Yangdachengzi Series）

土　族：粗骨砂壤质混合型非酸性冷性-普通简育湿润均腐土
拟定者：焦晓光，隋跃宇，李建维，陈　双

分布与环境条件　杨大城子系分布在吉林省中部松辽平原起伏台地岗坡顶部易侵蚀部位，海拔一般在 200～250 m。主要分布在长岭、梨树、双阳、九台、德惠、农安 6 个县（市、区）。母质为红色砂页岩风化沉积物，旱田。属温带大陆性季风气候，年均日照 2678.9 h，年均气温 5.6℃，无霜期 144 d，年均降水量 594.8 mm，≥10℃积温 2700℃。

杨大城子系典型景观

土系特征与变幅　本土系的诊断层有暗沃表层，诊断特性有均腐殖质特性、准石质接触面、冷性土壤温度状况和湿润土壤水分状况。本土系暗沃表层厚度在 50 cm 左右，腐殖质储量比（Rh）≤0.4，符合均腐殖质特性，盐基饱和度≥50%。准石质接触面出现在 138 cm 以下，土体较厚，土系通体含有砾石，上部较少，下部含有大量砾石。层次间过渡渐变平滑，容重一般在 1.40～1.55 g/cm^3，细土质地以砂质壤土为主。

对比土系　与相邻的叶赫系相比，杨大城子系母质为红色砂页岩风化沉积物，暗沃表层厚度中等，在 50 cm 左右；而叶赫系母质为洪积或坡积物的黄土状母质，暗沃表层深厚，接近 100 cm。

利用性能综述　杨大城子系地处岗坡近顶部，侵蚀较严重，黑土层薄，有机碳含量少，养分含量低，质地黏，水分物理性状差，属于低产土壤。因分布于吉林省中部主要农业区，除局部侵蚀严重地块利用种植小片林或人工种草外，大部分开垦为耕地。其改良利用方向应积极采取工程、生物和农业等综合措施，搞好水土保持；力争多施有机肥料或秸秆、草炭等有机物料，进行改良培肥；加强田间管理，实行科学种田，逐步提高土壤生产能力。

参比土种　第二次土壤普查中与本土系大致相对的土种是薄腐红黏质黑土。

代表性单个土体　位于吉林省公主岭市杨大城子镇下台子村谷家屯北，43°00.849′N，124°23.416′E，海拔 206.0 m。地形为起伏台地岗坡顶部易侵蚀部位，成土母质为红色砂页岩风化沉积物，旱田，调查时种植玉米。野外调查时间为 2010 年 10 月 14 日，编号为 22-088。

杨大城子系代表性单个土体剖面

Ap：0～17 cm，灰黄棕色（10YR5/2，干），暗棕色（10YR3/3，润），砂质壤土，发育良好的 5～10 mm 大小的团粒状结构，疏松，100～200 条 0.5～2 mm 大小的细根系，1～20 条 2～10 mm 大小的中粗根系，2%～5%角状新鲜 6～20 mm 大小的花岗岩砾石，无石灰反应，pH 为 6.5，向下平滑清晰过渡。

AB：17～51 cm，浊黄棕色（10YR5/3，干），暗棕色（10YR3/3，润），壤土，发育中等的 10～20 mm 大小的团块状结构，稍坚实，20～50 条 0.5～2 mm 大小的细根系，极少量中粗根系，2%～5%角状新鲜 6～20 mm 大小的花岗岩砾石，无石灰反应，pH 为 6.8，向下波状渐变过渡。

C1：51～98 cm，橙色（7.5YR6/8，干），明棕色（7.5YR5/8，润），砂质壤土，发育较好的 10～20 mm 大小的块状结构，坚实，1～20 条 0.5～2 mm 大小的细根系，5%～15%角状新鲜 6～20 mm 大小的花岗岩砾石，有 1～2 个动物穴，穴内填充土体，无石灰反应，pH 为 7.4，向下波状渐变过渡。

C2：98～138 cm，浅黄橙色（10YR8/4，干），黄橙色（10YR7/6，润），砂质壤土，发育较好的 10～20 mm 大小的块状结构，坚实，无根系，5%～15%角状新鲜 6～20 mm 大小的花岗岩砾石，无石灰反应，pH 为 7.2。

杨大城子系代表性单个土体物理性质

土层	深度/cm	石砾(>2mm，体积分数)/%	细土颗粒组成(粒径：mm)/(g/kg)			质地	容重/(g/cm³)
			砂粒 2～0.05	粉粒 0.05～0.002	黏粒 <0.002		
Ap	0～17	6	645	256	99	砂质壤土	1.40
AB	17～51	20	502	375	123	壤土	1.47
C1	51～98	28	569	339	92	砂质壤土	1.50
C2	98～138	43	558	353	89	砂质壤土	1.55

杨大城子系代表性单个土体化学性质

深度/cm	pH (H₂O)	有机碳(C) /(g/kg)	全氮(N) /(g/kg)	全磷(P) /(g/kg)	全钾(K) /(g/kg)	CEC /(cmol/kg)
0~17	6.5	12.4	1.11	0.37	25.6	14.4
17~51	6.8	11.0	0.83	0.36	26.8	19.0
51~98	7.4	3.6	0.34	0.28	24.8	23.9
98~138	7.2	1.5	0.21	0.27	26.9	8.0

8.12.2　长白系（Changbai Series）

土　　族：粗骨壤质混合型非酸性冷性-普通简育湿润均腐土
拟定者：隋跃宇，李建维，陈一民，向　凯

分布与环境条件　长白系是发育在玄武岩母质上的土壤。主要分布在东部山区的山坡台地上。现多为次生林地，母质为坡积物。属温带大陆性季风气候，年均日照 2445.7 h，年均气温 3.4℃，无霜期 129 d，年均降水量 529.5 mm，≥10℃积温 2400～2680℃。

长白系典型景观

土系特征与变幅　本土系的诊断层有暗沃表层，诊断特性有均腐殖质特性、准石质接触面、冷性土壤温度状况和湿润土壤水分状况。本土系暗沃层厚度为 42 cm，腐殖质储量比（Rh）≤0.4，符合均腐殖质特性，盐基饱和度≥50%。在 50 cm 处出现准石质接触面，土体较为浅薄，但土壤有机碳含量较高，均符合暗沃表层的要求，土系通体含有大量砾石，砾石较粗。层次间过渡渐变平滑，细土质地以壤土为主。

对比土系　长白系与榆树川系相比，二者均具有暗沃表层、均腐殖质特性以及准石质接触面，但长白系土体较浅薄，土系通体含有大量砾石，且砾石较粗；而榆树川系暗沃表层相对更薄，在土系下部出现大量砾石，且土壤质地比较均匀，榆树川系孔隙度比长白系孔隙度小，榆树川系土体较为紧实。

利用性能综述　长白系在当地是农业利用比较好的土壤之一。无论是潜在肥力还是有效肥力均属于中上等水平，应加深耕作层，增施有机肥料，改善耕作层的理化性状。特别要注意用氮、磷化学肥料做底肥，以促进幼苗早生快发。

参比土种　第二次土壤普查中与本土系大致相对的土种是基性岩灰棕壤性土。

代表性单个土体　位于吉林省长白县马鹿沟镇二十道沟村西岗，41°30.147′N，128°13.995′E，海拔 890 m。地形为位于山区的山坡台地上部，成土母质为坡积物，林地，乔灌混交林。野外调查时间为 2010 年 6 月 28 日，编号为 22-041。

Ah： 0～10 cm，灰黄棕色（10YR4/2，干），黑棕色（10YR2/2，润），壤土，发育良好的 5～10 mm 大小的团粒结构，疏松，100～200 条 0.5～2 mm 大小的细根系，5%～15%次圆形风化 6～20 mm 大小的石块，pH 为 6.2，向下波状渐变过渡。

AB： 10～26 cm，灰黄棕色（10YR4/2，干），黑色（10YR2/1，润），壤土，发育中等的 10～20 mm 大小的团块状结构，坚实，20～50 条 0.5～2 mm 大小的细根系，15%～40%角状新鲜 20～75 mm 大小的石块，pH 为 6.4，向下波状渐变过渡。

C： 26～50 cm，灰黄棕色（10YR5/2，干），黑棕色（10YR2/3，润），粉质壤土，发育较好的 10～20 mm 大小的块状结构，坚实，1～20 条 0.5～2 mm 大小的细根系，>40%角状新鲜 20～75 mm 大小的石块，pH 为 6.5。

长白系代表性单个土体剖面

长白系代表性单个土体物理性质

| 土层 | 深度/cm | 石砾(>2mm，体积分数)/% | 细土颗粒组成(粒径：mm)/(g/kg) | | | 质地 | 容重/(g/cm³) |
			砂粒 2～0.05	粉粒 0.05～0.002	黏粒 <0.002		
Ah	0～10	30	439	376	185	壤土	1.15
AB	10～26	40	387	445	168	壤土	1.23
C	26～50	40	272	549	179	粉质壤土	1.51

长白系代表性单个土体化学性质

深度/cm	pH (H₂O)	有机碳(C) /(g/kg)	全氮(N) /(g/kg)	全磷(P) /(g/kg)	全钾(K) /(g/kg)	CEC /(cmol/kg)
0～10	6.2	60.0	5.27	0.67	17.5	40.7
10～26	6.4	34.3	2.67	0.51	20.6	39.0
26～50	6.5	16.6	1.19	0.84	18.2	38.9

8.12.3 沙河沿系（Shaheyan Series）

土　　族：粗骨壤质混合型非酸性冷性-普通简育湿润均腐土
拟定者：隋跃宇，焦晓光，李建维，陈一民

沙河沿系典型景观

分布与环境条件　本土系分布于吉林省东、中部的山区及低山丘陵区的山坡中下部。早先均为灌木林或次生针阔混交林，后被开垦为农田，海拔在 500 m 左右。该土系母质为风化残积物或坡积物。所处地势一般为坡的中下部，外排水流失，渗透性快，内排水从不饱和。现种植玉米，属于温带大陆性季风气候，年均日照 2155.3 h，年均气温 4.3℃，无霜期 120 d 左右，年均降水量 591.1 mm，≥10℃积温 2200℃。

土系特征与变幅　本土系的诊断层有暗沃表层，诊断特性有均腐殖质特性、准石质接触面、冷性土壤温度状况和湿润土壤水分状况。本土系暗沃层厚度在 55 cm 左右，腐殖质储量比（Rh）≤0.4，符合均腐殖质特性，盐基饱和度≥50%。准石质接触面出现在 55 cm 以下，土体浅薄，土系通体含有大量细砾石，无石灰反应。层次间过渡渐变平滑，容重一般在 1.44～1.58 g/cm³，细土质地以粉质壤土为主。

对比土系　沙河沿系与长白系相比，二者都具有暗沃表层均腐殖质特性、准石质接触面，但是沙河沿系的土壤利用类型为农田，细土质地以粉质壤土为主；而长白系土壤利用类型为次生林地，细土质地以壤土为主。

利用性能综述　本土系分布地形高，坡度较陡，水土流失较严重，土层浅薄，有效土层不到 1 m，质地粗，含大量砾石，一般不宜开垦为农田，可做林业用地。

参比土种　第二次土壤普查中与本土系大致相对的土种是薄层暗矿质暗棕壤性土。

代表性单个土体　位于吉林省敦化市沙河沿镇靠山村（原裕山村）北山，43°23.739′N，128°30.819′E，海拔 490.0 m。地形为山区及低山丘陵区的山坡中下部，成土母质为风化残积物或坡积物，旱田，种植大豆、玉米等农作物，调查时种植大豆。野外调查时间为 2011 年 10 月 11 日，编号为 22-135。

Ah：　0～12 cm，浊黄棕色（10YR4/3，干），黑棕色（10YR3/2，
　　　润），粉质壤土，发育良好的 5～10 mm 大小的团粒状结
　　　构，稍坚实，50～100 条 0.5～2 mm 大小的细根系，2%～
　　　5%次圆的风化细砾，pH 为 6.0，向下平滑清晰过渡。

AB：　12～31 cm，黑棕色（10YR3/2，干），黑棕色（10YR2/2，
　　　润），粉质黏壤土，发育较好的 10～20 mm 大小的块状结
　　　构，坚实，20～50 条 0.5～2 mm 大小的细根系，5%～15%
　　　角状的风化细砾，pH 为 6.4，向下平滑渐变过渡。

C：　31～55 cm，棕色（7.5YR4/3，干），暗棕色（7.5YR3/3，
　　　润），粉质壤土，发育中等的 5～10 mm 大小的棱块状结
　　　构，很坚实，无根系，>40%角状的风化细砾，pH 为 6.7。

沙河沿系代表性单个土体剖面

沙河沿系代表性单个土体物理性质

土层	深度/cm	石砾(>2mm, 体积分数)/%	细土颗粒组成(粒径：mm)/(g/kg)			质地	容重/(g/cm³)
			砂粒 2～0.05	粉粒 0.05～0.002	黏粒 <0.002		
Ah	0～12	27	151	585	264	粉质壤土	1.44
AB	12～31	45	157	564	279	粉质黏壤土	1.56
C	31～55	50	199	585	216	粉质壤土	1.58

沙河沿系代表性单个土体化学性质

深度/cm	pH (H₂O)	有机碳(C) /(g/kg)	全氮(N) /(g/kg)	全磷(P) /(g/kg)	全钾(K) /(g/kg)	CEC /(cmol/kg)
0～12	6.0	32.1	2.28	1.12	17.4	40.1
12～31	6.4	17.5	1.26	0.81	19.7	43.4
31～55	6.7	9.7	0.72	0.51	18.3	47.5

8.12.4　叶赫系（Yehe Series）

土　　族：粗骨壤质混合型非酸性冷性−普通简育湿润均腐土
拟定者：焦晓光，陈　双，隋跃宇，李建维

分布与环境条件　叶赫系较广泛分布在吉林省东部山区和半山区的山间、谷地间的低平地。多见于敦化、汪清、安图、舒兰、桦甸、柳河、辉南等县（市），中部地区梨树、伊通等几个县（市）境内的低山丘陵区也有分布，但面积较小而零散。母质为洪积或坡积物。属温带大陆性季风气候，年均日照 2678 h，年均气温 5.9℃，无霜期 142 d，年均降水量 572.8 mm，≥10℃积温 3078.5℃。

叶赫系典型景观

土系特征与变幅　本土系的诊断层有暗沃表层，诊断特性有均腐殖质特性、准石质接触面、冷性土壤温度状况和湿润土壤水分状况。本土系暗沃表层厚度在 100 cm 左右，腐殖质储量比（Rh）≤0.4，符合均腐殖质特性，盐基饱和度≥50%。准石质接触面出现在 100 cm 以下，土体较厚，土系通体含有砾石，上部较少，下部含有大量砾石。层次间过渡渐变平滑，容重一般在 1.29～1.51 g/cm³，细土质地以壤土为主。

对比土系　叶赫系与同亚类的智新系相比，该土系主要分布在河间地和河谷地平地，暗沃表层厚度达 100 cm，无石灰性；而智新系主要分布在低山和丘陵，因地形受到较大侵蚀，暗沃表层厚度在 50 cm 左右，具有石灰反应，叶赫系的准石质接触面要比智新系高。

利用性能综述　叶赫系土壤养分状况处在较好水平，土壤物理性质好，肥力较高。但土壤中障碍因素也较明显，主要表现为土壤湿度大，冷浆，土壤潜在肥力难以发挥，春天播种时小苗的发育较慢，每年雨季来临时易受涝害的威胁。目前多种植玉米、水稻等喜湿作物，玉米平均产量可达 7750～12 000 kg/hm²，因此经过一定改良，该土种仍是吉林省东北部地区高产土壤之一。改良措施：一是进行农田基本建设，修建截水和排水工程，降低地下水位，消除涝害威胁，有条件的地方可以改旱田为水田，因地制宜，充分利用水资源；二是要培肥地力，增施热性有机肥料，提高耕层土壤维度；三是注意化肥施用，特别是注意施用磷肥和钾肥，提高作物苗期抗寒能力，促进作物早熟。

参比土种　第二次土壤普查中与本土系大致相对的土种是厚腐坡洪积草甸土。

代表性单个土体 位于吉林省梨树县叶赫镇英额堡村屯南 300 m，43°00.954′N，124°36.848′E，海拔 247.5 m。地形为山区和半山区山间、谷地间的低平地，成土母质为洪积或坡积物，旱田，调查时种植玉米。野外调查时间为 2010 年 10 月 15 日，编号为 22-082。

Ap：　0～12 cm，灰黄棕色（10YR5/2，干），黑棕色（10YR3/2，润），壤土，发育良好的 5～10 mm 大小的团粒状结构，疏松，100～200 条 0.5～2 mm 大小的细根系，1～20 条 2～10 mm 大小的中粗根系，5%～15%角状新鲜 6～20 mm 大小的玄武岩石块，pH 为 6.1，向下平滑清晰过渡。

Ah1：12～28 cm，灰黄棕色（10YR4/2，干），黑棕色（10YR2/2，润），壤土，发育良好的 5～10 mm 大小的团粒状结构，疏松，50～100 条 0.5～2 mm 的细根系，1～20 条 2～10 mm 粗细的根系，5%～15%角状风化玄武岩石块，pH 为 6.5，向下波状渐变过渡。

Ah2：28～98 cm，棕灰色（10YR4/1，干），黑色（10YR2/1，润），壤土，发育中等的 10～20 mm 大小的团块状结构，稍坚实，20～50 条 0.5～2 mm 大小的细根系，>40%角状新鲜 20～75 mm 大小的玄武岩石块，pH 为 6.7。

叶赫系代表性单个土体剖面

叶赫系代表性单个土体物理性质

土层	深度/cm	石砾(>2mm，体积分数)/%	细土颗粒组成（粒径：mm)/(g/kg)			质地	容重/(g/cm³)
			砂粒 2～0.05	粉粒 0.05～0.002	黏粒 <0.002		
Ap	0～12	12	407	413	180	壤土	1.29
Ah1	12～28	15	340	490	170	壤土	1.34
Ah2	28～98	58	404	470	126	壤土	1.51

叶赫系代表性单个土体化学性质

深度/cm	pH (H₂O)	有机碳(C) /(g/kg)	全氮(N) /(g/kg)	全磷(P) /(g/kg)	全钾(K) /(g/kg)	CEC /(cmol/kg)
0～12	6.1	14.9	1.24	0.74	19.1	16.3
12～28	6.5	14.2	1.08	0.70	17.4	15.0
28～98	6.7	14.2	0.94	0.64	14.8	18.0

8.12.5　榆树川系（Yushuchuan Series）

土　族：粗骨壤质混合型非酸性冷性-普通简育湿润均腐土
拟定者：隋跃宇，焦晓光，李建维，向　凯

分布与环境条件　榆树川系分布在吉林省东部山区、半山区的山麓台地缓坡上，海拔一般为 500～800 m。主要分布在白山、辽源、通化和延边等市（州），以白山、柳河、东丰、东辽和安图等县（市）为多。母质为坡、残积物，旱田。属温带大陆性季风气候，年均日照 2243.5 h，年均气温 4.3℃，年均降水量 662.5 mm，≥10℃积温 2224.2℃，无霜期 107 d。

榆树川系典型景观

土系特征与变幅　本土系的诊断层有暗沃表层，诊断特性有均腐殖质特性、准石质接触面、冷性土壤温度状况和湿润土壤水分状况。本土系暗沃表层厚度在 42 cm 左右，腐殖质储量比（Rh）≤0.4，符合均腐殖质特性，盐基饱和度≥50%。在 85 cm 处出现准石质接触面，表层含有大量树根，且砾石较少。土系下部含有大量砾石，砾石较粗。层次间过渡渐变平滑，细土质地以壤土为主。

对比土系　榆树川系与沙河沿系相比，二者都具有暗沃表层和准石质接触面。榆树川系暗沃表层厚，有机质含量较高，细土质地以壤土为主；而沙河沿系开垦时间较长，土壤有机质含量较少，细土质地以粉质壤土为主。

利用性能综述　榆树川系暗沃表层较厚，但是通体含有大量砾石，耕作不便，有机碳和养分含量虽不低，但总储量少、土壤肥力低，是一种低产待改良的土壤。改良利用的主要措施是增施泥炭和粉碎的秸秆以增加腐殖质层的厚度，要注意氮、磷肥的配合施用，采用上翻下松的方法改善白浆层和淀积层的物理性状，加强水土保持，并注意农、林、副业的综合发展。对侵蚀严重的已垦耕地，应有计划地退耕还林。

参比土种　第二次土壤普查中与本土系大致相对的土种是基岩性暗棕壤。

代表性单个土体　位于吉林省靖宇县花园口镇（原榆树川乡）大梨树台地，42°19.660′N，127°12.080′E，海拔 492 m。地形为山区、半山区的山麓台地缓坡上部，成土母质为坡、残积物，林地。野外调查时间为 2010 年 6 月 30 日，编号为 22-046。

Ah：0～20 cm，灰黄棕色（10YR4/2，干），黑色（10YR2/1，干），砂质壤土，发育良好的 5～10 mm 大小的团粒状结构，疏松，100～200 条 0.5～2 mm 大小的细根系，1～20 条 2～10 mm 大小的中粗根系，2%～5%次圆 6～20 mm 大小的风化玄武岩石块，pH 为 6.1，向下平滑渐变过渡。

AC：20～42 cm，灰黄棕色（10YR4/2，干），黑色（10YR2/1，干），粉质壤土，发育良好的 5～10 mm 大小的团粒状结构，疏松，50～100 条 0.5～2 mm 的细根系，1～20 条 2～10 mm 粗细的根系，>40%角状风化玄武岩石块，pH 为 6.4，向下波状清晰过渡。

C： 42～85，浊黄橙色（10YR6/3，干），棕色（10YR4/4，干），壤土，发育较好的 10～20 mm 大小的块状结构，坚实，20～50 条 0.5～2 mm 大小的细根系，>40%角状新鲜 20～75 mm 大小的玄武岩石块，pH 为 6.5。

榆树川系代表性单个土体剖面

榆树川系代表性单个土体物理性质

土层	深度/cm	石砾(>2mm, 体积分数)/%	细土颗粒组成(粒径：mm)/(g/kg)			质地	容重 /(g/cm³)
			砂粒 2～0.05	粉粒 0.05～0.002	黏粒 <0.002		
Ah	0～20	14	735	210	55	砂质壤土	1.31
AC	20～42	32	191	702	107	粉质壤土	1.59
C	42～85	58	323	483	194	壤土	1.57

榆树川系代表性单个土体化学性质

深度/cm	pH (H₂O)	有机碳(C) /(g/kg)	全氮(N) /(g/kg)	全磷(P) /(g/kg)	全钾(K) /(g/kg)	CEC /(cmol/kg)
0～20	6.1	126.1	12.52	0.64	13.8	51.0
20～42	6.4	122.4	12.79	0.59	17.6	59.1
42～85	6.5	14.6	1.61	0.53	18.9	19.7

8.12.6　智新系（Zhixin Series）

土　族：粗骨壤质混合型石灰性冷性-普通简育湿润均腐土
拟定者：隋跃宇，李建维，焦晓光，侯　萌，周　珂

分布与环境条件　该土属分布于张广才岭、牡丹岭、英额岭、南岗山脉、哈尔巴岭、老爷岭等低山和丘陵。土壤母质为石灰岩坡积物。属温带大陆性季风气候，年均日照 2150～2480 h，年均气温 2～6℃，年均降水量 400～650 mm，无霜期 100 d，≥10℃积温 2603.4℃。

智新系典型景观

土系特征与变幅　本土系的诊断层有暗沃表层，诊断特性有均腐殖质特性、准石质接触面、石灰性、冷性土壤温度状况和湿润土壤水分状况。本土系暗沃表层厚度在 50 cm 左右，腐殖质储量比（Rh）≤0.4，符合均腐殖质特性，盐基饱和度≥50%。准石质接触面出现在 70 cm 以下，土体较为浅薄，土系通体含有大量砾石，通体具有石灰反应。层次间过渡渐变平滑，容重一般在 1.36～1.48 g/cm³，细土质地以壤土为主。

对比土系　与同亚类的叶赫系相比，智新系主要分布在低山和丘陵，因地形受到较大侵蚀，暗沃表层厚度在 50 cm 左右，具有石灰反应；而叶赫系主要分布在河间地和河谷平地，暗沃表层厚度达 100 cm，准石质接触面也比叶赫系低，且无石灰反应。

利用性能综述　智新系分布地形坡度较大，冲刷严重，应采取相应的各种水土保持措施，保持水土，遏制水土流失，对于坡度在 20°以上的耕地要逐步停耕还林。薄层酸性岩灰棕壤肥力较好，但耕地面积仅 4.50 万 hm²，占本土系的 3.16%。在利用中也应注意水土保持和土壤培肥。

参比土种　第二次土壤普查中与本土系大致相对的土种是薄层酸性岩灰棕壤。

代表性单个土体　位于吉林省延边朝鲜族自治州龙井市智新镇长财村西山坡上中部，42°40.945′N，129°31.435′E，海拔 415 m。地形为分布在低山和丘陵，成土母质为石灰岩坡积物，植被为林地。野外调查时间为 2010 年 6 月 25 日，编号为 22-035。

Ah：0～23 cm，灰黄棕色（10YR4/2，干），黑棕色（10YR3/1，润），粉质壤土，发育良好的 5～10 mm 大小的团粒状结构，稍坚实，100～200 条 0.5～2 mm 大小的细根系，少量粗根系，轻度石灰反应，pH 为 7.5，向下平滑清晰过渡。

AB：23～54 cm，棕灰色（10YR5/1，干），灰黄棕色（10YR3/2，润），壤土，发育良好的 5～10 mm 大小的团粒状结构，稍坚实，50～100 条 0.5～2 mm 大小的细根系，5%～15% 角状新鲜 6～20 mm 大小的页岩细砾，莫氏硬度 4 左右，轻度石灰反应，pH 为 7.7，向下平滑渐变过渡。

C：54～70 cm，灰黄棕色（10YR5/2，干），灰黄棕色（10YR4/2，润），壤土，发育良好的 5～10 mm 大小的团粒状结构，稍坚实，无根系，15%～40%角状新鲜 6～20 mm 大小的页岩细砾，中度石灰反应，pH 为 7.8，向下平滑清晰过渡。

R：70～92 cm，岩石层，>40%角状新鲜 6～20 mm 大小的页岩细砾，中度石灰反应。

智新系代表性单个土体剖面

智新系代表性单个土体物理性质

| 土层 | 深度/cm | 石砾(>2mm，体积分数)/% | 细土颗粒组成(粒径：mm)/(g/kg) | | | 质地 | 容重/(g/cm³) |
			砂粒 2～0.05	粉粒 0.05～0.002	黏粒 <0.002		
Ah	0～23	14	259	551	190	粉质壤土	1.36
AB	23～54	37	269	486	245	壤土	1.48
C	54～70	54	522	455	223	壤土	1.43

智新系代表性单个土体化学性质

深度/cm	pH (H₂O)	有机碳(C)/(g/kg)	全氮（N）/(g/kg)	全磷（P）/(g/kg)	全钾（K）/(g/kg)	CEC/(cmol/kg)	碳酸钙相当物含量/(g/kg)
0～23	7.5	25.4	2.40	0.52	17.8	37.6	67.2
23～54	7.7	17.7	2.07	0.41	19.6	34.7	82.0
54～70	7.8	12.9	1.03	0.27	15.4	36.2	120.9

8.12.7　湾沟系（Wangou Series）

土　　族：粗骨壤质混合型非酸性冷性-普通简育湿润均腐土
拟定者：隋跃宇，焦晓光，李建维，陈一民

湾沟系典型景观

分布与环境条件　本土系分布于吉林省东、中部的山区及低山丘陵区的山坡中下部。早先均为灌木林或次生针阔混交林，后被开垦为农田，海拔在 500 m 左右。该土系母质为页岩风化物。所处地势一般为坡的中下部，外排水流失，渗透性慢，内排水很少饱和。现种植玉米，属于温带大陆性季风气候，年均日照 2155.3 h，年均气温 4.3℃，无霜期 120 d 左右，年均降水量 591.1 mm，≥10℃积温 2200℃。

土系特征与变幅　本土系的诊断层有暗沃表层，诊断特性有均腐殖质特性、准石质接触面、冷性土壤温度状况和湿润土壤水分状况。暗沃表层厚度 50 cm 左右。雏形层位于 48～60 cm 深度，厚度 10 cm 左右，由片麻岩初步风化形成。准石质接触面位于 60 cm 以下，土体浅薄。土系通体含有大量砾石。层次间过渡渐变，容重一般在 1.19～1.48 g/cm³，细土质地以壤土为主。

对比土系　与十八道沟系相比，湾沟系不具有漂白层，质地以壤土为主，土体内含有大量小砾石；而十八道沟系具有漂白层，质地以粉质壤土为主，土体内所含砾石体积较大。

利用性能综述　湾沟系土壤原来大多都是低山丘陵区山坡中下部，植被多为灌木林或次生针阔混交林，后开垦为农田。土体内含有很多小砾石，质地较轻，开垦为农田后，上覆植被被破坏，水土流失严重，保水保肥能力差，建议尽量退耕还林，防止水土流失。

参比土种　第二次土壤普查中与本土系大致相对的土种是薄层暗矿质暗棕壤性土。

代表性单个土体　位于吉林省敦化市黑石乡宋家村湾沟屯东 1000 m，43°35.369′N，128°06.256′E，海拔 435.3 m。地形为山区及低山丘陵区的山坡中下部，成土母质为页岩风化物，旱田，种植玉米。野外调查时间为 2011 年 10 月 9 日，编号为 22-129。

Ap：0～13 cm，浊黄棕色（10YR5/3，干），暗棕色（10YR3/3，润），壤土，粒状结构，松散，50～100 条 0.5～2 mm 大小的细根系，1～20 条 2～10 mm 大小的中粗根系，>40%角状 5～20 mm 大小的风化页岩石砾，酸性，pH 为 5.6，向下平滑渐变过渡。

Ah：13～48 cm，浊黄棕色（10YR5/4，干），暗棕色（10YR3/3，润），粉质壤土，发育中等的 10～20 mm 大小的团块状结构，松散，20～50 条 0.5～2 mm 大小的细根系，1～20 条 2～10 mm 大小的中粗根系，粗孔，>40%角状 5～20 mm 大小的风化页岩石砾，pH 为 6.3，向下平滑渐变过渡。

Bw：48～60 cm，浊黄橙色（10YR6/3，干），棕色（10YR4/4，润），壤土，发育较差的<5 mm 大小的核块状结构，松散，1～20 条 2～10 mm 大小的中粗根系，粗孔，>60%角状 5～20 mm 大小的风化页岩石砾，酸性，pH 为 6.4。

湾沟系代表性单个土体剖面

湾沟系代表性单个土体物理性质

土层	深度/cm	石砾(>2mm，体积分数)/%	细土颗粒组成(粒径：mm)/(g/kg)			细土质地	容重/(g/cm³)
			砂粒 2～0.05	粉粒 0.05～0.002	黏粒 <0.002		
Ap	0～13	48	352	435	213	壤土	1.19
Ah	13～48	59	284	506	210	粉质壤土	1.27
Bw	48～60	69	331	488	181	壤土	1.48

湾沟系代表性单个土体化学性质

深度/cm	pH(H₂O)	有机碳(C)/(g/kg)	全氮(N)/(g/kg)	全磷(P)/(g/kg)	全钾(K)/(g/kg)	CEC/(cmol/kg)
0～13	5.6	22.8	1.92	0.46	13.5	20.3
13～48	6.3	11.7	1.02	0.44	15.9	15.6
48～60	6.4	5.9	0.51	0.37	16.4	14.7

8.12.8 三义系（Sanyi Series）

土　　族：壤质混合型非酸性冷性-普通简育湿润均腐土
拟定者：李建维，焦晓光，陈一民，隋跃宇

分布与环境条件　本土系广泛分布于吉林省中部波状起伏台地中下部地形较洼的部位。该土系母质为第四纪黄土状黏土沉积物，海拔 200 m 左右。主要分布在长春的双阳、榆树、德惠、九台等市（区、县）和四平的公主岭市，延边朝鲜族自治州也有零星分布。土体厚度在 150 cm 以上。所处地势较低，外排水平衡，渗透率中等，内排水良好。现多种植玉米、大豆等作物，一年一熟。属于温带大陆性季风气

三义系典型景观

候，年均日照 2866 h，年均气温 4℃，无霜期 135 d，年均降水量 500 mm，≥10℃积温 2860℃。

土系特征与变幅　本土系的诊断层有暗沃表层，诊断特性有均腐殖质特性、冷性土壤温度状况和湿润土壤水分状况。本土系暗沃表层厚度在 41 cm 左右，腐殖质储量比（Rh）≤0.4，符合均腐殖质特性，盐基饱和度≥50%。土壤通体无砾石，无石灰反应，层次间过渡渐变平滑，容重一般在 1.41～1.70 g/cm³，细土质地以粉质壤土为主。

对比土系　与智新系相比，三义系分布处地势较低，肥力较高，质地以粉质壤土为主，无石灰反应；而智新系分布处地势较高，肥力较低，质地以壤土为主，具有石灰反应。

利用性能综述　三义系土壤是吉林省高产土壤之一，基础肥力高，保水保肥性能好，适种范围广，粮食产量高，玉米年产量 11 250～15 000 kg/hm²，目前绝大部分开垦为农田，开垦率最高。该系土壤虽无明显障碍因素，但自然肥力有明显下降趋势，耕层腐殖质含量明显减少，腐殖质层厚度趋于浅薄。利用中应以保护为主，防止土壤侵蚀，控制水土流失；其次是培肥土壤，增加有机物料投入，如使用优质农肥，改良耕作制度，推行秸秆还田和根茬还田，以不断提高土壤有机碳含量。

参比土种　第二次土壤普查中与本土系大致相对的土种是中腐黄土质黑土。

代表性单个土体　位于吉林省榆树市育民乡三义村东 200 m，45°07.337′N，126°35.663′E，

海拔 217.5 m。地形为波状起伏台地中下部地形较洼的部位，成土母质为第四纪黄土状黏土沉积物，旱田，种植玉米、大豆等作物，调查时种植玉米。野外调查时间为 2011 年 10 月 17 日，编号为 22-140。

Ap: 0～16cm，灰黄棕色（10YR4/2，干），黑棕色（10YR2/2，润），粉质壤土，发育良好的 5～10 mm 大小的团粒结构，疏松，50～100 条 0.5～2 mm 大小的细根系，较湿润，蜂窝状孔隙，大小为 2～5 mm，pH 为 6.0，向下平滑清晰过渡。

Ah: 16～41 cm，灰黄棕色（10YR4/2，干），黑棕色（10YR2/2，润），粉质壤土，发育较好的 10～20 mm 大小的团块结构，疏松，20～50 条 0.5～2 mm 大小的细根系，较湿润，蜂窝状孔隙，大小为 0.5～0.2 mm，pH 为 6.0，向下波状渐变过渡。

AB: 41～67 cm，浊黄橙色（10YR6/3，干），棕色（10YR4/4，润），粉质壤土，发育较好的 10～20 mm 大小的块状结构，稍坚实，1～20 条 0.5～2 mm 大小的细根系，较湿润，pH 为 7.0，向下平滑渐变过渡。

三义系代表性单个土体剖面

BC: 67～101 cm，浊黄棕色（10YR5/3，干），棕色（10YR4/4，润），粉质壤土，发育较差的 5～10 mm 大小的棱块状结构，坚实，1～20 条 0.5～2 mm 大小的细根系，较湿润，pH 为 7.1，向下平滑渐变过渡。

C: 101～135 cm，浊黄橙色（10YR7/2，干），黄棕色（10YR5/6，润），粉质壤土，发育差的＜5 mm 大小的核块状结构，坚实，1～20 条 0.5～2 mm 大小的细根系，pH 为 6.9。

三义系代表性单个土体物理性质

土层	深度/cm	细土颗粒组成(粒径：mm)/(g/kg)			质地	容重/(g/cm³)
		砂粒 2～0.05	粉粒 0.05～0.002	黏粒 ＜0.002		
Ap	0～16	149	633	218	粉质壤土	1.41
Ah	16～41	159	613	228	粉质壤土	1.51
AB	41～67	107	752	141	粉质壤土	1.57
BC	67～101	116	772	112	粉质壤土	1.59
C	101～135	94	768	138	粉质壤土	1.70

三义系代表性单个土体化学性质

深度/cm	pH (H$_2$O)	有机碳(C) /(g/kg)	全氮(N) /(g/kg)	全磷(P) /(g/kg)	全钾(K) /(g/kg)	CEC /(cmol/kg)
0～16	6.0	18.3	1.40	0.58	21.1	25.8
16～41	6.0	17.4	1.30	0.53	20.2	20.6
41～67	7.0	8.8	0.61	0.47	21.7	18.0
67～101	7.1	6.7	0.45	0.45	19.8	23.1
101～135	6.9	3.5	0.32	0.36	20.2	23.0

8.12.9 秋梨沟系（Qiuligou Series）

土　族：壤质混合型非酸性冷性-普通简育湿润均腐土
拟定者：隋跃宇，李建维，陈文婷，焦晓光

分布与环境条件　本土系分布于吉林省东、中部的河谷低阶地。海拔在 500 m 左右，主要分布在榆树、和龙、敦化等县（市）。该土系母质为远河静水沉积物。所处地势一般为坡的底部，外排水易积水，渗透性慢，内排水长期饱和。现种植大豆，属于温带大陆性季风气候，年均气温 4.3℃，年均日照 2155.3 h，无霜期 120 d 左右，年均降水量 591.1 mm，≥10℃积温 2200℃。

秋梨沟系典型景观

土系特征与变幅　本土系的诊断层有暗沃表层，诊断特性有均腐殖质特性、准石质接触面、氧化还原特征、冷性土壤温度状况和湿润土壤水分状况。本土系土体厚度<75 cm，要求暗沃表层厚度≥18 cm，本土系暗沃表层厚度在 23 cm 左右。暗沃表层之下出现氧化还原特征，有中量铁锈斑纹和铁锰结核等新生体。土体上部有少量砾石，下部有大量砾石，通体无石灰反应，容重一般在 1.36～1.51 g/cm^3，细土质地以粉质壤土为主。

对比土系　秋梨沟系与湾沟系的土体都较浅，除了秋梨沟系有氧化还原特征以外，二者的诊断层和诊断特性基本一致，但是秋梨沟系和湾沟系的最大区别是母质来源不同，前者的母质为远河静水沉积物，后者的母质为页岩风化物。

利用性能综述　秋梨沟系土体上部黑土层较薄，质地较黏重，有少量砾石，土体下部内夹有大量砾石，具有一定的耕作障碍，适种性广，属中等肥力水平，垦殖率达 70%，主要用于旱田耕地。但由于开垦年限久，耕层有机碳和养分明显降低，所处地形部位也有中度侵蚀程度。改良利用的途径：加强田间管理，采取综合措施搞好水土保持，防止土壤侵蚀。

参比土种　第二次土壤普查中与本土系大致相对的土种是中位黄土质暗棕壤性土。

代表性单个土体　位于吉林省敦化市秋梨沟镇横道河子村南 800 m，43°29.692′N，128°13.474′E，海拔 461.8 m。地形为河谷低阶地部位，成土母质为远河静水沉积物，旱田，种植大豆。野外调查时间为 2011 年 10 月 10 日，编号为 22-134。

秋梨沟系代表性单个土体剖面

Ah：0～23 cm，灰黄棕色（10YR4/2，干），黑棕色（10YR3/2，润），粉质黏壤土，发育中等的 10～20 mm 大小的团块状结构，稍坚实，50～100 条 0.5～2 mm 大小的细根系，垂直方向上有不连续的中等长度的宽裂隙，间隔大，pH 为 5.7，向下波状清晰过渡。

Br：23～45 cm，浊黄橙色（10YR7/3，干），浊黄棕色（10YR5/4，润），粉质壤土，碎屑状结构，坚实，1～20 条 0.5～2 mm 大小的细根系，垂直方向上有不连续的中等长度的宽裂隙，间隔大，有 2%～5%次圆的风化 6～20 mm 大小的长石石块，结构体表面有 5%～15%模糊-扩散的 2～6 mm 大小的铁锈斑纹，pH 为 6.2，向下波状渐变过渡。

Cr：45～68 cm，浊黄橙色（10YR6/3，干），棕色（10YR4/4，润），壤土，发育中等的 5～10 mm 大小的棱块状结构，很坚实，无根系，5%～15%次圆的新鲜 6～20 mm 大小的长石石块，结构体表面有 2%～5%模糊-扩散的 2～6 mm 大小的铁锈斑纹，pH 为 6.3，向下波状清晰过渡。

R：68 cm 以下，极大量的鹅卵石。

秋梨沟系代表性单个土体物理性质

| 土层 | 深度/cm | 石砾(>2mm，体积分数)/% | 细土颗粒组成(粒径：mm)/(g/kg) | | | 质地 | 容重/(g/cm³) |
			砂粒 2～0.05	粉粒 0.05～0.002	黏粒 <0.002		
Ah	0～23	0	95	611	294	粉质黏壤土	1.38
Br	23～45	4	203	632	165	粉质壤土	1.36
Cr	45～68	84	346	472	182	壤土	1.51

秋梨沟系代表性单个土体化学性质

深度/cm	pH (H₂O)	有机碳(C) /(g/kg)	全氮(N) /(g/kg)	全磷(P) /(g/kg)	全钾(K) /(g/kg)	CEC /(cmol/kg)
0～23	5.7	26.8	2.40	0.68	23.4	29.5
23～45	6.2	7.5	0.63	0.51	23.6	20.5
45～68	6.3	5.7	0.44	0.37	24.8	28.1

8.12.10 吉昌系（Jichang Series）

土　族：壤质混合型非酸性冷性–普通简育湿润均腐土
拟定者：隋跃宇，焦晓光，张锦源，向　凯

分布与环境条件　吉昌系广泛分布在吉林省东部和中部山区和半山区海拔 500～800 m 山地缓坡下部。行政分布包括双阳、九台、伊通、东辽、磐石、公主岭、东丰、舒兰、蛟河、龙井、桦甸等 21 个县（市、区）。母质为花岗岩风化残积物，属温带大陆性季风气候，年均日照 2345.0 h，年均气温 5.2℃，无霜期 125 d，年均降水量 609.9 mm，≥10℃积温 2860℃。

吉昌系典型景观

土系特征与变幅　本土系的诊断层有暗沃表层，诊断特性有均腐殖质特性、冷性土壤温度状况和湿润土壤水分状况。本土系暗沃表层较深厚，均腐殖系数 Rh 值≤0.4，符合均腐殖质特性，盐基饱和度≥50%。土壤容重一般在 1.12～1.35 g/cm³，表层有少量砾石，细土质地以粉质壤土为主。

对比土系　与太平岭系相比，吉昌系土体深厚，暗沃表层较深厚，具有黏化层黏粒胶膜，亚表层没有漂白现象；而太平岭系暗沃表层相对较薄，具有漂白现象。

利用性能综述　吉昌系地处较平缓的山坡地，土壤侵蚀较轻，黑土层较厚，粗骨质，排水较好，耕层有机碳和各样分含量较高，是吉林省东部地区肥力较高的土壤。适宜发展林业，对现有耕地应严加保护。加强水土保持，增施有机肥料或采用秸秆、根茬还田的方法，培肥土壤，合理少耕，加强田间管理，玉米产量可达 10 000 kg/hm² 左右。

参比土种　第二次土壤普查中与本土系大致相对的土种是厚腐粉质暗棕壤土。

代表性单个土体　位于吉林省磐石市吉昌镇西北村孤顶子屯北 300 m，43°13.600′N，125°53.682′E，海拔 405.0 m。地形为山地缓坡下部，成土母质为花岗岩风化残积物，旱田，种植玉米。野外调查时间为 2009 年 10 月 14 日，编号为 22-019。

吉昌系代表性单个土体剖面

Ap: 0～17 cm, 浊黄棕色（10YR5/3, 干）, 黑棕色（10YR2/3, 润）, 粉质壤土, 发育良好的 10～20 mm 大小的团发育较好的 10～20 mm 大小的团块状结构, 疏松, 50～100 条 0.5～2 mm 的细根系, 有<2%次圆 2～5 mm 大小的风化细砾, pH 为 6.3, 向下平滑清晰过渡。

Ah: 17～40 cm, 灰黄棕色（10YR5/2, 干）, 黑棕色（10YR2/3, 润）, 粉质壤土, 粒状结构, 疏松, 20～50 条 0.5～2 mm 大小的细根系, 有 2%～5%不规则 2～5 mm 大小的风化细砾, pH 为 6.8, 向下平滑清晰过渡。

Bt: 40～73 cm, 浊黄橙色（10YR6/3, 干）, 暗棕色（10YR3/3, 润）, 粉质黏壤土, 发育较好的 10～20 mm 大小的核块状结构, 坚实, 20～50 条 0.5～2 mm 大小的细根系, pH 为 6.7, 向下波状渐变过渡。

BCt: 73～108 cm, 浊黄橙色（10YR6/3, 干）, 暗棕色（10YR3/4, 润）, 粉质黏壤土, 发育较好的 10～20 mm 大小的核块状结构, 坚实, 无根系, pH 为 6.5, 向下波状清晰过渡。

Cq: 108～142 cm, 浊黄棕色（10YR5/4, 干）, 暗棕色（10YR3/4, 润）, 粉质壤土, 发育较差的<5 mm 的核块状结构, 坚实, 无细根系, 有 2%～5%不规则的风化 6～20 mm 大小的花岗岩砾石, 结构体外有 2%～5%明显-清楚的二氧化硅粉末, pH 为 6.6。

吉昌系代表性单个土体物理性质

| 土层 | 深度/cm | 石砾(>2mm, 体积分数)/% | 细土颗粒组成(粒径: mm)/(g/kg) | | | 质地 | 容重/(g/cm³) |
			砂粒 2～0.05	粉粒 0.05～0.002	黏粒 <0.002		
Ap	0～17	2	107	780	113	粉质壤土	1.19
Ah	17～40	4	103	724	173	粉质壤土	1.12
Bt	40～73	0	148	551	301	粉质黏壤土	1.35
BCt	73～108	0	153	527	320	粉质黏壤土	—
Cq	108～142	7	252	512	236	粉质壤土	—

吉昌系代表性单个土体化学性质

深度/cm	pH (H₂O)	有机碳(C) /(g/kg)	全氮(N) /(g/kg)	全磷(P) /(g/kg)	全钾(K) /(g/kg)	CEC /(cmol/kg)
0～17	6.3	22.8	1.91	0.86	22.4	14.6
17～40	6.8	14.1	0.97	0.42	24.4	15.7
40～73	6.7	13.2	0.90	0.39	26.7	19.7
73～108	6.5	8.7	0.52	0.31	23.2	20.8
108～142	6.6	5.2	0.39	0.32	25.1	22.3

第9章　淋　溶　土

9.1　潜育漂白冷凉淋溶土

9.1.1　辉发系（Huifa Series）

土　　族：黏壤质混合型酸性湿润-潜育漂白冷凉淋溶土
拟定者：隋跃宇，李建维，陈一民，侯　萌

分布与环境条件　本土系分布于吉林省东、中部的山区半山区的山麓、丘陵台地或河谷高阶地岗坡顶部。海拔在 300 m 左右，主要分布于长春、吉林、辽源、通化、延边、四平等市（地、州），其中以榆树、舒兰、双阳、蛟河、永吉 5 个县（市、区）分布面积较大。该土系母质为第四纪黄土状沉积物。所处地势一般为坡的中下部。现种植玉米，属于温带大陆性季风气候，年均日照2296 h，年均气温 4.1℃，无霜期 130 d 左右，年均降水量 736 mm，≥10℃积温 2800℃。

辉发系典型景观

土系特征与变幅　本土系的诊断层有淡薄表层、漂白层、黏化层，诊断特性有氧化还原特征、潜育特征、冷性土壤温度状况和湿润土壤水分状况。漂白层位于 15～38 cm 深度，颜色为灰白色。黏化层位于 38～61 cm 深度，与上层黏粒比＞1.2。由于表层地下水位较高，85 cm 以下经常淹水，出现潜育特征，有大量铁锈斑纹和少量铁锰结核。通体有氧化还原特征，出现铁锈斑纹和铁锰结核等新生体。无石灰反应，层次间过渡渐变，容重在 1.31～1.61 g/cm³，细土质地以粉质壤土为主。

对比土系　与辉南系相比，辉发系地处高阶地或岗坡顶部，受水土流失剥蚀较严重，土壤有机碳含量相对较低，表层土壤较疏松，但下层土壤较黏重，质地多为黏土和黏质壤土；辉南系地处低山丘陵的缓坡或河谷阶地的低平地上部，坡上表土流失覆盖于表层，表层土壤有机碳含量相对较高，质地基本为粉质壤土。

利用性能综述　该土系地处高阶地或岗坡顶部，土层被侵蚀，表层养分含量减少，白浆层或淀积层有时露出地表，质地黏重，粮食产量较低。改良措施：一是可以客土掺沙，改善土壤质地；二是增施有机物料或种植绿肥，培肥土壤；三是施用石灰，降低土壤酸度，提高 pH。

参比土种　第二次土壤普查中与本土系大致相对的土种是黄土质白浆土。

代表性单个土体　位于吉林省辉南县辉发城镇（原蛟河乡）兴隆村五队村北 50 m，42°47.647′N，126°22.644′E，海拔 284.0 m。地形为山区、半山区的山麓、丘陵台地或河谷高阶地岗坡顶部，成土母质为第四纪黄土状沉积物，旱田，调查时种植玉米。野外调查时间为 2011 年 9 月 27 日，编号为 22-115。

Ap: 0～15 cm，浊黄橙色（10YR7/3，干），暗棕色（10YR3/4，润），粉质壤土，团粒状结构，疏松；50～100 条 0.5～2 mm 大小的细根系，＜2%次圆 6～20 mm 大小的风化长石石块，pH 为 5.4，向下波状渐变过渡。

E: 15～38 cm，灰白色（10YR8/2，干），浊黄橙色（10YR6/4，润），粉质壤土，片状结构，坚实，1～20 条 0.5～2 mm 大小的细根系，pH 为 5.8，向下波状渐变过渡。

Bt: 38～61 cm，浅黄橙色（10YR8/3，干），浊黄橙色（10YR6/4，润），黏土，发育较差的 5～10 mm 核块状结构，很坚实，无根系，pH 为 5.6，向下波状渐变过渡。

Br: 61～85 cm，浅黄橙色（10YR8/4，干），黄棕色（10YR5/6，润），粉质壤土，棱块状结构，很坚实，无根系，有少量的铁锈斑纹，极少量的铁锰结核，1～2 个动物穴，pH 为 5.6，向下波状渐变过渡。

辉发系代表性单个土体剖面

BCg: 85～107 cm，灰白色（2.5Y8/2，干），浅黄色（2.5Y7/3，润），粉质黏壤土，棱块状结构，很坚实，无根系，有极少量的铁锈斑纹及铁锰结核，pH 为 5.8，向下波状渐变过渡。

Cg: 107～147 cm，灰白色（2.5Y8/2，干），浅黄色（2.5Y7/3，润），壤土，棱块状结构，很坚实，无根系，有少量的铁锈斑纹，极少量的铁锰结核，pH 为 5.9。

辉发系代表性单个土体物理性质

土层	深度/cm	石砾(>2mm,体积分数)/%	细土颗粒组成(粒径: mm)/(g/kg)			质地	容重/(g/cm³)
			砂粒 2～0.05	粉粒 0.05～0.002	黏粒 <0.002		
Ap	0～15	3	211	647	142	粉质壤土	1.31
E	15～38	0	71	712	217	粉质壤土	1.49
Bt	38～61	0	25	396	579	黏土	1.47
Br	61～85	0	224	662	114	粉质壤土	1.61
BCg	85～107	0	157	522	321	粉质黏壤土	1.58
Cg	107～147	0	281	462	257	壤土	1.51

辉发系代表性单个土体化学性质

深度/cm	pH (H₂O)	有机碳(C) /(g/kg)	全氮(N) /(g/kg)	全磷(P) /(g/kg)	全钾(K) /(g/kg)	CEC /(cmol/kg)
0～15	5.4	15.4	1.49	0.78	20.1	17.9
15～38	5.8	4.8	0.51	0.71	19.0	11.2
38～61	5.6	3.3	0.39	0.65	18.4	32.3
61～85	5.6	3.0	0.37	0.51	16.1	27.6
85～107	5.8	2.7	0.35	0.49	14.3	28.5
107～147	5.9	2.8	0.36	0.45	11.2	30.2

9.2　暗沃漂白冷凉淋溶土

9.2.1　李合系（Lihe Series）

土　族：壤质混合型非酸性湿润-暗沃漂白冷凉淋溶土
拟定者：隋跃宇，焦晓光，李建维，张锦源

李合系典型景观

分布与环境条件　多出现于吉林省东中部山区、半山区的山麓、丘陵台地或河谷高阶地缓坡中下部，海拔多在 300～600 m，全省约 30 个县（市、区）均有分布。以吉林市分布最多，延边朝鲜族自治州以及辽源、四平、通化、长春等市也有分布。李合系土壤起源于第四纪黄土状黏土沉积物，土体厚度一般≥150 cm，质地较为黏重。所处地势较低，排水中等，外排水平衡，渗透率低，内排水差。现种植玉米，一年一熟。属于温带大陆性季风气候，年均日照 2399.1 h，年均气温 6.7℃，无霜期 144 d，年均降水量 598.9 mm，≥10℃积温 2840℃。

土系特征与变幅　本土系的诊断层有暗沃表层、漂白层、黏化层，诊断特性有氧化还原特征、冷性土壤温度状况和湿润土壤水分状况。本土系暗沃表层厚度在 30 cm 左右，腐殖质储量比（Rh）>0.4，不符合均腐殖质特性。漂白层位于 28～42 cm 深度，颜色为灰白色。黏化层位于 42～130 cm 深度，与上层黏粒比>1.2，空隙周围含有二氧化硅粉末，结构体表面具有铁锰胶膜新生体。母质层中，空隙周围含有二氧化硅粉末，结构体表面具有铁锰胶膜新生体。土壤通体具有铁锰结核新生体，无砾石，无石灰反应，层次间过渡清晰，容重一般在 1.24～1.53g/cm³，细土质地以粉质壤土为主。

对比土系　与安子河系相比，李合系腐殖质储量比（Rh）>0.4，不符合均腐殖质特性，不是均腐土，具有氧化还原特征；而安子河系腐殖质储量比（Rh）≤0.4，符合均腐殖质特性，为均腐土，但无氧化还原特征。

利用性能综述　该土系属漂白冷凉淋溶土，分布在吉林省东部山区、半山区，是主要坡耕地土种之一。其主要障碍因素是黑土层薄、白浆层板结、淀积层和母质层黏重、透水不良，易产生水土流失，不抗旱、不抗涝，适合种植玉米、大豆等作物。

参比土种　第二次土壤普查中与本土系大致相对的土种是黄土质白浆土。

代表性单个土体　位于吉林省长春市榆树市李合乡李合村粮库西南 300 m，44°50.943′N，126°44.937′E，海拔 193.5 m。地形为山区、半山区的山麓、丘陵台地或河谷高阶地缓坡中下部，成土母质为第四纪黄土状黏土沉积物，旱田，调查时种植玉米。野外调查时间为 2010 年 10 月 3 日，编号为 22-055。

Ah:　0～28 cm，灰黄棕色（10YR5/2，干），黑棕色（10YR3/2，润），粉质壤土，发育良好的 5～10 mm 大小的团粒结构，疏松，20～50 条 0～2 mm 大小的细根系，1～20 条 2～5 mm 大小的中粗根系，pH 为 6.9，向下波状清晰过渡。

E:　28～42 cm，灰白色（10YR8/2，干），黄橙色（10YR6/4，润），粉质壤土，发育中等的 2～5 mm 厚的片状结构，坚实，1～20 条 2～5 mm 大小的中粗根系，<2%球形 2～6 mm 大小的铁锰结核，软硬皆有，pH 为 6.8，向下平滑清晰过渡。

李合系代表性单个土体剖面

Btrq1:　42～130 cm，暗赤棕色（10YR3/6，干），暗棕色（10YR3/4，润），粉质黏壤土，发育中等的 5～10 mm 大小的棱块状结构，很坚实，结构体内有 5%～15%明显扩散的≥20 mm 大小的铁锰斑纹，孔隙周围有 2%～5%模糊鲜明的二氧化硅粉末，结构体面上有 2%～5%明显的铁锰胶膜，2%～5%球形 2～6 mm 大小的铁锰结核，软硬皆有，pH 为 6.4，向下平滑渐变过渡。

Btrq2:　130～180 cm，橙色（7.5YR6/6，干），棕色（7.5YR4/4，润），黏壤土，发育中等的 5～10 mm 大小的核块状结构，极坚实，树枝状孔隙，结构体内有 5%～15%明显-扩散的≥20 mm 大小的铁锰斑纹，孔隙周围有<2%模糊鲜明的二氧化硅粉末，结构体面上有 5%～15%明显的铁锰胶膜，2%～5%球形 2～6 mm 大小的铁锰结核，软硬皆有，pH 为 6.4。

李合系代表性单个土体物理性质

土层	深度/cm	细土颗粒组成(粒径：mm)/(g/kg)			质地	容重/(g/cm³)
		砂粒 2～0.05	粉粒 0.05～0.002	黏粒 <0.002		
Ah	0～28	151	634	215	粉质壤土	1.24
E	28～42	132	748	120	粉质壤土	1.52
Btrq1	42～130	119	618	263	粉质黏壤土	1.47
Btrq2	130～180	191	487	322	黏壤土	1.53

李合系代表性单个土体化学性质

深度/cm	pH (H₂O)	有机碳(C) /(g/kg)	全氮(N) /(g/kg)	全磷(P) /(g/kg)	全钾(K) /(g/kg)	CEC /(cmol/ kg)
0～28	6.9	16.7	1.40	0.61	20.4	22.3
28～42	6.8	3.1	0.27	0.16	20.6	9.3
42～130	6.4	3.3	0.35	0.25	27.5	23.5
130～180	6.4	2.7	0.22	0.23	28.1	22.2

9.3 酸性漂白冷凉淋溶土

9.3.1 黄泥河系（Huangnihe Series）

土　　族：粗骨壤质混合型湿润-酸性漂白冷凉淋溶土
拟定者：焦晓光，李建维，隋跃宇，侯　萌，陈文婷

分布与环境条件　本土系分布于吉林省东、中部的山区及低山丘陵区的山坡中下部，海拔在500 m 左右。该土系母质为黄土状沉积物。所处地势一般为坡的中下部，外排水流失，渗透快，内排水从不饱和。现种植玉米，属于温带大陆性季风气候，年均日照 2155.3 h，年均气温 4.3℃，无霜期 120 d 左右，年均降水量591.1 mm，≥10℃积温 2200℃。

黄泥河系典型景观

土系特征与变幅　本土系的诊断层有淡薄表层、漂白层、黏化层，诊断特性有氧化还原特征、冷性土壤温度状况和湿润土壤水分状况。淡薄表层 20 cm 左右，漂白层位于 19～42 cm 深度，颜色浅黄橙色。黏化层位于 61～89 cm 深度，与上层黏粒比＞1.2。自漂白层以下，均出现氧化还原特征，具有锈纹锈斑。土壤通体有少量砾石，无石灰反应，层次间过渡渐变，细土质地以粉质壤土为主。

对比土系　与同亚类的土桥系相比，黄泥河系土壤上部有一层矿质覆盖土层，漂白层较低，为浅黄橙色，黏化层较薄，质地以粉质壤土为主；而土桥系土壤上部无矿质覆盖土层，漂白层较高，为灰白色，黏化层厚度很大，质地以黏土为主。

利用性能综述　本土系土壤上部有一层矿质覆盖土层，有机碳及养分含量均丰富，一般用作旱田。主要问题是地势低洼，排水不畅，土壤常年处于过湿状态，冷浆易涝，土壤养分不易释放，特别是速效磷、钾缺乏，不发小苗，入伏后容易徒长，贪青晚熟，故产量不稳不高。改良利用措施：应修筑台田和挖沟排水，以降低地下水位，增加土壤的通透性，提高土温，促进有机碳分解转化；增施热性农家肥料和磷、钾肥，并可施用石灰改良土壤酸性，可利用地膜覆盖发展旱作，有水源条件的可种植水稻。

参比土种　第二次土壤普查中与本土系大致相对的土种是暗矿岩浅位黄土质白浆土。

代表性单个土体　位于吉林省敦化市黄泥河镇三道泉村，43°31.825′N，127°57.292′E，海拔 519.7 m。地形为山区及低山丘陵区的山坡中下部，成土母质为黄土状沉积物，旱田，调查时种植玉米。野外调查时间为 2011 年 10 月 10 日，编号为 22-131。

黄泥河系代表性单个土体剖面

Ap：　0～19 cm，灰黄棕色（10YR5/2，干），黑棕色（10YR3/2，润），黏质壤土，发育中等的 10～20 mm 大小的团块状结构，疏松，100～200 条 0.5～2 mm 大小的细根系，5%～15%不规则的风化极细砾，pH 为 5.3，向下波状清晰过渡。

Er：　19～42 cm，浅黄橙色（10YR8/3，干），浊黄橙色（10YR6/4，润），粉质壤土，厚发育中等的 2～5 mm 厚的片状结构，坚实，20～50 条 0.5～2 mm 大小的细根系，40%～80%不规则的风化细砾，结构体表面有 2%～5%明显-清楚的 2～6 mm 大小的铁锈斑纹，pH 为 5.4，向下平滑渐变过渡。

Btr1：42～61 cm，浅黄橙色（10YR8/3，干），黄棕色（10YR5/6，润），粉质壤土，发育中等的 5～10 mm 大小的棱块状结构，坚实，1～20 条 0.5～2 mm 大小的细根系，40%～80%不规则的风化细砾，结构体表面有 5%～15%模糊-扩散的 2～6 mm 大小的铁锈斑纹，pH 为 5.2，向下平滑渐变过渡。

Btr2：61～89 cm，浅黄橙色（10YR8/4，干），黄棕色（10YR5/8，润），粉质黏壤土，发育中等的 5～10 mm 大小的棱块状结构，很坚实，1～20 条 0.5～2 mm 大小的细根系，40%～80%不规则的风化细砾，结构体表面有 15%～40%模糊-扩散的 6～20 mm 大小的铁锈斑纹，pH 为 5.4。

黄泥河系代表性单个土体物理性质

土层	深度/cm	石砾(>2mm，体积分数)/%	细土颗粒组成(粒径：mm)/(g/kg)			质地	容重/(g/cm³)
			砂粒 2～0.05	粉粒 0.05～0.002	黏粒 <0.002		
Ap	0～19	16	212	474	314	黏质壤土	1.42
Er	19～42	46	229	606	165	粉质壤土	1.61
Btr1	42～61	53	214	554	232	粉质壤土	1.55
Btr2	61～89	35	148	538	314	粉质黏壤土	—

黄泥河系代表性单个土体化学性质

深度/cm	pH (H₂O)	有机碳(C) /(g/kg)	全氮(N) /(g/kg)	全磷(P) /(g/kg)	全钾(K) /(g/kg)	CEC /(cmol/kg)
0~19	5.3	45.2	4.07	0.68	19.8	32.9
19~42	5.4	5.8	0.45	0.64	16.4	14.9
42~61	5.2	3.9	0.39	0.57	18.7	25.0
61~89	5.4	3.0	0.35	0.34	19.6	24.9

9.3.2　土桥系（Tuqiao Series）

土　族：黏壤质混合型湿润-酸性漂白冷凉淋溶土
拟定者：隋跃宇，焦晓光，周　珂，陈　双，李建维

分布与环境条件　多出现于吉林省东中部山区、半山区的山麓、丘陵台地或河谷高阶地岗坡上部或顶部，海拔多在 300～600 m，全省约 30 个县均有分布，以吉林市分布最多，延边朝鲜族自治州以及辽源、四平、通化、长春等市也有分布。总面积 72.77 万 hm²。土桥系土壤起源于第四纪黄土状黏土沉积物，土体厚度一般≥150 cm，质地较为黏重。所处地势较高，排水中等，外排水流失，渗透率低，内排水

土桥系典型景观

差。现种植玉米，一年一熟。属于温带大陆性季风气候，年均日照 2399 h，年均气温 4.0℃，无霜期 144 d，年均降水量 585 mm，≥10℃积温 2840℃。

土系特征与变幅　本土系的诊断层有淡薄表层、漂白层、黏化层，诊断特性有氧化还原特征、冷性土壤温度状况和湿润土壤水分状况。表层厚度小于 10 cm，漂白层位于 8～35 cm 深度，颜色为灰白色。黏化层位于 35～125 cm 深度，上层漂白层黏粒淋溶迁移到此层，与上层黏粒比＞1.2，结构体表面具有黏粒胶膜和铁锰结核新生体。土壤通体无砾石，无石灰反应，层次间过渡渐变，容重一般在 1.61～1.66 g/cm³，细土质地以粉质黏土为主。

对比土系　与同亚类的黄泥河系相比，土桥系土壤上部无矿质覆盖土层，漂白层较高，为灰白色，黏化层厚度很大，土壤质地以粉质黏土为主；而黄泥河系土壤上部有一层矿质覆盖土层，漂白层较低，为浅黄橙色，黏化层较薄，质地以粉质壤土为主。

利用性能综述　本土系面积大、分布广，是中东部山区、半山区的主要耕作土之一。主要障碍因素是土层薄、土壤养分总储量低；其次是土壤的水分、物理性状差，白浆层持水量低，淀积层透水性差，既不抗旱也不抗涝。玉米年产量不足 4500 kg/hm²，是全省低产待改良土壤之一。改良途径：第一，逐步加深耕层，增施有机物料或泥炭等，改善土壤物理性状，同时，测土计量氮、磷、钾肥；第二，施用诊断量的石灰物质以中和土壤酸度，消除活性铝的危害；第三，注意保护好林地，对于大部分的耕地，应采取农业、工程、生物等措施，防止水土流失。

参比土种　第二次土壤普查中与本土系大致相对的土种是浅位黄土质白浆土。

代表性单个土体　位于吉林省榆树市土桥镇胜利村，44°36.975′N，126°52.822′E，海拔 208.6 m。地形为山区、半山区的山麓、丘陵台地或河谷高阶地岗坡上部或顶部，成土母质为第四纪黄土状黏土沉积物，旱田，调查时种植玉米。野外调查时间为 2011 年 10 月 16 日，编号为 22-139。

Ap:　0～8 cm，浊黄橙色（10YR6/3，干），暗棕色（10YR3/3，润），粉质壤土，发育良好的 5～10 mm 大小的团粒结构，疏松，100～200 条 0.5～2 mm 大小的细根系，较湿润，强酸性，pH 为 4.8，向下波状清晰过渡。

E:　8～35 cm，灰白色（10YR8/1，干），浊黄橙色（10YR6/4，润），粉质壤土，发育中等的 2～5 mm 厚的片状结构，坚实，20～50 条 0.5～2 mm 大小的细根系，较湿润，pH 为 5.1，向下平滑清晰过渡。

Btr1:　35～90 cm，浊黄橙色（10YR6/4，干），棕色（10YR4/4，润），粉质黏土，发育中等的 5～10 mm 大小的棱块状结构，极坚实，1～20 条 0.5～2 mm 大小的细根系，较湿润，结构体表面有 2%～5%明显-清楚的黏粒胶膜，有极少量黑色球状的铁锰结核，pH 为 5.1，向下平滑渐变过渡。

土桥系代表性单个土体剖面

Btr2:　90～125 cm，浊黄橙色（10YR7/4，干），黄棕色（10YR5/6，润），黏土，大发育中等的 5～10 mm 大小的棱块状结构，很坚实，20～50 条 0.5～2 mm 大小的细根系，较湿润，结构体表面有 2%～5%明显-清楚的黏粒胶膜，有少量黑色球状的铁锰结核，pH 为 5.8，向下平滑渐变过渡。

C:　125～145 cm，浅黄橙色（10YR8/4，干），黄棕色（10YR5/6，润），粉质黏土，发育较差的＜5 mm 大小的核块状结构，很坚实，20～50 条 0.5～2 mm 大小的细根系，较湿润，pH 为 6.2。

土桥系代表性单个土体物理性质

| 土层 | 深度/cm | 细土颗粒组成(粒径: mm)/(g/kg) | | | 质地 | 容重/(g/cm³) |
		砂粒 2～0.05	粉粒 0.05～0.002	黏粒 <0.002		
Ap	0～8	117	665	218	粉质壤土	—
E	8～35	73	750	177	粉质壤土	1.61
Btr1	35～90	129	500	371	粉质黏土	1.63
Btr2	90～125	68	362	570	黏土	1.66
C	125～145	107	500	393	粉质黏土	1.61

土桥系代表性单个土体化学性质

深度/cm	pH (H₂O)	有机碳(C) /(g/kg)	全氮(N) /(g/kg)	全磷(P) /(g/kg)	全钾(K) /(g/kg)	CEC /(cmol/kg)
0~8	4.8	18.0	1.80	0.74	16.8	24.0
8~35	5.1	4.1	0.37	0.41	17.2	11.0
35~90	5.1	6.2	0.47	0.53	19.6	18.0
90~125	5.8	4.9	0.44	0.46	20.7	17.5
125~145	6.2	4.4	0.43	0.39	20.3	16.9

9.4 普通漂白冷凉淋溶土

9.4.1 白石桥系（Baishiqiao Series）

土　族：黏质混合型酸性湿润-普通漂白冷凉淋溶土
拟定者：隋跃宇，李建维，张锦源，陈文婷

分布与环境条件　本土系广泛分布于吉林省西部，多为台地，水土易流失，渗透性差。现为针阔混交林，属于温带大陆性季风气候，年均气温 3.6℃，无霜期 131 d 左右，年均降水量 594 mm，≥10℃积温 2372℃。母质为坡积物或冲积物。

白石桥系典型景观

土系特征与变幅　本土系的诊断层有淡薄表层、漂白层、黏化层，诊断特性有氧化还原特征、冷性土壤温度状况和湿润土壤水分状况，具有有机现象。地表有 5 cm 左右的枯枝落叶层，腐殖质层 10cm 左右，漂白层位于 8～28 cm 深度，厚度 20 cm 左右，颜色为灰白色。黏化层位于 28～104 cm 深度，厚度 75 cm 左右，上层漂白层黏粒淋溶迁移到此层，与上层黏粒比＞1.2，出现氧化还原特征，具有铁锰斑纹。土壤通体无砾石，无石灰反应，层次间过渡渐变，容重一般在 0.98～1.60 g/cm³，细土质地以黏土为主。

对比土系　与翰章系相比，白石桥系地表有 5 cm 左右的枯枝落叶层，腐殖质层 10 cm 左右，有有机现象，黏化层较厚，为 75 cm 左右，通体无砾石，质地以黏土为主；而翰章系并无有机现象，黏化层厚约 7 cm，且下部含有大量砾石，质地以粉质壤土为主。

利用性能综述　本土系土体深厚，是较好的土壤，但土壤下层通气透水性能不好，对于农田要控制其水分运移。对现有林地应严加保护，禁止毁林开荒。对已开垦的土地，要保护好附近的植被，挖截水沟，防止山水冲刷，控制侵蚀发生。对于坡度陡、侵蚀严重的土壤，应退耕还林。

参比土种　第二次土壤普查中与本土系大致相对的土种是浅位黄土质白浆土。

代表性单个土体　位于吉林省安图县白山桥西南火山观测站东 1000 m，42°24.783′N，

128°06.368′E，海拔 741.0 m，地形为山区岗平地或台地，母质为坡积物或冲积物，林地，针阔混交林。野外调查时间为 2011 年 9 月 24 日，编号为 22-107。

白石桥系代表性单个土体剖面

Oi: +4~0 cm，枯枝落叶层。

Ah: 0~8 cm，灰黄棕色（10YR6/2，干），黑棕色（10YR3/2，润），粉质黏壤土，发育良好的 5~10 mm 大小的团粒状结构，疏松，20~50 条 0.5~2 mm 大小的细根系，1~10 条 2~5 mm 大小的中粗根系，pH 为 5.7，向下平滑渐变过渡。

E: 8~28 cm，灰白色（10YR8/1，干），浊黄橙色（10YR7/3，润），粉质壤土，发育中等的 2~5 mm 厚的片状结构，坚实，无根系，pH 为 5.7，向下平滑渐变过渡。

Bt: 28~79 cm，灰白色（10YR8/2，干），浊黄棕色（10YR5/4，润），黏土，发育中等的 5~10 mm 大小的棱块状结构，坚实，无根系，pH 为 5.2，向下平滑渐变过渡。

Btr: 79~104 cm，浅黄橙色（10YR8/6，干），橙色（10YR6/6，润），粉质黏土，发育中等的 5~10 mm 大小的棱块状结构，坚实，无根系，结构体内有 2%~5%模糊-扩散的铁锈斑纹，pH 为 5.3，向下平滑渐变过渡。

白石桥系代表性单个土体物理性质

| 土层 | 深度/cm | 细土颗粒组成(粒径：mm)/(g/kg) | | | 质地 | 容重 /(g/cm³) |
		砂粒 2~0.05	粉粒 0.05~0.002	黏粒 <0.002		
Ah	0~8	112	605	283	粉质黏壤土	0.98
E	8~28	140	671	189	粉质壤土	1.60
Bt	28~79	143	378	479	黏土	1.59
Btr	79~104	30	493	477	粉质黏土	1.57

白石桥系代表性单个土体化学性质

深度/cm	pH (H₂O)	有机碳(C) /(g/kg)	全氮(N) /(g/kg)	全磷(P) /(g/kg)	全钾(K) /(g/kg)	CEC /(cmol/kg)
0~8	5.7	34.3	2.65	0.49	19.9	24.7
8~28	5.7	5.4	0.40	0.31	18.2	13.6
28~79	5.2	3.7	0.39	0.29	14.1	33.0
79~104	5.3	1.9	0.31	0.29	12.4	33.8

9.4.2　兴参系（Xingshen Series）

土　　族：粉黏壤质混合型非酸性湿润-普通漂白冷凉淋溶土
拟定者：隋跃宇，李建维，陈一民

分布与环境条件　多出现于吉
林省东部山区和半山区海拔
500～700 m 的山坡地中下部，
主要分布于白山市区，靖宇、
辉南、抚松、临江四个县，面
积 0.15 万 hm²。兴参系土壤起
源于岩石风化残、坡积物。有效
土层 50～100 cm，所处山地外
排水良好，表层渗透较快，下层
水分不易渗透，内排水不良。现
多为针叶林或针阔混交林。属温
带大陆性季风区气候，年均日照
2243.5 h，年均气温 4.3℃，年降

兴参系典型景观

水量 662.5 mm，≥10℃积温 2224℃，无霜期 110 d。

土系特征与变幅　本土系的诊断层有淡薄表层、漂白层、黏化层，诊断特性有氧化还原
特征、冷性土壤温度状况和湿润土壤水分状况。淡薄表层 10 cm 左右，漂白层位于 12～
31 cm 深度，厚度 20 cm 左右。黏化层位于 31～64 cm 深度，厚度 30 cm 左右，上层漂
白层黏粒淋溶迁移到此层，与上层黏粒比＞1.2，出现氧化还原特征，具有铁锰斑纹新生
体。土壤通体无砾石，无石灰反应，层次间过渡渐变，容重一般在 1.20～1.55 g/cm³，细
土质地以粉质壤土到粉质黏壤土。

对比土系　兴参系与八道江系相比，二者均具有淡薄表层，但兴参系土体深厚，而表层
浅薄，突然向下层过渡，并且具有漂白层、黏化层诊断层以及氧化还原特征诊断特性；
而八道江系土体下部含有大量砾石，无氧化还原反应特征，具有准石质接触面诊断特性。

利用性能综述　兴参系土壤耕层有机碳和养分含量较高，但所处地势坡度较大、坡面长、
易遭侵蚀，不适合发展农业，加之分布区域无霜期短、积温低，玉米产量低，利用方向
应以发展林业为宜，搞好山林管理保护，提高森林覆盖率。对现有耕地加强管理，搞好
水土保持，防止水土流失。侵蚀严重的坡耕地要退耕还林。

参比土种　第二次土壤普查中与本土系大致相对的土种是灰化暗棕壤。

代表性单个土体　位于吉林省白山市靖宇县皇封参场石灰窑北坡，42°19.520′N，
126°59.233′E，海拔 591.0 m。地形为山区或半山区的坡地中下部低平地，成土母质为岩

石风化残、坡积物或冲积物，林地，多为针叶林或针阔混交林。野外调查时间为 2010 年 6 月 29 日，编号为 22-044。

兴参系代表性单个土体剖面

Ah: 0～12 cm，黑棕色（10YR3/2，干），黑棕色（10YR2/2，润），粉质壤土，小粒状结构，疏松，20～50 条 0.5～2 mm 大小的细根系，1～20 条 2～10 mm 大小粗细的根系，pH 为 5.9，向下波状清晰过渡。

E: 12～31 cm，浅黄橙色（10YR8/3，干），黄橙色（10YR6/4，润），粉质壤土，发育中等的 2～5 mm 厚的片状结构，较坚实，1～20 条 0.5～2 mm 大小的细根系，pH 为 5.9，向下平滑渐变过渡。

Btr: 31～64 cm，橙色（7.5YR6/6，干），明棕色（7.5YR5/6，润），粉质黏壤土，发育较差的 <5 mm 大小的核块状结构，坚实，1～20 条 0.5～2 mm 大小的细根系，结构体外有 <2%明显-扩散的 2～6 mm 大小的铁锰斑纹，pH 为 5.4，向下平滑渐变过渡。

BCr: 64～110 cm，浅黄橙色（7.5YR8/4，干），明棕色（7.5YR5/6，润），粉质黏壤土，发育中等的 5～10 mm 大小的棱块状结构，很坚实，结构体外有 2%～5%明显-清楚的 2～6 mm 大小的铁锰斑纹，pH 为 5.8。

兴参系代表性单个土体物理性质

| 土层 | 深度/cm | 细土颗粒组成(粒径：mm)/(g/kg) | | | 质地 | 容重/(g/cm³) |
		砂粒 2～0.05	粉粒 0.05～0.002	黏粒 <0.002		
Ah	0～12	172	609	219	粉质壤土	1.20
E	12～31	49	746	205	粉质壤土	1.46
Btr	31～64	15	646	339	粉质黏壤土	1.52
BCr	64～110	11	665	324	粉质黏壤土	1.55

兴参系代表性单个土体化学性质

深度/cm	pH (H₂O)	有机碳(C)/(g/kg)	全氮(N)/(g/kg)	全磷(P)/(g/kg)	全钾(K)/(g/kg)	CEC/(cmol/kg)
0～12	5.9	88.9	7.42	9.18	19.7	23.1
12～31	5.9	4.3	0.37	0.21	16.1	23.0
31～64	5.4	2.2	0.34	0.24	21.6	22.4
64～110	5.8	3.5	0.46	0.17	23.5	24.9

9.4.3 翰章系（Hanzhang Series）

土 族：粗骨壤质混合型非酸性湿润–普通漂白冷凉淋溶土
拟定者：隋跃宇，焦晓光，李建维，徐 欣

分布与环境条件 本土系分布于吉林省东、中部的山区及低山丘陵区的山坡中下部。早先均为灌木林或次生针阔混交林，后被开垦为农田，海拔在 500 m 左右。该土系母质为风化残积物或坡积物。所处地势一般为坡的中下部，外排水流失，渗透性快，内排水从不饱和。现种植玉米，属于温带大陆性季风气候，年均日照 2155.3 h，年均气温 4.3℃，无霜期 120 d 左右，年均降水量 591.1 mm，≥10℃积温 2200℃。

翰章系典型景观

土系特征与变幅 本土系的诊断层有淡薄表层、漂白层、黏化层，诊断特性有氧化还原特征、准石质接触面、冷性土壤温度状况和湿润土壤水分状况。淡薄表层 15 cm 左右，漂白层位于 15~25 cm 深度，厚度 10 cm 左右，颜色为灰白色。黏化层位于 25~32 cm 深度，厚度为 7 cm 左右，上层漂白层黏粒淋溶迁移到此层，与上层黏粒比>1.2，出现氧化还原特征，具有铁锈斑纹新生体。土壤上部含有少量砾石，下部含有大量砾石，准石质接触面出现在 40 cm 以下。无石灰反应，层次间过渡渐变，容重一般在 1.25~1.35 g/cm³，细土质地以粉质壤土为主。

对比土系 白石桥系相比，翰章系没有有机现象，黏化层厚约 7 m，下部含有大量砾石，质地以粉质壤土为主；而白石桥系地表有 5 cm 左右的枯枝落叶层，腐殖质层厚 10 cm 左右，有有机现象，黏化层较厚，为 75 cm 左右，通体无砾石，质地以黏土为主。

利用性能综述 本土系分布处海拔高，坡度较陡，水土流失较严重，土层浅薄，有效土层不到 1m，质地粗，含大量砾石，一般不宜开垦为农田，可做林业用地。

参比土种 第二次土壤普查中与本土系大致相对的土种是暗矿岩底浅位黄土质白浆土。

代表性单个土体 位于吉林省敦化市翰章乡新开岭林场，43°21.582′N，127°57.344′E，海拔 655.7 m。地形为山区及低山丘陵区的山坡中下部，成土母质为风化残积物或坡积物，旱田，调查时种植玉米。野外调查时间为 2011 年 10 月 8 日，编号为 22-128。

Ah：0～15 cm，浊黄橙色（10YR6/3，干），黑棕色（10YR3/2，润），粉质壤土，发育良好的5～10 mm大小的团粒状结构，稍坚实，20～50条0.5～2 mm大小的细根系，<2%次圆6～20 mm大小的风化砾石，酸性，pH为5.4，向下平滑清晰过渡。

E：15～25 cm，灰白色（10YR8/2，干），浊黄橙色（10YR6/4，润），砂质壤土，发育中等的2～5 mm厚的片状结构，坚实，无细根系，结构体表面有<2%明显-清楚的2～6 mm大小的铁锈斑纹，弱酸性，pH为5.7，向下波状渐变过渡。

Bt：25～32 cm，浅黄橙色（10YR8/3，干），淡棕色（7.5YR5/4，润），砂质黏壤土，发育中等的5～10 mm大小的棱块状结构，很坚实，无细根系，>40%角状的风化石块，pH为5.8，向下波状渐变过渡。

翰章系代表性单个土体剖面

C：32～42 cm，浅黄橙色（7.5YR8/4，干），明棕色（7.5YR5/6，润），粉质壤土，发育较差的<5 mm大小的核块状结构，极坚实，无细根系，40%～80%不规则的石块，pH为6.1。

翰章系代表性单个土体物理性质

| 土层 | 深度/cm | 石砾(>2mm，体积分数)/% | 细土颗粒组成(粒径：mm)/(g/kg) | | | 质地 | 容重/(g/cm³) |
			砂粒 2～0.05	粉粒 0.05～0.002	黏粒 <0.002		
Ah	0～15	14	136	628	236	粉质壤土	1.25
E	15～25	6	595	246	159	砂质壤土	1.35
Bt	25～32	25	472	266	262	砂质黏壤土	—
C	32～42	50	366	518	116	粉质壤土	—

翰章系代表性单个土体化学性质

深度/cm	pH (H₂O)	有机碳(C) /(g/kg)	全氮(N) /(g/kg)	全磷(P) /(g/kg)	全钾(K) /(g/kg)	CEC /(cmol/kg)
0～15	5.4	26.8	2.19	0.52	18.6	29.7
15～25	5.7	6.2	0.43	0.37	19.3	10.0
25～32	5.8	5.1	0.38	0.31	16.5	21.9
32～42	6.1	4.6	0.35	0.29	17.7	23.0

9.4.4 孟岭系（Mengling Series）

土　族：壤质混合型非酸性-普通漂白冷凉淋溶土
拟定者：焦晓光，隋跃宇，陈一民，侯　萌

分布与环境条件　本土系分布于吉林省东部山区丘陵下部或底部的低平地。母质为风化残积物或坡积物。属温带大陆性季风气候，年均日照 2150～2480 h，年均气温 5.6℃，无霜期 140～160 d，年均降水量 649.2 mm，≥10℃积温 2603.4℃。

孟岭系典型景观

土系特征与变幅　本土系的诊断层有淡薄表层、黏化层、漂白层，诊断特性有氧化还原特征、冷性土壤温度状况和湿润土壤水分状况。黏化层位于 19～51 cm 深度，厚度为 30 cm 左右，与上层黏粒比＞1.2。淡薄表层厚度为 40 cm 左右。漂白层位于 40～51 cm 深度，厚度为 10 cm 左右，有机质被迁移，由漂白物质聚集形成。氧化还原特征位于 51～120 cm 深度，厚度为 70 cm 左右，具有铁锰胶膜新生体。土体无砾石。层次间过渡渐变，容重一般在 1.21～1.48 g/cm³，细土质地以粉质壤土为主。

对比土系　与同亚纲的砬门子系相比，孟岭系无暗沃表层和潜育层；而砬门子系所处地势一般为低台地，外排水易流失，渗透性慢，有潜育现象，上层土有机碳含量较高。

利用性能综述　孟岭系养分含量稍高，但也属于低水平。由于土壤质地较轻，土性较暖，耕性较好。其改良利用主要应加强水土保持，并注意培肥地力。

参比土种　第二次土壤普查中与本土系大致相对的土种是冲积黄土质白浆土。

代表性单个土体　位于吉林省延边朝鲜族自治州珲春市板石镇孟岭村老果园，42°44.660′N，130°10.952′E，海拔 88.0 m。地形为山区丘陵下部或底部的低平地，成土母质为风化残积物或坡积物，林地，乔灌混交林。野外调查时间为 2010 年 6 月 23 日，编号为 22-033。

孟岭系代表性单个土体剖面

Ah: 0～19 cm，灰黄棕色（10YR5/2，干），暗棕色（10YR3/3，润），壤土，发育良好的 5～10 mm 大小的团粒结构，疏松，100～200 条 0.5～2 mm 大小的细根系，pH 为 6.6，向下平滑渐变过渡。

E1: 19～40 cm，灰黄橙色（10YR7/2，干），棕色（10YR4/4，润），壤土，发育良好的 5～10 mm 大小的片状结构，稍疏松，100～200 条 0.5～2 mm 大小的细根系，pH 为 6.1，向下平滑渐变过渡。

E2: 40～51 cm，灰白色（10YR8/2，干），黄棕色（10YR5/4，润），粉质壤土，发育中等的 2～5 mm 厚的片状结构，坚实，1～20 条 0.5～2 mm 大小的细根系，pH 为 6.1，向下平滑渐变过渡。

Bt: 51～120 cm，黄橙色（10YR6/4，干），棕色（10YR4/6，润），粉质黏壤土，发育中等的 5～10 mm 大小的棱块状结构，很坚实，无根系，结构体面上有 5%～15%明显的铁锰胶膜，pH 为 5.3，向下平滑渐变过渡。

Ct: 120～132cm，明黄棕色（10YR6/6，干），黄棕色（10YR5/8，润），黏壤土，发育中等的 5～10 mm 大小的棱块状结构，很坚实，无根系，pH 为 5.3。

孟岭系代表性单个土体物理性质

| 土层 | 深度/cm | 细土颗粒组成(粒径：mm)/(g/kg) | | | 质地 | 容重 /(g/cm³) |
		砂粒 2～0.05	粉粒 0.05～0.002	黏粒 <0.002		
Ah	0～19	371	480	149	壤土	1.21
E1	19～40	446	451	103	壤土	1.41
E2	40～51	377	506	117	粉质壤土	1.44
Bt	51～120	195	502	303	粉质黏壤土	1.48
Ct	120～132	227	431	242	黏壤土	1.52

孟岭系代表性单个土体化学性质

深度/cm	pH (H₂O)	有机碳(C) /(g/kg)	全氮(N) /(g/kg)	全磷(P) /(g/kg)	全钾(K) /(g/kg)	CEC /(cmol/kg)
0～19	6.6	14.6	1.23	0.73	25.3	14.4
19～40	6.1	4.7	0.42	0.45	26.4	11.1
40～51	6.1	3.7	0.35	0.29	27.9	13.5
51～120	5.3	2.7	0.37	0.22	24.6	18.7
120～132	5.3	3.1	0.36	0.19	28.1	15.2

9.4.5　太平岭系（Taipingling Series）

土　族：壤质混合型非酸性-普通漂白冷凉淋溶土
拟定者：隋跃宇，焦晓光，陈　双，李建维

分布与环境条件　本土系分布于吉林省东、中部的山区及低山丘陵区的山坡中下部。早先均为灌木林或次生针阔混交林，后被开垦为农田，海拔在 500 m 左右。该土系母质为洪积物。所处地势一般为坡的中下部，外排水流失，渗透慢，内排水很少饱和。现种植玉米，属于温带大陆性季风气候，年均日照 2155.3 h，年均气温 4.3℃，无霜期 120 d 左右，年均降水量 591.1 mm，≥10℃积温 2200℃。

太平岭系典型景观

土系特征与变幅　本土系的诊断层有黏化层、漂白层，诊断特性有冷性土壤温度状况和湿润土壤水分状况。漂白层位于 7～24 cm 深度，厚度为 17cm 左右，颜色为灰黄棕色。黏化层位于 24～54 cm 深度，与上层的黏粒比≥1.2。土壤容重一般在 1.43～1.53 g/cm³，表层有少量砾石，细土质地以粉质壤土为主。

对比土系　与吉昌系相比，太平岭系母质为洪积物，土体浅薄，表层黑土层相对较浅，亚表层有一定漂白现象，且黏化层黏粒胶膜明显；而吉昌系母质为花岗岩风化残积物，有均腐殖质特性，暗沃表层厚度较深，黏粒胶膜不太明显，其土壤容重也小于太平岭系。

利用性能综述　太平岭系耕作层有机碳养分含量较高，适合作物生长。表层下面漂白层较紧实，结构较差，养分含量也明显下降，供肥性能差，特别是淀积层较黏重，水分物理性状不良，因此，该土壤属中产土壤，以旱田为主，玉米产量一般在 5500～7500 kg/hm²。利用改良措施：首先以培肥地力为主，增施有机肥，有条件的可进行秸秆还田，配合氮、磷化肥的合理施用；其次采取深耕、深松措施，增加活土层，改善亚表层的物理性状和结构状态，使作物根系良好生长；再次采取综合性措施，控制水土流失，防止肥力下降。

参比土种　第二次土壤普查中与本土系大致相对的土种是浅位黄土质白浆土。

代表性单个土体　位于吉林省敦化市江南镇（原太平岭乡）柳树沟村西 200 m，43°23.784′N，128°12.542′E，海拔 526.3m。地形为山区及低山丘陵区的山坡中下部，成土母质为洪积物，旱田，种植大豆、玉米等农作物，调查时种植大豆。野外调查时间为

2011 年 10 月 9 日，编号为 22-136。

太平岭系代表性单个土体剖面

Ap：0～7 cm，黑棕色（10YR3/2，干），黑棕色（10YR2/2，润），粉质壤土，发育良好的 10～20 mm 大小的块状结构，稍坚实，50～100 条 0.5～2 mm 的细根系，<2%次圆 2～5 mm 大小的风化细砾，pH 为 6.4，向下平滑清晰过渡。

E：7～24 cm，灰黄棕色（10YR6/2，干），黑棕色（10YR3/2，润），粉质壤土，发育较好的 10～20 mm 大小的片状结构，坚实，20～50 条 0.5～2 mm 大小的细根系，<2%次圆的风化 2～5 mm 大小的细砾，pH 为 6.7，向下平滑渐变过渡。

Bt：24～54 cm，灰黄棕色（10YR4/2，干），黑棕色（10YR3/2，润），粉质壤土，发育中等的 5～10 mm 大小的棱块状结构，很坚实，无根系，2%～5%次圆 2～5 mm 大小的风化花岗岩细砾，pH 为 6.8，向下平滑渐变过渡。

C：54～65 cm，浊黄橙色（10YR6/4，干），棕色（10YR4/4，润），粉质壤土，发育较差的<5 mm 大小的核块状结构，

很坚实，无根系，5%～15%次圆 2～5 mm 大小的风化花岗岩细砾，pH 为 7.1。

太平岭系代表性单个土体物理性质

土层	深度/cm	石砾(>2mm, 体积分数)/%	细土颗粒组成(粒径：mm)/(g/kg)			质地	容重/(g/cm³)
			砂粒 2～0.05	粉粒 0.05～0.002	黏粒 <0.002		
Ap	0～7	4.0	180	713	107	粉质壤土	—
E	7～24	6.0	180	674	146	粉质壤土	1.43
Bt	24～54	5.0	210	651	139	粉质壤土	1.53
C	54～65	7.0	354	602	44	粉质壤土	—

太平岭系代表性单个土体化学性质

深度/cm	pH (H₂O)	有机碳(C) /(g/kg)	全氮(N) /(g/kg)	全磷(P) /(g/kg)	全钾(K) /(g/kg)	CEC /(cmol/kg)
0～7	6.4	19.8	1.41	0.95	15.4	35.9
7～24	6.7	13.1	0.78	0.78	16.6	35.1
24～54	6.8	9.7	0.67	0.52	16.4	38.4
54～65	7.1	4.8	0.38	0.31	17.9	40.7

9.4.6　东光系（Dongguang Series）

土　族：壤质混合型非酸性-普通漂白冷凉淋溶土
拟定者：焦晓光，隋跃宇，李建维，向　凯

分布与环境条件　东光系零星分布在吉林省东部山区丘陵岗坡地中下部，海拔 400～450 m。主要分布于龙井市，和龙市、汪清县也有小面积分布。母质为砂岩风化物，旱田。属温带大陆性季风气候，年均日照 2412.6 h，年均气温 4.6℃，无霜期 110～141 d，年均降水量 562.2 mm，≥10℃积温 1866～2600℃。

东光系典型景观

土系特征与变幅　本土系的诊断层有漂白层、黏化层，诊断特性有冷性土壤温度状况和湿润土壤水分状况。漂白层位于 14～26 cm 深度，厚度为 10 cm 左右，颜色为明棕灰色。黏化层位于 26～41 cm 深度，厚度为 15 cm 左右，上层漂白层黏粒淋溶迁移到此层，与上层黏粒比>1.2。土壤通体无砾石，无石灰反应，层次间过渡渐变，容重一般在 1.31～1.52 g/cm³，细土质地以粉质壤土为主。

对比土系　东光系与抚松系相比，虽然二者都大多分布在丘陵低山坡地上，但东光系具有漂白层和黏化层，通体无砾石，质地以粉质壤土为主；而抚松系不具有漂白层和黏化层，砾石由上到下逐渐增加，下部含有大量砾石，质地以壤土为主。

利用性能综述　东光系地形坡度较缓，黑土层较厚，宜于耕作管理，但受母质影响，质地较轻，土壤保水保肥性较差，属中低产土壤。改良利用方向应以发展林副业为主，加强山林的管理与保护，改善林木生长条件。对已开垦耕地应加强耕作管理，多施有机肥和掺黏改砂，提高保水保肥的能力，培肥地力。对水土流失严重的地块应尽快退耕还林，发展林业。

参比土种　第二次土壤普查中与本土系大致相对的土种是厚腐硅质暗棕壤土。

代表性单个土体　位于吉林省汪清县东光镇东光林场南坡 1500 m，43°17.515′N，129°47.395′E，海拔 500 m。地形为山区丘陵岗坡地中下部，成土母质为砂岩风化物，林地，植被为灌木。野外调查时间为 2010 年 7 月 2 日，编号为 22-049。

东光系代表性单个土体剖面

Ah: 0～14 cm，灰黄棕色（10YR5/2，干），暗棕色（7.5YR3/3，润），壤土，发育良好的5～10 mm大小的团粒结构，疏松，100～200条0.5～2 mm大小的细根系，1～20条2～10 mm大小的中粗根系，pH为6.5，向下平滑清晰过渡。

Bw: 14～26 cm，明棕灰色（7.5YR7/2，干），淡棕色（7.5YR5/3，润），壤土，发育较好的10～20 mm大小的块状结构，坚实，100～200条0.5～2 mm大小的细根系，1～20条2～10 mm大小的中粗根系，pH为6.6，向下平滑清晰过渡。

Btw: 26～41 cm，灰棕色（7.5YR5/2，干），暗棕色（7.5YR3/3，润），粉质壤土，发育中等的5～10 mm大小的棱块状结构，很坚实，50～100条0.5～2 mm的细根系，pH为6.5，向下平滑渐变过渡。

C: 41～120 cm，灰棕色（7.5YR6/2，干），棕色（7.5YR4/3，润），粉质壤土，发育较差的<5 mm大小的核块状结构，很坚实，20～50条0.5～2 mm大小的细根系，pH为6.6。

东光系代表性单个土体物理性质

土层	深度/cm	细土颗粒组成（粒径：mm）/(g/kg)			质地	容重/(g/cm³)
		砂粒 2～0.05	粉粒 0.05～0.002	黏粒 <0.002		
Ah	0～14	390	456	154	壤土	1.31
Bw	14～26	473	410	117	壤土	1.37
Btw	26～41	291	505	204	粉质壤土	1.46
C	41～120	255	559	186	粉质壤土	1.52

东光系代表性单个土体化学性质

深度/cm	pH (H₂O)	有机碳(C) /(g/kg)	全氮(N) /(g/kg)	全磷(P) /(g/kg)	全钾(K) /(g/kg)	CEC /(cmol/kg)
0～14	6.5	26.0	1.85	0.59	19.6	40.3
14～26	6.6	5.1	0.37	0.48	20.5	47.2
26～41	6.5	16.8	1.23	0.54	11.0	27.2
41～120	6.6	6.3	0.46	0.37	13.6	34.4

9.5 斑纹暗沃冷凉淋溶土

9.5.1 板石系（Banshi Series）

土　族：壤质混合型非酸性潮湿-斑纹暗沃冷凉淋溶土
拟定者：隋跃宇，李建维，陈一民

分布与环境条件　板石系是在河谷平原的远河静水沉积物上形成的土壤。分布比较广泛，各县市的分布以敦化市最多。属温带大陆性季风气候，年均日照 2150～2480 h，年均气温 5.6℃，无霜期 140～160 d，年均降水量 649.2 mm，≥10℃积温 2603.4℃。

板石系典型景观

土系特征与变幅　本土系的诊断层有暗沃表层、黏化层，诊断特性有氧化还原特征、冷性土壤温度状况和潮湿土壤水分状况。暗沃表层 20 cm 左右，黏化层位于 20～50 cm 深度，厚度为 30 cm 左右，上层黏粒淋溶迁移到此层，与上层黏粒比>1.2，出现氧化还原特征，具有铁锈斑纹新生体。土壤通体无砾石，无石灰反应，层次间过渡渐变，容重一般在 1.21～1.47 g/cm³，细土质地以壤土为主。

对比土系　砬门子系具有暗沃表层，土壤水分状况为潮湿土壤水分状况，pH 较低，为酸性，质地以壤土为主；而板石系具有淡薄表层，土壤水分状况为湿润土壤水分状况，pH 相对较高，为中性，质地以粉质黏壤土为主。

利用性能综述　板石系由于分布在比较开阔的河谷，土壤结构好，肥力较高，是生产性能较好的土壤之一。各种养分含量较高，有效养分的释放力较强，保肥性也强。

参比土种　第二次土壤普查中与本土系大致相对的土种是厚层平川草甸土。

代表性单个土体　位于吉林省延边朝鲜族自治州珲春市板石镇柳亭村 1 队东北 100 m，43°46.547′N，130°18.053′E，海拔 32 m。地形为山麓平原谷地，成土母质为远河静水沉积物，植被为杂草。野外调查时间为 2010 年 6 月 23 日，编号为 22-032。

板石系代表性单个土体剖面

Ah: 0~20 cm, 灰黄棕色（10YR5/2，干），黑棕色（10YR2/2，润），壤土，发育良好的 5~10 mm 大小的团粒状结构，疏松，100~200 条 0.5~2 mm 大小的细根系，pH 为 7.1，向下平滑渐变过渡。

Btr: 20~50 cm, 灰黄棕色（10YR5/2，干），黑棕色（10YR3/2，润），粉质壤土，发育较好的 10~20 mm 大小的块状结构，稍坚实，100~200 条 0.5~2 mm 大小的细根系，结构体表面有<2%明显-鲜明的 2~6 mm 大小的铁锈斑纹，pH 为 7.4，向下平滑渐变过渡。

BCr1: 50~62 cm, 灰黄棕色（10YR5/2，干），暗棕色（10YR3/3，润），壤土，发育较好的 10~20 mm 大小的块状结构，坚实，1~20 条 0.5~2 mm 大小的细根系，结构体表面有 2%~5%明显-清楚的 2~6 mm 大小的铁锈斑纹，pH 为 7.4，向下平滑渐变过渡。

BCr2: 62~110 cm, 灰白色（10YR7/1，干），灰黄棕色（10YR4/2，润），壤土，发育较好的 10~20 mm 大小的块状结构，坚实，1~20 条 0.5~2 mm 大小的细根系，结构体表面有 2%~5%明显-清楚的 2~6 mm 大小的铁锈斑纹，pH 为 7.4，向下平滑渐变过渡。

C: 110~122 cm, 壤土，发育差的<5 mm 大小的核块状结构，坚实，无根系，pH 为 7.4。

板石系代表性单个土体物理性质

| 土层 | 深度/cm | 细土颗粒组成(粒径：mm)/(g/kg) | | | 质地 | 容重 /(g/cm³) |
		砂粒 2~0.05	粉粒 0.05~0.002	黏粒 <0.002		
Ah	0~20	457	423	120	壤土	1.21
Btr	20~50	315	510	175	粉质壤土	1.43
BCr1	50~62	357	472	171	壤土	1.42
BCr2	62~110	361	476	163	壤土	1.40
C	110~122	392	501	107	壤土	1.47

板石系代表性单个土体化学性质

深度/cm	pH (H₂O)	有机碳(C) /(g/kg)	全氮(N) /(g/kg)	全磷(P) /(g/kg)	全钾(K) /(g/kg)	CEC /(cmol/kg)
0~20	7.1	36.6	2.78	0.65	23.4	35.8
20~50	7.4	8.1	0.64	0.58	19.9	31.8
50~62	7.4	4.7	0.41	0.52	18.7	29.1
62~110	7.4	5.9	0.43	0.51	17.4	27.8
110~122	7.4	4.2	0.31	0.61	18.1	16.2

9.6 潜育简育冷凉淋溶土

9.6.1 辉南系（Huinan Series）

土　族：粉壤质混合型非酸性湿润-潜育简育冷凉淋溶土
拟定者：隋跃宇，焦晓光，李建维，张锦源

分布与环境条件　本土系分布于吉林省东中部的山区、半山区低山丘陵及熔岩台地缓坡或河谷阶地的低平地上。海拔在 300～500 m，主要分布于柳河、靖宇、抚松、安图、东丰、辉南、汪清等县（市）。该土系母质为第四纪黄土状沉积物。所处地势一般为坡的中下部，外排水不易流失，渗透慢。现种植大豆，属于温带大陆性季风气候，年均日照 2296 h，年均气温 4.1℃，无霜期 120 d 左右，年均降水量 730 mm，≥10℃积温 2500℃。

辉南系典型景观

土系特征与变幅　本土系的诊断层有淡薄表层、漂白层、黏化层，诊断特性有氧化还原特征、冷性土壤温度状况和湿润土壤水分状况，具有潜育现象。淡薄表层 20 cm 左右，漂白层位于 18～67 cm 深度，颜色为灰白色，少量砾石。黏化层位于 67～97 cm 深度，与上层黏粒比＞1.2。由于表层地下水位较高，母质层经常淹水，处于还原状态下，出现潜育现象，位于 97～128 cm 深度。土壤通体有氧化还原特征，出现铁锈斑纹和铁锰结核等新生体。无石灰反应，层次间过渡渐变，容重一般在 1.24～1.51 g/cm³，细土质地以粉质壤土为主。

对比土系　与辉发系相比，辉南系地处低山丘陵的缓坡或河谷阶地的低平地上部，坡上表土流失覆盖于表层，表层土壤有机碳含量相对较高，质地基本为粉质壤土；辉发系地处高阶地或岗坡顶部，受水土流失剥蚀较严重，土壤有机碳含量相对较低，表层土壤较疏松，但下层土壤较黏重，质地多为黏土和黏质壤土。

利用性能综述　本土系是吉林东部山区、半山区较为典型的低产耕地土壤之一，目前以种植大豆、玉米等旱田作物为主，粮食产量低。该土系表层浅薄，养分总储量低，地下水位较高，潜在肥力难以发挥，土壤呈微酸性。改良措施：一是降低地下水位，提高土温；二是大量施用泥炭和石灰，增加黑土层厚度，中和土壤酸度和吸附土壤活性铝，清除毒害。

参比土种　　第二次土壤普查中与本土系大致相对的土种是中腐黄土质潜育白浆土。

代表性单个土体　　位于吉林省辉南县抚民镇四平街七队，42°32.237′N，126°28.021′E，海拔 398.0 m。地形为山区、半山区低山丘陵及熔岩台地缓坡或河谷阶地的低平地上部，成土母质为第四纪黄土状沉积物，旱田，种植大豆、玉米等农作物，调查时种植玉米。 野外调查时间为 2011 年 9 月 27 日，编号为 22-114。

辉南系代表性单个土体剖面

Ap:　　0～18 cm，浊黄橙色（10YR6/3，干），黑棕色（10YR3/2，润），粉质壤土，发育良好 5～10 mm 的团粒状结构，疏松，20～50 条 0.5～2 mm 大小的细根系，结构体表面有 2%～5%显著-扩散的 2～6 mm 大小的铁锈斑纹，pH 为 5.8，向下波状渐变过渡。

Bt:　　18～45 cm，灰白色（7.5YR8/1，干），灰棕色（7.5YR4/2，润），粉质黏壤土，发育较好的 10～20 mm 大小的块状结构，坚实，无根系，极少量片状的风化 6～20 mm 大小的石块，结构体表面有 2%～5%显著-扩散的 2～6 mm 大小的铁锈斑纹，pH 为 5.6，向下波状渐变过渡。

BCtr1:　45～67 cm，灰白色（10YR8/2，干），浊黄棕色（10YR5/4，润），粉质壤土，发育中等的 10～20 mm 大小的块状结构，坚实，无根系，少量片状的风化 6～20 mm 大小的长石石块，<2% 2～6 mm 的软铁锰结核，pH 为 6.0，向下波状渐变过渡。

BCtr2:　67～97 cm，淡橙色（7.5YR7/3，干），棕色（7.5YR4/6，润），粉质壤土，发育较差的 5～10 mm 大小的棱块状结构，很坚实，无根系，结构体表面有 2%～5%显著-扩散的极 2～6 mm 大小的铁锈斑纹，pH 为 6.4，向下波状渐变过渡。

Cr:　　97～128 cm，浅黄橙色（10YR8/2，干），淡棕色（7.5YR5/4，润），粉质壤土，发育差的 <5 mm 大小的核块状结构，很坚实，无根系，结构体表面有 2%～5%显著-扩散的 2～6 mm 大小的铁锈斑纹，pH 为 6.6。

辉南系代表性单个土体物理性质

土层	深度/cm	细土颗粒组成(粒径：mm)/(g/kg)			质地	容重/(g/cm³)
		砂粒 2～0.05	粉粒 0.05～0.002	黏粒 <0.002		
Ap	0～18	218	581	201	粉质壤土	1.24
Bt	18～45	141	489	370	粉质黏壤土	1.49
BCtr1	45～67	122	659	219	粉质壤土	1.37
BCtr2	67～97	238	644	118	粉质壤土	1.42
Cr	97～128	144	689	167	粉质壤土	1.51

辉南系代表性单个土体化学性质

深度/cm	pH (H₂O)	有机碳(C) /(g/kg)	全氮(N) /(g/kg)	全磷(P) /(g/kg)	全钾(K) /(g/kg)	CEC /(cmol/kg)
0～18	5.8	45.5	4.80	0.79	19.3	39.1
18～45	5.6	17.9	2.01	0.66	16.2	21.0
45～67	6.0	6.0	0.65	0.61	15.2	11.3
67～97	6.4	3.4	0.44	0.60	13.3	15.8
97～128	6.6	2.2	0.34	0.54	10.2	15.9

9.7　斑纹简育冷凉淋溶土

9.7.1　砬门子系（Lamenzi Series）

土　　族：黏壤质混合型酸性湿润-斑纹简育冷凉淋溶土
拟定者：隋跃宇，李建维，张锦源，陈一民

分布与环境条件　本土系分布于吉林省东部山区、半山区较平缓山麓台地，海拔一般在 300～400 m，在珲春、安图、柳河有小面积分布。总面积 0.1 万 hm²。该土系母质为第四纪黄土状沉积物。所处地势一般为低台地，外排水易流失，渗透慢。现种植玉米，属于温带大陆性季风气候，年均日照 2479 h，年均气温 4.7℃，无霜期 130 d 左右，年均降水量 670 mm，≥10℃积温 2750℃。

砬门子系典型景观

土系特征与变幅　本土系的诊断层有淡薄表层、黏化层，诊断特性有氧化还原特征、冷性土壤温度状况和湿润土壤水分状况，具有潜育现象。淡薄表层 20 cm 左右，黏化层位于 17～67 cm 深度，厚度为 50 cm 左右，上层黏粒淋溶迁移到此层，与上层黏粒比＞1.2，出现氧化还原特征，具有铁锰斑纹新生体。潜育现象出现在 91～123 cm 深度，具有潜育斑。土壤通体含有少量砾石，无石灰反应，层次间过渡渐变，容重在 1.20～1.54 g/cm³，细土质地以粉质黏壤土为主。

对比土系　与同亚纲的孟岭系相比，砬门子系的上层土有机碳含量较高，潜育现象出现在 91～123 cm 深度，具有潜育斑；而孟岭系仅有潜育现象。

利用性能综述　本土系分布于低山丘陵坡度较缓的部位，土壤侵蚀较轻，土体厚，质地较轻，下部黏重，透水性差，土壤肥力中等，20 世纪 80 年代初期多为林地，现大部分开垦为农田，表层养分含量减少，土壤质量退化，坡度较大的部位侵蚀严重。应对耕地加强管理，增加有机肥和有机物料的投入，增施磷、钾肥，培肥土壤。对侵蚀严重的土壤要退耕还林。

参比土种　第二次土壤普查中与本土系大致相对的土种是中位黄土质草甸白浆土。

代表性单个土体　位于吉林省柳河县砬门子乡四大门村西北 200 m，44°55.250′N，125°48.375′E，海拔 359.0 m。地形为山区、半山区较平缓山麓台地，成土母质为第四纪黄土状沉积物，旱田，调查时种植玉米。野外调查时间为 2011 年 9 月 25 日，编号为 22-110。

Ah：　0～17 cm，浊黄橙色（10YR7/2，干），暗棕色（10YR3/3，润），粉质壤土，发育良好的 5～10 mm 大小的团粒状结构，疏松，50～100 条 0.5～2 mm 大小的细根系，<2%次圆 5～20 mm 大小的风化砾石，pH 为 5.3，向下波状渐变过渡。

Bt1：　17～36 cm，浊黄橙色（10YR7/3，干），浊黄棕色（10YR5/4，润），粉质黏壤土，发育较好的 10～20 mm 大小的块状结构，稍坚实，20～50 条 0.5～2 mm 大小的细根系，<2%次圆 5～20 mm 大小的风化砾石，pH 为 6.1，向下波状渐变过渡。

Bt2：　36～67 cm，浅黄橙色（10YR8/3，干），明黄棕色（10YR6/6，润），粉质黏壤土，发育较好的 10～20 mm 大小的块状结构，稍坚实，20～50 条 0.5～2 mm 大小的细根系，<2%次圆 5～20 mm 大小的风化砾石，pH 为 6.2，向下波状渐变过渡。

砬门子系代表性单个土体剖面

Br1：　67～91 cm，灰白色（10YR8/2，干），浊黄橙色（10YR7/4，润），粉质壤土，发育中等的 5～10 mm 大小的棱块状结构，坚实，无根系，结构体表面有 5%～15%明显-清楚的 2～6 mm 大小的铁锈斑纹，<2%不规则黑色 2～6 mm 大小的软铁锰结核，pH 为 6.3，向下平滑渐变过渡。

Br2：　91～123 cm，灰白色（10YR8/1，干），浊黄橙色（10YR7/2，润），粉质壤土，发育中等的 5～10 mm 大的棱块状结构，很坚实，无根系，结构体表面有 2%～5%明显-清楚的 2～6 mm 的铁锈斑纹，2%～5% 2～6 mm 大小的软铁锰结核，pH 为 5.9，向下平滑清晰过渡。

Cr：　123～148 cm，浅黄橙色（10YR8/4，干），明黄棕色（10YR7/6，润），粉质黏壤土，发育中等的 5～10 mm 大小的棱块状结构，坚实，无根系，结构体表面有 2%～5%明显-清楚的 2～6 mm 大小的铁锈斑纹，5%～15%黑色 2～6 mm 大小的铁锰结核，pH 为 5.6。

砬门子系代表性单个土体物理性质

土层	深度/cm	石砾(>2mm,体积分数)/%	细土颗粒组成(粒径: mm)/(g/kg)			质地	容重/(g/cm³)
			砂粒 2～0.05	粉粒 0.05～0.002	黏粒 <0.002		
Ah	0～17	3	177	622	201	粉质壤土	1.20
Bt1	17～36	4	152	524	324	粉质黏壤土	1.34
Bt2	36～67	0	72	628	300	粉质黏壤土	1.41
Br1	67～91	0	87	688	225	粉质壤土	1.54
Br2	91～123	0	161	602	237	粉质壤土	—
Cr	123～148	0	77	555	368	粉质黏壤土	—

砬门子系代表性单个土体化学性质

深度/cm	pH(H₂O)	有机碳(C)/(g/kg)	全氮(N)/(g/kg)	全磷(P)/(g/kg)	全钾(K)/(g/kg)	CEC/(cmol/kg)
0～17	5.3	16.1	1.54	1.21	17.7	16.4
17～36	6.1	7.6	0.73	0.87	11.3	17.8
36～67	6.2	3.9	0.46	1.10	20.7	13.6
67～91	6.3	2.3	0.35	0.63	24.2	15.2
91～123	5.9	1.9	0.36	0.47	21.4	25.3
123～148	5.6	1.8	0.35	0.32	19.8	—

9.8　普通钙积干润淋溶土

9.8.1　腰塘子系（Yaotangzi Series）

土　族：壤质混合型冷性-普通钙积干润淋溶土
拟定者：隋跃宇，李建维，张锦源，陈一民

分布与环境条件　腰塘子系分
布在吉林省西部起伏台地缓坡下
部或低平地，海拔 150 m 左右。
主要见于洮南、大安、通榆、乾
安等县（市）。总面积 6.59 万 hm²，
其中耕地面积 1.89 万 hm²，占
土系面积的 28.7%。母质为黄土
状亚砂土，旱田。属温带大陆性
季风气候，年均日照 2419.7 h，
年均气温 6.2℃，无霜期 145 d，
年均降水量 372.6 mm，≥10℃
积温 2934.6℃。

腰塘子系典型景观

土系特征与变幅　本土系的诊断层有淡薄表层、黏化层，诊断特性有石灰性、冷性土壤
温度状况和半干润土壤水分状况，具有钙积现象。淡薄表层 20 cm 左右，黏化层位于 19～
46 cm 深度，厚度为 30 cm 左右，上层黏粒淋溶迁移到此层，与上层黏粒比＞1.2。46 cm
以下出现钙积现象，具有石灰结核和石灰斑纹新生体。土壤通体具有强石灰反应，层次
间过渡渐变，容重一般在 1.21～1.47 g/cm³，细土质地以砂质壤土为主。

对比土系　与万顺系相比，腰塘子系盐分含量高，碱化度大，碳酸钙含量相对较高，地
势相对较低，土壤有机碳含量较低，质地为砂质壤土，母质为黄土状亚砂土；而万顺系
碳酸盐含量相对较低，地势相对平坦，土壤有机碳含量较高，质地为壤土，母质为石灰
性黄土沉积物。

利用性能综述　腰塘子系盐分含量高，碱化度大，对作物有明显抑制作用，且土壤养分
含量低，种植耐盐作物尚有较严重的缺苗断条现象，因此不适合农业生产。目前该土种
多为荒地或草原等，已发展牧业，已垦耕地宜退耕还牧，少量有农业利用价值的耕地可
通过增施有机肥料、科学施用化肥、加强耕作管理、积极种植绿肥等，不断改良土壤，
培肥地力。据试验，种植草木犀、苜蓿等绿肥改良土种，对提高粮食产量均有良好效果。

参比土种　第二次土壤普查中与本土系大致相对的土种是中度砂黄土质盐化黑钙土。

代表性单个土体　位于吉林省乾安县腰塘子井泡子北 200 m，45°00.965′N，124°06.959′E，海拔 140.1 m；地形为起伏台地缓坡下部或低平地部位，成土母质为黄土状亚砂土，旱田，种植谷子、玉米、大豆等，调查时种植玉米。野外调查时间为 2010 年 10 月 10 日，编号为 22-073。

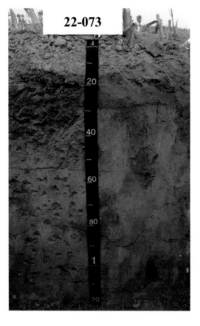

腰塘子系代表性单个土体剖面

Ap:　0～19 cm，灰黄棕色（10YR6/2，干），浊黄棕色（10YR4/3，润），砂质壤土，发育良好的 5～10 mm 大小的团粒状结构，疏松，50～100 条 0.5～2 mm 大小的细根系，1～20 条 2～10 mm 大小的中粗根系，强石灰反应，pH 为 7.9，向下波状清晰过渡。

Btk:　19～46 cm，浊黄橙色（10YR7/2，干），浊黄棕色（10YR5/3，润），壤土，发育较好的 10～20 mm 大小的块状结构，坚实，20～50 条 0.5～2 mm 大小的细根系，1～20 条 2～10 mm 大小的中粗根系，强石灰反应，pH 为 8.0，向下不规则渐变过渡。

BCk:　46～78cm，浊黄橙色（10YR7/3，干），浊黄橙色（10YR6/4，润），砂质壤土，发育中等的 5～10 mm 大小的棱块状结构，坚实，1～20 条 0.5～2 mm 大小的细根系，<2%不规则白色的 6～20 mm 的石灰结核，强石灰反应，pH 为 8.1，向下不规则清晰过渡。

Ck:　78～137cm，灰白色（10YR8/2，干），浊黄橙色（10YR6/3，润），壤土，发育较差的<5 mm 大小的核块状结构，稍坚实，无根系，结构体表面有 5%～15%明显-清楚的 2～6 mm 大小的石灰斑纹，<2%不规则白色的 6～20 mm 大小的软石灰结核，强石灰反应，pH 为 8.1。

腰塘子系代表性单个土体物理性质

土层	深度/cm	细土颗粒组成(粒径: mm)/(g/kg)			质地	容重/(g/cm³)
		砂粒 2～0.05	粉粒 0.05～0.002	黏粒 <0.002		
Ap	0～19	545	328	127	砂质壤土	1.21
Btk	19～46	388	439	173	壤土	1.35
BCk	46～78	445	487	68	砂质壤土	1.41
Ck	78～137	398	478	124	壤土	1.47

腰塘子系代表性单个土体化学性质

深度/cm	pH (H₂O)	有机碳(C) /(g/kg)	全氮(N) /(g/kg)	全磷(P) /(g/kg)	全钾(K) /(g/kg)	CEC /(cmol/kg)	碳酸盐相当物含量 /(g/kg)
0～19	7.9	7.7	1.11	0.22	26.9	11.9	75.3
19～46	8.0	5.8	1.01	0.23	25.6	16.6	125.3
46～78	8.1	2.5	0.49	0.22	26.6	19.5	134.2
78～137	8.1	2.0	0.49	0.19	26.2	14.1	129.8

9.9　普通简育干润淋溶土

9.9.1　万顺系（Wanshun Series）

土　　族：壤质混合型石灰性冷性-普通简育干润淋溶土
拟定者：隋跃宇，李建维，焦晓光，向　凯，王其存

万顺系典型景观

分布与环境条件　万顺系分布于吉林省中部偏西松辽平原起伏台地缓坡下部或台地间平缓低地，海拔一般在 180 m 左右。以梨树、扶余、农安面积较大，其次为前郭、大安、长岭、德惠、洮南，共 8 个县（市）。总面积 11.47 万 hm²，其中耕地 6.31 万 hm²，占土系面积的 55.0%。母质为石灰性黄土沉积物。属温带大陆性季风气候，年均日照 2695.2 h，年均气温 4.7℃，无霜期 145 d，年均降水量 507.7 mm，≥10℃积温 2800℃。

土系特征与变幅　本土系的诊断层有淡薄表层和黏化层，诊断特性有氧化还原特征、石灰性、冷性土壤温度状况和半干润土壤水分状况，具有钙积现象。黏化层位于 48～81 cm 深度，厚度为 33 cm 左右，上层黏粒淋溶迁移到此层，与上层黏粒比＞1.2。氧化还原特征出现在黏化层，具有铁锈斑纹和石灰斑纹等新生体。通体强石灰反应，黏化层有一定钙积现象。土壤容重一般在 1.22～1.45 g/cm³，细土质地以壤土为主。

对比土系　与腰塘子系相比，万顺系具有淡薄表层，有黏化层，质地以壤土为主；而腰塘子系的土壤水分状况是半干润土壤水分状况，盐分含量高，碱化度大，无暗沃表层，质地以砂质壤土为主。

利用性能综述　万顺系适合种植玉米、高粱、谷子等粮食作物，特别是种植向日葵、甜菜等油料经济作物。土壤质地较黏，耕性较差，适耕期短，应掌握土壤墒情及时播种，土壤中含有盐分，但盐碱较轻，一般不影响出苗，作物可较好地生长，种植玉米产量可达 4500 kg/hm² 左右。在管理上除应重视农肥和氮素化肥外，还要特别重视磷肥的施用，使营养比例合理配合。有条件的可通过压砂、施炉灰渣等方法改良土壤黏性，增强通透性。水源充足的地方可开发水田以利洗盐改土，但应搞好灌排配套工程，防止次生盐渍化。对于现有草原应加强管理，防止牲畜过度啃食践踏，促进草原恢复，防止进一步退

化，有条件的可采取人工种草、草地施肥等措施，加强草原建设，提高牧草产量与质量。

参比土种 第二次土壤普查中与本土系大致相对的土种是轻度黄土质盐化黑钙土。

代表性单个土体 位于吉林省农安县万顺乡原畜牧场东 200 m，44°31.820′N，125°00.762′E，海拔 196.5 m。地形为起伏台地缓坡下部或台地间平缓低地部位，成土母质为石灰性黄土沉积物，旱田，种植玉米。野外调查时间为 2009 年 10 月 4 日，编号为22-011。

万顺系代表性单个土体剖面

Ap: 0~17 cm，灰黄棕色（10YR5/2，干），灰黄棕色（10YR4/2，润），壤土，发育良好的 5~10 mm 大小的团粒状结构，疏松，50~100 条 0.5~2 mm 大小的细根系，强石灰反应，pH 为 8.0，向下波状清晰过渡。

Bk : 17~48 cm，灰黄棕色（10YR5/2，干），灰黄棕色（10YR4/2，润），壤土，发育中等的 10~20 mm 大小的团块状结构，稍坚实，20~50 条 0.5~2 mm 大小的细根系，结构体表面有 2%~5%清晰-扩散的 2~6 mm 大小的石灰斑纹，强石灰反应，pH 为 8.1，向下波状渐变过渡。

BCtk：48~81 cm，浊黄橙色（10YR7/3，干），浊黄橙色（10YR6/4，润），壤土，发育较好的 10~20 mm 大小的块状结构，稍坚实，1~20 条 0.5~2 mm 大小的细根系，结构体表面有 2%~5%模糊-扩散的 2~6 mm 大小的石灰斑纹和铁锈斑纹，<2%不规则的白色软石灰结核，极强石灰反应，pH 为 8.2，向下波状渐变过渡。

C： 81~130 cm，浊黄橙色（10YR7/3，干），浊黄橙色（10YR6/4，润），粉质壤土，发育中等的 5~10 mm 大小的棱块状结构，坚实，无根系，极强石灰反应，pH 为 8.5。

万顺系代表性单个土体物理性质

土层	深度/cm	细土颗粒组成（粒径：mm)/(g/kg)			质地	容重/(g/cm³)
		砂粒 2~0.05	粉粒 0.05~0.002	黏粒 <0.002		
Ap	0~17	416	438	146	壤土	1.22
Bk	17~48	409	472	119	壤土	1.41
BCtk	48~81	386	462	152	壤土	1.44
C	81~130	297	565	138	粉质壤土	1.45

万顺系代表性单个土体化学性质

深度/cm	pH (H$_2$O)	有机碳(C) /(g/kg)	全氮(N) /(g/kg)	全磷(P) /(g/kg)	全钾(K) /(g/kg)	CEC /(cmol/kg)	碳酸盐相当物含量 /(g/kg)
0～17	8.0	14.2	1.36	0.41	22.3	20.3	51.5
17～48	8.1	12.6	0.79	0.34	12.5	19.3	77.1
48～81	8.2	6.2	0.37	0.25	19.6	16.2	67.2
81～130	8.5	3.9	0.32	0.21	19.8	16.0	63.8

9.10　普通简育湿润淋溶土

9.10.1　太王系（Taiwang Series）

土　族：壤质混合型非酸性暖性-普通简育湿润淋溶土
拟定者：隋跃宇，李建维，陈一民

分布与环境条件　本土系分布于吉林省中部南端丘陵黄土状台地上，仅见于集安市。该土系母质为第四纪黄土状沉积物。所处地势一般为低台地，外排水易流失，渗透性较差。现为葡萄园，属于温带大陆性季风气候，年均日照 2137.7 h，年均气温 7.9℃，无霜期 149 d 左右，年均降水量 791.5 mm，≥10℃积温 2900℃。

太王系典型景观

土系特征与变幅　本土系的诊断层有淡薄表层、黏化层，诊断特性有温性土壤温度状况和湿润土壤水分状况。淡薄表层 44 cm 左右，黏化层位于 44～85 cm 深度，厚度为 40 cm 左右，上层黏粒淋溶迁移到黏化层，与上层黏粒比＞1.2。土壤通体少量砾石，无石灰反应，层次间过渡渐变，容重一般在 1.15～1.45 g/cm³，细土质地以粉质壤土为主。

对比土系　与太平岭系相比，太王系上层土壤有机碳含量较低，为淡薄表层；而太平岭系上层土壤有机碳含量较高，为暗沃表层。

利用性能综述　本土系土体深厚，养分含量中等，质地黏重，保水保肥性能较强。适合种植玉米、高粱、大豆等作物，但是坡度较大，易发生水土流失，易受春旱威胁。改良利用应以种植旱作为主，重点是搞好水土保持和土壤培肥，如等高种植、环山打垄、修建水平梯田，防止土壤侵蚀。同时增施有机肥和秸秆还田，合理施用化肥，以培肥表土。

参比土种　第二次土壤普查中与本土系大致相对的土种是深位砂砾质棕壤。

代表性单个土体　位于吉林省集安市太王镇上解放村变电站北 500 m，41°11.654′N，126°17.483′E，海拔 217.0 m。地形为丘陵黄土状台地上部，成土母质为第四纪黄土状沉积物，草地。野外调查时间为 2011 年 9 月 24 日，编号为 22-108。

太王系代表性单个土体剖面

Ah: 0～17 cm, 淡橙色（7.5YR6/4, 干）, 棕色（7.5YR4/4, 润）, 壤土, 发育良好的 5～10 mm 大小的团粒状结构, 稍坚实, 50～100 条 0.5～2 mm 的细根系, <2%角状风化石块, pH 为 6.4, 向下平滑渐变过渡。

AB: 17～44 cm, 橙色（7.5YR6/6, 干）, 明棕色（7.5YR5/6, 润）, 壤土, 发育较好的 10～20 mm 大小的块状结构, 坚实, 20～50 条 0.5～2 mm 大小的细根系, pH 为 6.4, 向下平滑渐变过渡。

Bt: 44～85 cm, 浅橙色（7.5YR8/6, 干）, 明棕色（7.5YR5/6, 润）, 粉质壤土, 发育较差的<5 mm 大小的核块状结构, 坚实, 无根系, <2%角状风化石块, pH 为 6.8, 向下平滑渐变过渡。

C: 85～125 cm, 橙色（7.5YR6/6, 干）, 棕色（7.5YR4/6, 润）, 粉质壤土, 发育较差的<5 mm 大小的核块状结构, 很坚实, 无根系, pH 为 6.8。

太王系代表性单个土体物理性质

土层	深度/cm	石砾(>2mm, 体积分数)/%	细土颗粒组成(粒径: mm)/(g/kg)			质地	容重/(g/cm³)
			砂粒 2～0.05	粉粒 0.05～0.002	黏粒 <0.002		
Ah	0～17	3	422	326	212	壤土	1.15
AB	17～44	1	469	362	169	壤土	1.27
Bt	44～85	2	173	662	165	粉质壤土	1.45
C	85～125	5	123	698	179	粉质壤土	1.40

太王系代表性单个土体化学性质

深度/cm	pH (H₂O)	有机碳(C) /(g/kg)	全氮(N) /(g/kg)	全磷(P) /(g/kg)	全钾(K) /(g/kg)	CEC /(cmol/kg)
0～17	6.4	6.3	0.51	0.27	32.2	21.6
17～44	6.4	3.5	0.40	0.28	30.1	21.3
44～85	6.8	2.7	0.36	0.20	31.2	24.7
85～125	6.8	2.8	0.34	0.23	38.1	24.3

第10章 雏 形 土

10.1 普通简育寒冻雏形土

10.1.1 长白岳桦系（Changbaiyuehua Series）

土　族：壤质混合型酸性-普通简育寒冻雏形土
拟定者：李建维，焦晓光，隋跃宇

分布与环境条件　本土系广泛
分布于长白山岳桦林景观带，海
拔 1800 m 左右，位于长白山火
山锥体的下部，这里山势陡峻、
气候恶劣、土层浅薄、土壤贫瘠，
但桦木科的小乔木——岳桦在
此顽强地生存。该系土壤母质
为火成碎屑沉积物。土体厚度
一般为 15 cm 左右，所处地势
较高，坡度陡峭，水分易流失，
渗透快，内排水良好。植被为
岳桦、牛皮杜鹃、小叶樟和兔
儿伞等。属高山严寒气候，年
均气温–6℃，无霜期 90 d 左右，年均降水量 1300 mm 左右，≥10℃积温 130℃。

长白岳桦系典型景观

土系特征与变幅　本土系的诊断层有雏形层，诊断特性有石质接触面、寒性土壤温度状
况和常湿润土壤水分状况，具有有机现象。地表有一层 5 cm 左右的枯枝落叶层，5 cm
左右的腐殖质层。雏形层在 4～11 cm，厚度为 7 cm 左右，由于该区域为寒性土壤温度
状况，雏形层厚度至少为 5 cm。石质接触面位于雏形层之下，在 11 cm 以下。土层非常
浅薄，通体无石灰反应，层次间过渡渐变，细土质地以壤土为主。

对比土系　与长白山北坡系相比，长白岳桦系土层非常浅薄，无草毡层，且雏形层厚度
较薄，约为 7 cm；而长白山北坡系有 6 cm 左右的草毡层，雏形层厚度为 26 cm，整个土
体也较厚。另外本土系有有机现象，而长白山北坡系没有有机现象。

利用性能综述　本土系分布处海拔高，山势陡峻，气候恶劣，土层浅薄，土壤贫瘠，母
质为火成碎屑沉积物，地面有凋落物覆盖，表层有机碳含量高，植被为岳桦，林下生长

牛皮杜鹃、小叶樟和兔儿伞等，现有森林覆被对调节气候、涵养水源、保持水土、维持生态平衡有不可估量的作用，应加强保护，严禁破坏。

参比土种　第二次土壤普查中与本土系大致相对的土种是薄层岩性暗棕壤性土。

代表性单个土体　位于吉林省长白山北坡保护区岳桦林，42°03.540′N，128°03.541′E，海拔 1771.0 m。地形为长白山火山锥体下部山势陡峭的坡地；成土母质为火成碎屑沉积物；林地，植被为岳桦，林下生长牛皮杜鹃、小叶樟和兔儿伞等。野外调查时间为 2011 年 9 月 23 日，编号为 22-104。

Oi：　+5～0 cm，灰黄棕色（10YR4/2，干），黑棕色（10YR2/2，润），疏松，湿润，酸性，pH 为 4.6，向下平滑清晰过渡。

Ah：　0～4 cm，灰黄棕色（10YR5/2，干），黑棕色（10YR2/3，润），砂质壤土，发育良好的 5～10 mm 大小的团粒结构，疏松，50～100 条 0.5～2 mm 大小的细根系，较湿润，酸性，pH 为 4.3，向下平滑清晰过渡。

Bw：　4～11 cm，浊黄橙色（10YR6/3，干），暗棕色（10YR3/3，润），壤土，发育较好的 10～20 mm 大小的团块结构，疏松，20～50 条 0.5～2 mm 大小的细根系，较湿润，酸性，pH 为 4.6。

长白岳桦系代表性单个土体剖面

长白岳桦系代表性单个土体物理性质

土层	深度/cm	细土颗粒组成(粒径：mm)/(g/kg)			质地
		砂粒 2～0.05	粉粒 0.05～0.002	黏粒 <0.002	
Oi	+5～0	—	—	—	—
Ah	0～4	572	268	160	砂质壤土
Bw	4～11	377	438	185	壤土

长白岳桦系代表性单个土体化学性质

深度/cm	pH (H₂O)	有机碳(C) /(g/kg)	全氮(N) /(g/kg)	全磷(P) /(g/kg)	全钾(K) /(g/kg)	CEC /(cmol/kg)
+5～0	4.6	261.6	15.45	1.34	9.6	53.9
0～4	4.3	70.2	4.30	0.73	11.9	21.9
4～11	4.6	28.2	1.74	0.19	31.1	14.2

10.1.2 长白山北坡系（Changbaishanbeipo Series）

土　族：粗骨壤质混合型非酸性-普通简育寒冻雏形土
拟定者：隋跃宇，焦晓光，李建维，张锦源

分布与环境条件　本土系分布
于吉林省抚松、长白、安图三
县接壤的长白山自然保护区内
主峰白云峰落叶松林下，海拔
多在 1600～1800 m。母质为黑
色浮石和玄武岩风化物，外排
水易积水，渗透性一般，排水
中等。属温带大陆性季风气候，
年均气温–5℃，无霜期 90 d，
年均降水量 1000.6 mm，≥10℃
积温 1000℃。

长白山北坡系典型景观

土系特征与变幅　本土系的诊断层有草毡层、雏形层，诊断特性有准石质接触面、寒性
土壤温度状况和湿润土壤水分状况。地表有一层 6 cm 左右的草毡层，10 cm 左右的淡薄
表层，含有少量浮石。雏形层在 10～36 cm，厚度为 26 cm 左右。准石质接触面位于雏
形层之下，在 36 cm 以下，含有大量浮石。土壤通体无石灰反应，层次间过渡渐变，细
土质地以砂质壤土为主。

对比土系　长白山北坡系与长白岳桦系相比，本土系有 6 cm 左右的草毡层，雏形层厚度
为 26 cm，整个土体较厚；而长白岳桦系土壤非常浅薄，无草毡层，且雏形层厚度较薄，
约为 7 cm。另外长白岳桦系有有机现象，而长白山北坡系无有机现象。

利用性能综述　本土系分布地势海拔高，气候阴湿冷凉，母质为黑色浮石和玄武岩风化
物，土体疏松，通气透水性强，地面有凋落物覆盖，表层有机碳含量高，适合林木生长，
是长白山地区的主要土壤。植被以长白落叶松、云杉、冷杉为主，夹有红松和美人松，
林木繁茂，每公顷蓄积量可达 300～600 m³，成熟林占绝大部分，现有森林覆被对调节
气候、涵养水源、保持水土、维持生态平衡有不可估量的作用，应加强保护，严禁破坏。

参比土种　第二次土壤普查中与本土系大致相对的土种是薄层火山灰棕色针叶林土。

代表性单个土体　位于吉林省长白山保护区北坡松林，42°04.411′N，128°03.796′E，海
拔 1690.0 m。地形为山坡低平地，成土母质为黑色浮石和玄武岩风化物，植被为松林。
野外调查时间为 2011 年 9 月 22 日，编号为 22-103。

长白山北坡系代表性单个土体剖面

Oi：　+6～0 cm，100～200 条 0.5～2 mm 大小的细根系盘结，pH 为 5.4。

Ah：　0～10 cm，灰黄棕色（10YR6/2，干），黑棕色（10YR3/2，润），砂质壤土，发育良好的 5～10 mm 大小的团粒状结构，疏松，100～200 条 0.5～2 mm 大小的细根系，2%～5%次圆的风化浮石碎屑和玄武岩碎屑，pH 为 6.3，向下平滑清晰过渡。

AC：　10～36 cm，浊黄橙色（10YR7/4，干），棕色（10YR4/4，润），砂质壤土，发育差的<5 mm 大小的核块状结构，疏松，20～50 条 0.5～2 mm 大小的细根系，15%～40%次圆的风化浮石碎屑和玄武岩碎屑，pH 为 6.5。

R：　36 cm 以下，岩石。

长白山北坡系代表性单个土体物理性质

| 土层 | 深度/cm | 石砾(>2mm, 体积分数)/% | 细土颗粒组成(粒径: mm)/(g/kg) | | | 质地 |
			砂粒 2～0.05	粉粒 0.05～0.002	黏粒 <0.002	
Ah	0～10	36	644	235	121	砂质壤土
AC	10～36	57	522	340	138	砂质壤土

长白山北坡系代表性单个土体化学性质

深度/cm	pH (H₂O)	有机碳(C) /(g/kg)	全氮(N) /(g/kg)	全磷(P) /(g/kg)	全钾(K) /(g/kg)	CEC /(cmol/kg)
+6～0	5.4	78.1	4.32	—	—	13.3
0～10	6.3	22.3	1.18	0.71	28.2	9.4
10～36	6.5	5.1	0.35	0.44	33.5	6.0

10.2 水耕暗色潮湿雏形土

10.2.1 三家子系（Sanjiazi Series）

土 族：壤质混合型石灰性冷性−水耕暗色潮湿雏形土
拟定者：隋跃宇，李建维，张锦源，徐 欣，周 珂

分布与环境条件 本土系多出现于吉林省中西部的前郭、双辽、扶余、公主岭 4 个县（市）的起伏台地及河谷阶地的低平地上。母质为河湖沉积物。三家子系起源于石灰性草甸土，多数土体厚度≥150 cm。地势低洼，水田季节性淹水，排水差，渗透较慢，内排水慢。种植水稻，一年一熟。年均日照 2433.9 h，年均气温 5.3℃，无霜期 135 d，年均降水量 469.7 mm，≥10℃积温 2805℃。

三家子系典型景观

土系特征与变幅 本土系诊断层包括暗沃表层，诊断特性有氧化还原特征、石灰性、冷性土壤温度状况和人为滞水土壤水分状况，具有水耕现象。本土系暗沃表层厚度在 60 cm 左右，盐基饱和度≥50%。在耕作层之下，有锈纹锈斑和铁锰结核等新生体，通体具有石灰反应。土壤容重一般在 1.13～1.35 g/cm³，细土质地以粉质壤土为主。

对比土系 与相邻额穆系相比，三家子系土体中有河流冲积或沉积层理，有较深厚的埋藏，土壤上层砂粒含量较大，土层较复杂；而额穆系无埋藏，土壤下层砂粒含量较多。

利用性能综述 三家子系表层黑土层深厚，腐殖质含量高，养分含量丰富。今后农业利用上，首先应注意保护和培肥土壤，加强耕作和水肥管理，实施配方施肥，合理调整氮、磷化肥的比例，提高肥料的利用率；其次是注意排水和排盐，防止土壤盐渍化。

参比土种 第二次土壤普查中与本土系大致相对的土种是薄腐淹育水稻土。

代表性单个土体 位于吉林省松原市扶余市大三家子乡西三家子村西崴子屯南 1000 m，44°55.260′ N，125°48.360′ E，海拔 160 m。地形为起伏台地及河谷阶地的低平地上部，成土母质为湖积物；水田，种植水稻。野外调查时间为 2010 年 9 月 30 日，编号为 22-050。

三家子系代表性单个土体剖面

Ap: 0~22 cm，棕灰色（10YR5/1，干），黑棕色（10YR3/1，润），粉质壤土，发育较好的10~20 mm的块状结构，坚实，中量极细根系，中度石灰反应，pH为7.5，向下平滑清晰过渡。

Br1: 22~61 cm，灰黄棕色（10YR5/2，干），黑棕色（10YR3/2，润），粉质壤土，粒状结构，疏松，中量极细根系，极少量<2mm的铁锰斑纹，中度石灰反应，pH为7.5，向下平滑模糊过渡。

Br2: 61~75 cm，黄橙色（10YR6/3，干），黄棕色（10YR4/3，润），粉质壤土，粒状结构，有少量的铁锰斑纹及铁锰结核，中度石灰反应，pH为7.4，向下平滑模糊过渡。

2Ab: 75~96 cm，灰黄棕色（10YR4/2，干），黑色（10YR1.7/1，润），粉质壤土，粒状结构，坚实，中度石灰反应，pH为7.6，向下平滑清晰过渡。

2ABrb: 96~120 cm，黄棕色（10YR5/3，干），黑棕色（10YR3/2，润），粉质壤土，团粒结构，坚实，有极少量铁锰斑纹及铁锰结核，强烈石灰反应，pH为7.7，向下波状清晰过渡。

2Cr: 120~150 cm，粉质壤土，团块结构，坚实，结构体外有15%~40%显著-扩散的≥20 mm大小的铁锰斑纹，2%~5%球形黑色2~6 mm大小的铁锰结核，软硬皆有，极强石灰反应，pH为7.6。

三家子系代表性单个土体物理性质

土层	深度/cm	细土颗粒组成(粒径: mm)/(g/kg)			质地	容重/(g/cm³)
		砂粒 2~0.05	粉粒 0.05~0.002	黏粒 <0.002		
Ap	0~22	253	613	134	粉质壤土	1.20
Br1	22~61	353	509	138	粉质壤土	1.15
Br2	61~75	155	714	131	粉质壤土	1.32
2Ab	75~96	156	721	123	粉质壤土	1.35
2ABrb	96~120	343	512	145	粉质壤土	—
2Cr	120~150	311	534	155	粉质壤土	—

三家子系代表性单个土体化学性质

深度/cm	pH (H₂O)	有机碳(C) /(g/kg)	全氮(N) /(g/kg)	全磷(P) /(g/kg)	全钾(K) /(g/kg)	CEC /(cmol/kg)	碳酸钙相当物含量 /(g/kg)
0～22	7.5	22.5	1.40	0.91	25.5	15.3	57.9
22～61	7.5	19.4	1.17	1.33	21.2	14.6	32.3
61～75	7.4	21.2	1.38	1.11	27.5	16.3	40.7
75～96	7.6	49.5	3.42	1.98	18.1	28.0	49.6
96～120	7.7	52.8	0.82	1.49	17.2	17.3	296.6
120～150	7.6	55.5	0.90	1.51	16.9	19.6	334.9

10.3 漂白暗色潮湿雏形土

10.3.1 杨树系（Yangshu Series）

土　　族：壤质混合型非酸性冷性-漂白暗色潮湿雏形土
拟定者：隋跃宇，李建维，焦晓光，王其存

杨树系典型景观

分布与环境条件　本土系广泛分布在吉林省中东部地区河谷低阶地，地形平坦开阔，海拔一般在 160～200 m。分布面积较大的县（市）主要有榆树、九台、德惠、桦甸、舒兰、东辽、敦化，均在 600 hm² 以上。总面积 2.56 万 hm²，其中耕地面积 1.30 万 hm²，占土系面积的 50.8%。母质为远河静水沉积物，旱田耕地。属温带大陆性季风气候，年均日照 2695.2 h，年均气温 4.4℃，无霜期 144 d，年均降水量 520 mm，≥10℃积温 2851℃。

土系特征与变幅　本土系的诊断层有暗沃表层、漂白层，诊断特性有潜育特征、氧化还原特征、冷性土壤温度状况和湿润土壤水分状况。本土系潜育层在暗沃表层之下，位于 60～80 cm，潜育层和母质层具有氧化还原特征，出现铁锈斑纹新生体。本土系由洪积物在地势低洼处堆积发育而成。容重一般在 1.17～1.45 g/cm³，细土质地以粉质壤土为主。

对比土系　与板石系相比，杨树系无黏化层，质地以粉质壤土为主；而板石系有黏化层，质地以壤土为主。

利用性能综述　杨树系暗沃表层较厚，土壤养分较高，但是土体冷浆，是待改良的土壤之一。主要表现为土壤肥力低，虽有一定潜在肥力，但难以发挥出来，黏重冷浆，耕作性较差，物理性状不良，春天小苗发育缓慢，群众俗称为小苗"发锈"。目前多种植玉米、水稻、高粱、大豆等作物，玉米平均产量 7500～10 000 kg/hm²。今后利用应增施腐熟性肥料，增加黑土层厚度；客土压砂，改善土壤质地，增加土壤的通透性；挖排水沟，降低地下水位，改变土质冷浆性，条件成熟的地方可以开发水田种水稻；在化肥施用上要注意氮、磷、钾肥的配施比例，尤其注意钾肥的施用，促进小苗的发育。

参比土种　第二次土壤普查中与本土系大致相对的土种是薄腐冲积草甸土。

代表性单个土体 位于吉林省德惠市杨树乡头道山湾西，44°34.236′N，126°03.263′E，海拔 165.6 m。地形为河谷低阶地和地形平坦开阔地，成土母质为远河静水沉积物，旱田，调查时种植玉米。野外调查时间为 2009 年 9 月 30 日，编号为 22-002。

Ap: 0～25 cm，灰黄棕色（10YR4/2，干），黑棕色（10YR2/2，润），粉质壤土，发育中等的 10～20 mm 大小的团块状结构，稍坚实，50～100 条 0.5～2 mm 大小的细根系，1～20 条 2～10 mm 大小的中粗根系，pH 为 7.6，向下平滑清晰过渡。

Ah: 25～58 cm，棕灰色（10YR4/1，干），黑色（10YR2/1，润），粉质壤土，发育良好的 5～10 mm 大小的团粒状结构，稍坚实，20～50 条 0.5～2 mm 大小的细根系，1～20 条 2～10 mm 大小的中粗根系，pH 为 7.5，向下平滑清晰过渡。

E: 58～82 cm，灰色（5Y6/1，干），灰色（5Y6/1，润），粉质壤土，发育良好的 5～10 mm 大小的团粒状结构，坚实，1～20 条 0.5～2 mm 大小的细根系，结构体表面有 15%～40%模糊-扩散的 2～6 mm 大小的铁锈斑纹，pH 为 7.3，向下平滑清晰过渡。

杨树系代表性单个土体剖面

BCg: 82～127 cm，浊黄橙色（10YR7/2，干），浊黄棕色（10YR5/2，润），粉质壤土，发育差的＜5 mm 大小的核块状结构，坚实，无根系，结构体内外皆有 15%～40%显著扩散的 6～20 mm 大小的铁锈斑纹，pH 为 7.5。

杨树系代表性单个土体物理性质

| 土层 | 深度/cm | 细土颗粒组成(粒径: mm)/(g/kg) | | | 质地 | 容重/(g/cm³) |
		砂粒 2～0.05	粉粒 0.05～0.002	黏粒 <0.002		
Ap	0～25	33	763	204	粉质壤土	1.17
Ah	25～58	54	704	242	粉质壤土	1.21
E	58～82	46	826	128	粉质壤土	1.45
BCg	82～127	24	754	222	粉质壤土	1.42

杨树系代表性单个土体化学性质

深度/cm	pH (H₂O)	有机碳(C) /(g/kg)	全氮(N) /(g/kg)	全磷(P) /(g/kg)	全钾(K) /(g/kg)	CEC /(cmol/kg)
0～25	7.6	14.7	1.37	0.47	19.2	24.3
25～58	7.5	23.7	2.17	0.57	18.5	21.7
58～82	7.3	3.9	0.42	0.44	8.7	16.1
82～127	7.5	2.6	0.39	0.38	13.5	17.7

10.4　酸性暗色潮湿雏形土

10.4.1　哈尔巴岭系（Ha'erbaling Series）

土　　族：黏质混合型冷性-酸性暗色潮湿雏形土
拟定者：隋跃宇，李建维，陈一民，张锦源

哈尔巴岭系典型景观

分布与环境条件　本土系在吉林省东、中部的山区、半山区多分布于山间沟谷或盆谷低洼地，在西部平原区多分布于沿河两岸河谷平原中的局部洼地。零星分布在全省各市（地、州）的 31 个县（市），海拔在 300 m 左右。该土系母质为洪冲积物。所处地势一般为坡的底部，外排水易积水，渗透性慢，内排水长期饱和，现种植大豆。属于温带大陆性季风气候，年均日照 2155.3 h，年均气温 4.3℃，无霜期 120 d 左右，≥10℃积温 2200℃，年均降水量 591.1 mm。

土系特征与变幅　本土系的诊断层有暗沃表层、雏形层，诊断特性有有机土壤物质、氧化还原特征、冷性土壤温度状况和潮湿土壤水分状况。本土系暗沃表层厚度在 110 cm 左右，腐殖质储量比（Rh）<0.4，但由于该土系有机碳在土层上不是递减的，所以不符合均腐殖质特性；耕层以下的暗沃层是由泥炭层退化而来，有机碳含量很高，且颜色明度多为 1.7。表面耕作层和下部母质层具有氧化还原特征，有大量铁锈斑纹等新生体。土体无砾石，无石灰反应，容重一般在 1.11~1.56 g/cm³，细土质地以粉质壤土为主。

对比土系　与江东系比较，哈尔巴岭系由于表层有覆盖，表层有机碳含量相对较低，以粉质壤土为主；而江东系表层有机碳含量较高，30 cm 深度以下有潜育层，土体质地较黏，以粉质黏壤土为主。

利用性能综述　本土系土壤上部有一层矿质覆盖土层，有机碳及养分含量均丰富，一般作旱田。主要问题是地势低洼、排水不畅，土壤常年处于过湿状态，冷浆易涝，土壤养分不易释放，特别是速效磷、钾缺乏，不发小苗，入伏后容易徒长，贪青晚熟，故产量不稳不高。改良利用措施：应修筑台田和挖排水沟，以降低地下水位，增加土壤的通透性，提高土温，促进有机碳分解转化；增施有机物料和磷钾肥；并可施用石灰改良土壤酸性，可利用地膜覆盖发展旱作，有水源条件的可种植水稻。

参比土种　第二次土壤普查中与本土系大致相对的土种是中腐坡冲积潜育草甸土。

代表性单个土体　位于吉林省敦化市大石头镇哈尔巴岭村南，43°16.218′N，128°38.233′E，海拔 550.0 m。地形为多分布于山间沟谷或盆谷低洼地，成土母质为洪冲积物，旱田，调查时种植大豆。野外调查时间为 2011 年 10 月 8 日，编号为 22-127。

Apr:　0～19 cm，灰黄棕色（10YR5/2，干），黑棕色（10YR2/2，润），粉质壤土，发育良好的 5～10 mm 大小的团粒状结构，疏松，100～200 条 0.5～2 mm 大小的细根系，孔隙周围有中量明显-清楚的 2～6 mm 大小的铁锈斑纹，pH 为 6.0，向下平滑清晰过渡。

Ber1: 19～40 cm，黑棕色（10YR3/1，干），黑色（10YR1.7/1，润），粉质壤土，发育中等的 10～20 mm 大小的团块状结构，疏松，20～50 条 0.5～2 mm 大小的细根系，孔隙周围有 2%～5%明显-清楚的 2～6 mm 大小的铁锈斑纹，pH 为 5.1，向下波状清晰过渡。

Ber2: 40～62 cm，黑棕色（10YR3/1，干），黑色（10YR1.7/1，润），粉质壤土，团块状结构，坚实，1～20 条 0.5～2 mm 大小的细根系，pH 为 5.2，向下平滑渐变过渡。

Ba:　62～109 cm，黑棕色（10YR2/1，干），黑色（10YR1.7/1，润），黏土，小粒状结构，稍坚实，无根系，pH 为 5.6，向下平滑渐变过渡。

哈尔巴岭系代表性单个土体剖面

Cr:　109～130 cm，浊黄橙色（10YR6/4，干），浊黄棕色（10YR5/4，润），黏质壤土，发育差的＜5 mm 大小的核块状结构，坚实，无根系；2%～5%次圆的风化 2～5 mm 大小的细砾，结构体表面有 2%～5%模糊-扩散的 2～6 mm 大小的铁锈斑纹，pH 为 5.9。

哈尔巴岭系代表性单个土体物理性质

土层	深度/cm	细土颗粒组成(粒径：mm)/(g/kg)			质地	容重/(g/cm³)
		砂粒 2～0.05	粉粒 0.05～0.002	黏粒 <0.002		
Apr	0～19	222	533	245	粉质壤土	1.11
Ber1	19～40	154	699	147	粉质壤土	1.28
Ber2	40～62	148	604	248	粉质壤土	1.26
Ba	62～109	202	365	433	黏土	1.45
Cr	109～130	377	256	367	黏质壤土	1.56

哈尔巴岭系代表性单个土体化学性质

深度/cm	pH (H₂O)	有机碳(C) /(g/kg)	全氮(N) /(g/kg)	全磷(P) /(g/kg)	全钾(K) /(g/kg)	CEC /(cmol/kg)
0~19	6.0	45.7	3.88	0.94	16.3	29.1
19~40	5.1	104.3	8.21	1.32	8.9	60.6
40~62	5.2	86.8	6.46	1.18	9.3	58.8
62~109	5.6	56.8	3.56	0.89	13.7	70.0
109~130	5.9	5.1	0.31	0.61	21.9	9.1

10.5 普通暗色潮湿雏形土

10.5.1 五台系（Wutai Series）

土   族：壤质混合型非酸性冷性-普通暗色潮湿雏形土
拟定者：隋跃宇，王其存，焦晓光，向 凯

分布与环境条件 本土系分布于吉林省中、东部低阶地上，海拔 160～200 m，主要分布于永吉、双阳、长春市郊、梨树、伊通、九台、榆树、东辽、公主岭等市（县、区）和地区，母质为第四纪河湖淤积物，具有冷性土壤温度状况和湿润土壤水分状况，自然植被为以小叶樟为主的杂草类。地形为低平地，年均温度 4.4℃，≥10℃ 积温 2871℃，无霜期 144 d，年降水量 520 mm。

五台系典型景观

土系特征与变幅 本土系的诊断层有暗沃表层，诊断特性有均腐殖质特性、潜育特征、氧化还原特征、冷性土壤温度状况和湿润土壤水分状况。本土系暗沃表层厚度在 80 cm 左右。本土系地势低，原为涝甸子，表层暗沃层由上坡的土壤流失堆积发育而来，黑土层深厚。潜育特征和氧化还原特征出现在暗沃层之下，有大量铁锈斑纹和铁锰结核等新生体。土体无砾石，无石灰反应，容重一般在 1.14～1.46 g/cm³，细土质地以粉质壤土为主。

对比土系 与同亚类的板石系相比，五台系地形为低平地，母质为第四纪河湖沉积物，暗沃表层深厚，在 80 cm 左右，质地以粉质壤土为主；而板石系是在河谷平原的远河静水沉积物上形成的土壤，暗沃表层较浅，在 20 cm 左右，质地以壤土为主。

利用性能综述 本土系腐殖质层深厚，养分储量高，质地适中，耕性好，适合种植各种作物，产量较高，属于高肥广适性土壤，绝大部分已经开垦为农田，很少有荒地，利用中注意防洪排涝，并注意保持和提高地力。

参比土种 第二次土壤普查中与本土系大致相对的土种是深腐黄土质黑土。

代表性单个土体 位于吉林省德惠市五台乡卢家村马家窝棚屯，44°28.080′ N，126°01.620′ E，海拔 170 m。地形为低阶地上部，成土母质为第四纪河湖淤积物，旱田，

多种植玉米、大豆，调查时种植玉米。野外调查时间为 2009 年 9 月 30 日，编号为 22-001。

五台系代表性单个土体剖面

Ap: 0～18 cm，灰黄棕色（10YR5/2，干），黑棕色（10YR2/2，润），粉质壤土，发育良好的 5～10 mm 大小的团粒状结构，疏松，100～200 条 0.5～2 mm 大小的细根系，pH 为 7.0，向下平滑清晰过渡。

Ah: 18～33 cm，棕灰色（10YR4/1，干），黑色（10YR1.7/1，润），粉质黏壤土，发育中等的 10～20 mm 大小的团块状结构，疏松，20～50 条 0.5～2 mm 大小的细根系，pH 为 6.9，向下波状清晰过渡。

Ahr1: 33～48 cm，灰黄棕色（10YR4/2，干），黑棕色（10YR2/2，润），粉质壤土，发育中等的 10～20 mm 大小的团块状结构，坚实，1～20 条 0.5～2 mm 大小的细根系，2%～5%不规则的黑色 2～6 mm 大小的软铁锰结核，pH 为 6.8，向下平滑渐变过渡。

Ahr2: 48～80 cm，灰黄棕色（10YR4/2，干），黑棕色（10YR2/2，润），粉质壤土，小粒状结构，稍坚实，无根系，2%～5%不规则的黑色 2～6 mm 大小的软铁锰结核，pH 为 6.8，向下平滑渐变过渡。

Cg: 80～140 cm，黄灰色（2.5Y6/1，干），黄灰色（2.5Y4/1，润），粉质黏壤土，发育差的<5 mm 大小的核块状结构，坚实，无根系，结构体表面有 5%～15%模糊-扩散的 2～6 mm 大小的铁锈斑纹，pH 为 6.9。

五台系代表性单个土体物理性质

土层	深度/cm	细土颗粒组成(粒径：mm)/(g/kg)			质地	容重/(g/cm³)
		砂粒 2～0.05	粉粒 0.05～0.002	黏粒 <0.002		
Ap	0～18	63	738	199	粉质壤土	1.18
Ah	18～33	46	655	299	粉质黏壤土	1.14
Ahr1	33～48	81	661	258	粉质壤土	1.22
Ahr2	48～80	60	752	188	粉质壤土	1.46
Cg	80～140	132	622	346	粉质黏壤土	1.55

五台系代表性单个土体化学性质

深度/cm	pH (H₂O)	有机碳(C) /(g/kg)	全氮(N) /(g/kg)	全磷(P) /(g/kg)	全钾(K) /(g/kg)	CEC /(cmol/kg)
0～18	7.0	20.8	1.82	0.75	20.4	21.5
18～33	6.9	20.8	1.82	0.75	20.4	27.2
33～48	6.8	24.7	1.59	0.61	22.1	27.2
48～80	6.8	22.7	1.43	0.59	20.8	29.6
80～140	6.9	5.1	0.60	0.31	18.5	17.3

10.5.2　烟筒山系（Yantongshan Series）

土　　族：壤质混合型非酸性冷性-普通暗色潮湿雏形土
拟定者：隋跃宇，焦晓光，李建维，王其存，向　凯

分布与环境条件　本土系在吉林省东、中部的山区、半山区多分布于山间沟谷或盆谷低洼地，在西部平原区多分布于沿河两岸河谷平原中的局部洼地。零星分布于全省 31 个县（市），海拔在 300 m 左右。该土系母质为洪积物。所处地形一般为山间谷地，外排水易积水，渗透性慢，内排水长期饱和。种植一年一熟，玉米-大豆轮作或玉米单作，现种植玉米。属于温带大陆性季风气候，年均日照 2345.0 h，年均气

烟筒山系典型景观

温 4.1℃，年均土温 6.4℃，无霜期 125 d 左右，年均降水量 676 mm，≥10℃积温 2501℃。

土系特征与变幅　本土系的诊断层为暗沃表层，诊断特性有高腐有机土壤物质、冷性土壤温度状况和潮湿土壤水分状况。原土壤为沼泽土，随着农田开垦退化后被埋藏，厚度约为 10 cm，其上有一层 20 cm 左右的矿质土表，母质层有氧化还原特征。细土颗粒以粉粒为主，质地多为粉质壤土。

对比土系　与三家子系相比，烟筒山系土壤上部有一层矿质覆盖土层，有机层（Oeb 层）有机碳含量高达 216.1 g/kg；而三家子系无其他土层覆盖，暗沃表层虽然厚度达 60 cm 左右，但有机碳含量较低，仅约 20 g/kg。

利用性能综述　本土系土壤上部有一层矿质覆盖土层，有机碳及养分含量均丰富，一般作旱田。主要问题是地势低洼，排水不畅，土壤常年处于过湿状态，冷浆易涝，土壤养分不易释放，特别是速效磷、钾缺乏，不发小苗，入伏后容易徒长，贪青晚熟，故产量不稳不高。改良利用措施：应修筑台田和挖沟排水，以降低地下水位，增加土壤的通透性，提高土温，促进有机碳分解转化；增施热性农家肥料和磷、钾肥的施用；可利用地膜覆盖发展旱作，有水源条件的可种植水稻。

参比土种　第二次土壤普查中与本土系大致相对的土种是薄层非石灰性低位泥炭土。

代表性单个土体　位于吉林省磐石市烟筒山镇小梨河村振兴屯 5 组，43°25.676′ N，126°02.039′ E，海拔 266.2 m。地形为山区、半山区的山间沟谷或盆谷低洼地；成土母质

为洪积物，未开垦之前为沼泽土，开垦后为旱田，种植玉米、大豆等农作物，调查时种植玉米。野外调查时间为 2009 年 10 月 14 日，编号为 22-021。

Ap:　0～18 cm，灰黄棕色（10YR4/2，干），黑色（10YR2/1，润），粉质壤土，发育良好的 5～10 mm 大小的团粒状结构，疏松，100～200 条 0.5～2 mm 大小的根系，结构体表面有 5%～15%明显-扩散的 2～6 mm 大小的铁锰斑纹，pH 为 6.2，向下波状渐变过渡。

Oeb:　18～29 cm，棕灰色（10YR4/1，干），黑色（10YR2/1，润），粉质壤土，发育中等的 5～10 mm 左右和发育较好的 10～20mm 大小的块状结构，稍坚实，20～50 条 0.5～2 mm 大小的细根系，pH 为 6.2，向下波状清晰过渡。

Ab:　29～76 cm，黑色（10YR2/1，干），黑色（10YR1.7/1，润），粉质壤土，发育中等的＞50 mm 的块状结构，很坚实，无根系，连续的黏粒-有机碳弱胶结，pH 为 6.4，向下波状清晰过渡。

烟筒山系代表性单个土体剖面

C:　76～129 cm，棕灰色（10YR6/1，干），灰黄棕色（10YR4/2，润），粉质壤土，发育差的＜5 mm 大小的核块状结构，稍坚实，结构体内已完全腐解的根孔周围有 2%～5%左右显著-清楚的 2～6 mm 大小的铁锰斑纹，pH 为 6.8。

烟筒山系代表性单个土体物理性质

| 土层 | 深度/cm | 细土颗粒组成(粒径：mm)/(g/kg) | | | 质地 | 容重/(g/cm³) |
		砂粒 2～0.05	粉粒 0.05～0.002	黏粒 <0.002		
Ap	0～18	150	734	116	粉质壤土	1.21
Oeb	18～29	192	648	160	粉质壤土	0.77
Ab	29～76	239	566	195	粉质壤土	0.91
C	76～129	142	755	103	粉质壤土	1.31

烟筒山系代表性单个土体化学性质

深度/cm	pH (H₂O)	有机碳(C)/(g/kg)	全氮(N)/(g/kg)	全磷(P)/(g/kg)	全钾(K)/(g/kg)	CEC/(cmol/kg)
0～18	6.2	20.9	1.74	0.39	24.9	28.1
18～29	6.2	216.1	14.91	0.41	36.7	27.6
29～76	6.4	70.8	4.78	1.78	30.3	15.6
76～129	6.8	9.0	0.54	0.22	12.3	12.9

10.5.3　北台子系（Beitaizi Series）

土　　族：壤质混合型非酸性冷性-普通暗色潮湿雏形土
拟定者：隋跃宇，李建维，焦晓光，王其存

北台子系典型景观

分布与环境条件　北台子系零星分布在吉林省中东部江河两岸的河漫滩地，海拔 260～400 m。见于桦甸、九台以及和龙 3 县（市），其中以桦甸市为多。总面积 2.07 万 hm²，其中耕地 2.00 万 hm²，占土种面积的 96.6%。地形为低山河谷低地，母质为江河冲积物。水田，主要种植以水稻为主的水田。年均日照 2202.9 h，年均气温 5.2℃，无霜期 125 d，年均降水量 746.8 mm，≥10℃积温 2731℃。

土系特征与变幅　本土系诊断层包括雏形层，诊断特性包括氧化还原特征、冷性土壤温度状况和人为滞水土壤水分状况。由于下部亚层（犁底层）土壤容重对上部亚层（耕作层）土壤容重比值<1.10，因此，不具有水耕表层，仅有水耕现象。土体厚度约 40 cm，细土质地以壤土为主，土体下部为大量的卵石。

对比土系　与集安系相比，北台子系的土壤水分状况为人为滞水土壤水分状况，具有水耕氧化还原表层，具备氧化还原特征；而集安系的土壤水分状况为湿润土壤水分水分状况，无氧化还原特征。

利用性能综述　北台子系土层浅薄、砾石含量高、漏水漏肥，是水稻生长及耕作的主要障碍。速效养分缺乏，对水稻的后期成熟极为不利，故产量低，属吉林省东部山区待改良的低产土壤类型之一。改良利用上应大量增施有机肥，合理配方施肥，坚持少量勤施的方法，减少肥料损失，提高后期肥效，可建议增加后期追肥。有条件的地块可掺拌黏质黄土，堵塞大孔隙，改变土壤理化性质，逐渐增加耕作层的厚度，提高土壤养分利用效率。

参比土种　第二次土壤普查中与本土系大致相对的土种是砂砾质冲积土型淹育水稻土。

代表性单个土体　位于吉林省桦甸市桦郊乡（北台子乡）平安村，43°02.398′N，126°39.394′E，海拔 340 m。地形为江河两岸的河漫滩地上，成土母质为江河冲积物，水田，现种植水稻。野外调查时间为 2009 年 10 月 12 日，编号为 22-014。

Ap1：0～14 cm，灰黄棕色（10YR5/2，干），黑棕色（10YR3/2，润），壤土，发育中等的＞50 mm 的团块状结构，很坚实，100～200 条 0.5～2 mm 大小的细根系，＜2%圆形的＜1 mm 大小的强风化云母碎屑，结构体内有 2%～5%基质对比度模糊及边界清楚的 2～6 mm 大小的铁锈斑纹，pH 为 5.8，向下平滑清晰过渡。

Ap2：14～23 cm，灰棕色（10YR6/1，干），灰黄棕色（10YR4/2，润），壤土，发育较好的 10～20 mm 大小的块状结构，坚实，20～50 条 0.5～2 mm 大小的细根系，＜2%圆形的＜1 mm 大小的强风化云母碎屑，结构体表面有 2%～5%明显-清楚的 2～6 mm 大小的铁锈斑纹，pH 为 6.8，向下波状清晰过渡。

Bgr：23～40 cm，灰棕色（10YR6/1，干），黑棕色（10YR3/2，润），粉质壤土，发育差的＜5 mm 大小的核块状结构，稍坚实，＜2%圆形的＜1 mm 大小的强风化云母碎屑，结构体表面有 15%～40%显著-扩散的 6～20 mm 大小的铁锈斑纹，pH 为 7.0，向下波状清晰过渡。

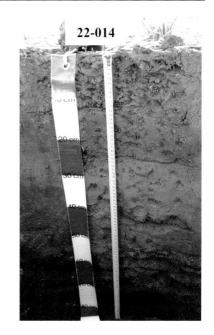

北台子系代表性单个土体剖面

Cr1：40～78 cm，浊黄橙色（10YR7/2，干），灰黄棕色（10YR4/2，润），砂质壤土，发育差的 0～2 mm 大小的单粒状结构，松散，无根系，结构体表面有＜2%基质对比度模糊及边界清楚的 2～6 mm 大小的铁锈斑纹，pH 为 6.8，向下波状清晰过渡。

Cr2：78～105 cm，40%～50%的小石块，松散，石块表面有≥40%的铁锰斑纹。

北台子系代表性单个土体物理性质

土层	深度/cm	石砾(>2mm，体积分数)/%	细土颗粒组成(粒径：mm)/(g/kg)			质地	容重/(g/cm³)
			砂粒 2～0.05	粉粒 0.05～0.002	黏粒 <0.002		
Ap1	0～14	0	396	414	190	壤土	1.22
Ap2	14～23	0	399	405	196	壤土	1.17
Bgr	23～40	0	332	539	129	粉质壤土	1.35
Cr1	40～78	45	782	128	90	砂质壤土	1.41

北台子系代表性单个土体化学性质

深度/cm	pH (H₂O)	有机碳(C) /(g/kg)	全氮(N) /(g/kg)	全磷(P) /(g/kg)	全钾(K) /(g/kg)	CEC /(cmol/kg)
0～14	5.8	22.2	1.88	0.39	24.5	35.3
14～23	6.8	19.7	1.60	0.36	25.3	32.9
23～40	7.0	6.1	0.49	0.41	21.7	30.1
40～78	6.8	7.1	0.47	0.42	20.6	24.6

10.6　水耕淡色潮湿雏形土

10.6.1　额穆系（Emu Series）

土　　族：砂质硅质混合型非酸性冷性-水耕淡色潮湿雏形土
拟定者：隋跃宇，焦晓光，陈一民，李建维

分布与环境条件　本土系分布于吉林省东、中部山区、半山区山的山谷或河谷开阔地带，母质为冲积物，属温带大陆性季风气候，年均日照 2155.3 h，年均气温 4.3℃，无霜期 125 d，年均降水量 591.1 mm，≥10℃积温 2731℃。

额穆系典型景观

土系特征与变幅　本土系的诊断层有淡薄表层、雏形层，诊断特性有砂质岩性特征、氧化还原特征、冷性土壤温度状况和潮湿土壤水分状况，具有水耕现象。淡薄表层厚度 30 cm 左右，具有水耕现象，含有少量铁锈斑纹。自淡薄表层以下，具有砂质岩性特征，原河流冲积砂堆积而成。土系通体具有少量云母碎屑，无砾石，层次间过渡渐变，容重一般在 1.28~1.43 g/cm³，细土质地以砂土为主。

对比土系　与边昭系相比，额穆系的土壤水分状况为潮湿土壤水分状况，有水耕现象，质地以砂土为主，土壤 pH 相对较低，通体无石灰反应；而边昭系的土壤水分状况为潮湿土壤水分状况，具有盐积现象和钠质现象，细土质地以砂质壤土为主，土壤 pH 相对较高，碱性较强，通体有石灰反应。

利用性能综述　本土系分布海拔地形高，坡度较陡，水土流失较严重，土层浅薄，有效土层不到 1 m，质地粗，含大量砾石，一般不宜开垦为农田，可做林业用地。

参比土种　第二次土壤普查中与本土系大致相对的土种是厚层平川草甸土。

代表性单个土体　位于吉林省敦化市额穆镇公益村东 400 m，43°44.813′N，128°09.780′E，海拔 386.9 m。地形为山区、半山区的山谷或河谷开阔地带，成土母质为冲积物，水田，种植水稻。野外调查时间为 2011 年 10 月 9 日，编号为 22-133。

Apr: 0～17 cm，灰白色（10YR7/1，干），黑棕色（10YR2/2，润），砂质壤土，发育较好的 10～20 mm 大小的块状结构，坚实，100～200 条 0.5～2 mm 大小的细根系，<2%圆状的<1 mm 的云母风化碎屑，结构体表面有<2%明显-清楚的 2～6 mm 大小的铁锈斑纹，pH 为 5.1，向下平滑清晰过渡。

Ahr: 17～33 cm，灰黄棕色（10YR6/2，干），黑棕色（10YR2/2，润），壤土，发育较好的 10～20 mm 大小的块状结构，坚实，20～50 条 0.5～2 mm 大小的细根系，<2%圆状的<1 mm 大小的云母风化碎屑，结构体表面有 2%～5%明显-清楚的 2～6 mm 大小的铁锈斑纹，pH 为 5.8，向下平滑清晰过渡。

Cr: 33～56 cm，浊黄棕色（10YR5/3，干），浊黄棕色（10YR4/3，润），壤质砂土，发育较差的 1～2 mm 大小的粒状结构，极疏松，无根系，2%～5%圆状的<1 mm 大小的云母风化碎屑，孔隙周围有<2%明显-清楚的 2～6 mm 大小的铁锈斑纹，pH 为 5.6，向下波状渐变过渡。

额穆系代表性单个土体剖面

C1: 56～72 cm，浅黄橙色（10YR8/4，干），浊黄棕色（10YR5/4，润），砂土，发育差的 0～2 mm 大小的单粒状结构，松散，无根系，2%～5%圆状的<1 mm 大小的云母风化碎屑，pH 为 6.0，向下平滑清晰过渡。

C2: 72～98 cm，浅黄橙色（10YR8/4，干），浊黄橙色（10YR6/4，润），砂土，发育差的 0～2 mm 大小的单粒状结构，松散，无根系，2%～5%圆状的<1 mm 大小的云母风化碎屑，pH 为 6.0，向下平滑清晰过渡。

C3: 98～130 cm，浅黄橙色（10YR8/3，干），浊黄棕色（10YR5/4，润），砂土，发育差的 0～2 mm 大小的单粒状结构，松散，无根系，2%～5%圆状的<1 mm 大小的云母风化碎屑，pH 为 6.1。

额穆系代表性单个土体物理性质

土层	深度/cm	细土颗粒组成(粒径: mm)/(g/kg)			质地	容重/(g/cm³)
		砂粒 2～0.05	粉粒 0.05～0.002	黏粒 <0.002		
Apr	0～17	765	49	186	砂质壤土	1.28
Ahr	17～33	445	347	208	壤土	1.32
Cr	33～56	870	59	71	壤质砂土	1.43
C1	56～72	932	20	48	砂土	1.34
C2	72～98	933	18	49	砂土	—
C3	98～130	945	15	40	砂土	—

额穆系代表性单个土体化学性质

深度/cm	pH (H₂O)	有机碳(C) /(g/kg)	全氮(N) /(g/kg)	全磷(P) /(g/kg)	全钾(K) /(g/kg)	CEC /(cmol/kg)
0～17	5.1	26.2	2.34	0.86	21.6	25.5
17～33	5.8	6.1	0.40	0.74	28.6	24.6
33～56	5.6	2.5	0.22	0.36	26.3	13.5
56～72	6.0	2.4	0.22	0.32	27.6	5.5
72～98	6.0	1.4	0.17	0.24	26.4	5.2
98～130	6.1	1.5	0.16	0.22	26.7	5.3

10.6.2　宝山系（Baoshan Series）

土　族：黏壤质混合型非酸性冷性-水耕淡色潮湿雏形土
拟定者：隋跃宇，张锦源，焦晓光，侯　萌

分布与环境条件　本土系分布在吉林省东部河谷阶地和低山丘陵台地缓坡的中上部，海拔一般在 250～300 m，零星分布在通化、延边、吉林、辽源等市（州）的 20 个县（市、区），以梅河口市较多。母质为黄土状沉积物，水田。属温带大陆性季风气候，年均日照 2345 h，年均气温 5.2℃，无霜期 125 d，年均降水量 609.9 mm，≥10℃ 积温 2860℃。

宝山系典型景观

土系特征与变幅　本土系的诊断层有淡薄表层、雏形层、漂白层，诊断特性有氧化还原特征、冷性土壤温度状况和潮湿土壤水分状况，具有水耕现象。母质为黄土状沉积物。剖面为 Ap-Br 型。土体厚度一般大于 100 cm，质地多粉质壤土至粉质黏壤土。耕作层（Ap）厚度 20 cm，稻根较多，有网状铁锈斑纹，向下为不明显的犁底层；耕层下面有 28 cm 厚的漂白层，再向下逐渐过渡到原母土的淀积层。有效阳离子交换量 17.8～22.7 cmol/kg 土。土体中有机质含量由表层 17.4 g/kg 向下减少为 3.7 g/kg，土体中全氮含量由表层 1.41 g/kg 向下减少为 0.43 g/kg，全磷（P_2O_5）含量在 0.19～0.35 g/kg 范围内，全钾（K_2O）含量在 18.8～28.6 g/kg 范围内，pH 为 5.6～6.5，通体无石灰反应。

对比土系　宝山系与治安系相比，虽然二者都是人为滞水环境，但宝山系漂白层达 28 cm，质地以粉质黏壤土为主，除锈纹锈斑之外，还具有二氧化硅粉末等新生体；而治安系干湿交替不明显，因此无漂白层，有锈纹锈斑，但未见二氧化硅粉末等，质地以粉质壤土为主。

利用性能综述　本土系是有障碍因素的低产土壤，原母土黑土层薄，土壤有机碳及各种养分含量低，总储量也少，偏酸性，物理性状差，产量低。其改良利用除健全排灌工程设施外，应大量增施农家肥，增加有机物料投入，测土配方施用化肥，深耕深松，加厚及培肥活土层，施用石灰改良土壤的酸性等。

参比土种　　第二次土壤普查中与本土系大致相对的土种是浅位白浆土型淹育水稻土。

代表性单个土体　　位于吉林省磐石市宝山乡长兴村南 300 m，42°48.932′N，125°59.943′E，海拔 321.5 m。地形为河谷阶地和低山丘陵台地缓坡的中上部，成土母质为黄土状沉积物，水田，现种植水稻。野外调查时间为 2009 年 10 月 13 日，编号为 22-018。

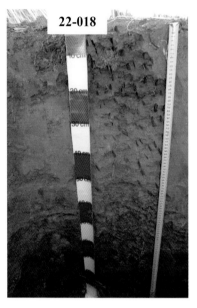

Ap： 0～20 cm，灰黄棕色（10YR6/2，干），灰黄棕色（10YR4/2，润），粉质黏壤土，发育较好的 10～20 mm 大小的团块状结构，坚实，50～100 条 0.5～2 mm 大小的细根系，根系周围有 2%～5%明显-清楚的铁锈斑纹，pH 为 6.5，向下平滑渐变过渡。

Br1： 20～48 cm，浅黄橙色（10YR8/3，干），浊黄橙色（10YR6/2，润），粉质壤土，厚发育中等的 2～5 mm 厚的片状结构，坚实，1～20 条 0.5～2 mm 大小的细根系，pH 为 5.6，向下平滑渐变过渡。

Br2： 48～120 cm，浊黄橙色（10YR7/4，干），棕色（10YR4/6，润），粉质壤土，发育中等的 5～10 mm 大小的棱块状结构，很坚实，无根系，结构体表面有 2%～5%明显-清楚的二氧化硅粉末，结构体表面有 2%～5%明显-清楚的铁锈斑纹，结构体表面有 <2%模糊的黏粒胶膜，pH 为 6.2。

宝山系代表性单个土体剖面

宝山系代表性单个土体物理性质

| 土层 | 深度/cm | 细土颗粒组成(粒径：mm)/(g/kg) | | | 质地 | 容重/(g/cm³) |
		砂粒 2～0.05	粉粒 0.05～0.002	黏粒 <0.002		
Ap	0～20	55	670	275	粉质黏壤土	1.22
Br1	20～48	39	697	264	粉质壤土	1.38
Br2	48～120	48	693	259	粉质壤土	1.42

宝山系代表性单个土体化学性质

深度/cm	pH (H₂O)	有机碳(C) /(g/kg)	全氮(N) /(g/kg)	全磷(P) /(g/kg)	全钾(K) /(g/kg)	CEC /(cmol/kg)
0～20	6.5	17.4	1.41	0.31	26.2	22.7
20～48	5.6	5.4	0.51	0.35	28.6	17.8
48～120	6.2	3.7	0.43	0.19	18.8	18.6

10.6.3 龙潭系（Longtan Series）

土　族：壤质混合型非酸性冷性-水耕淡色潮湿雏形土
拟定者：焦晓光，陈一民，隋跃宇，李建维

分布与环境条件　本土系广泛分布在吉林省东部山区、半山区江河沿岸低阶地上，海拔一般在 200～300 m，主要分布在吉林、通化、延边和白山等市（州）的 19 个县（市、区）。母质为冲积物，水田。属温带大陆性季风气候，年均日照 2264.8 h，年均气温 6.4℃，无霜期 135 d，年均降水量 688 mm，≥10℃ 积温 2500℃。

龙潭系典型景观

土系特征与变幅　本土系的诊断层有淡薄表层、雏形层，诊断特性有氧化还原特征、冷性土壤温度状况和潮湿土壤水分状况，具有水耕现象。该土系剖面构型一般为 Ap-B-BCr-Cr 型。受母土颗粒组成的影响，2.0～0.05 mm 粒径的粗砂、细砂含量达 30%～37%，小于 0.002 mm 的黏粒含量为 21%～23%；自犁底层向下，石砾和粗砂、细砂均随深度的增加而递增，黏粒则明显递减，粗、细砂含量达 75% 以上，黏粒减少到 9%。质地为粉质壤土。通体有效阳离子交换量在 20.2～29.2 cmol/kg，以 100 cm 深度的母质层最低。土壤容重一般在 1.23～1.45 g/cm³，土体中有机质含量由表层 32.22 g/kg 向下减少为 4.86 g/kg，土体中全氮含量由表层 1.38 g/kg 向下减少为 0.27 g/kg，全磷（P_2O_5）含量在 0.35～0.72 g/kg，全钾（K_2O）含量在 10.0～13.1 g/kg。pH 一般在 5.5～6.5，微酸性至中性，通体无石灰反应。

对比土系　龙潭系与宝山系相比，二者都是人为滞水环境，但龙潭系干湿交替不明显，因此无漂白层，有锈纹锈斑，但未见二氧化硅粉末等，质地以粉质壤土为主；而宝山系漂白层达 30 cm 左右，质地以粉质黏壤土为主，除锈纹锈斑之外，还具有二氧化硅粉末和极少量的黏粒胶膜等新生体。

利用性能综述　本土系耕作层和犁底层薄，虽然有机碳和氮素水平较高，但总储量低，供肥性差，速效磷、钾含量也少，不能满足水稻的生长要求。自犁底层以下，质地变粗，砾石和粗、细砂含量递增，养分含量急剧下降，易漏水漏肥，属低产田类型。其利用改良应长期大量施用优质农肥或泥炭，以提高有机碳和养分含量；其次是客土掺黏改善土壤质地，大量增施有机碳，促进犁底层的形成，以减轻或防止漏水、漏肥。

参比土种　　第二次土壤普查中与本土系大致相对的土种是砂砾底黏壤质冲积土型淹育水稻土。

代表性单个土体　　位于吉林市郊区龙潭区江北乡柳树村十一队，43°58.561′N，126°39.725′E，海拔 223.5 m。地形为山区、半山区江河沿岸低阶地上，成土母质为冲积物，水田，种植水稻。野外调查时间为 2009 年 10 月 15 日，编号为 22-022。

龙潭系代表性单个土体剖面

Ap1：0~15 cm，灰棕色（10YR6/1，干），灰黄棕色（10YR4/2，润），壤土，发育中等的>50 mm 的团块状结构，很坚实，100~200 条 0.5~2 mm 大小的细根系，<2%角状<1 mm 大小的强风化云母碎屑，结构体内和根系周围有少量对比度模糊基质及边界清楚的 2~6 mm 大小的铁锈斑纹，pH 为 5.5，向下平滑清晰过渡。

Ap2：15~23 cm，灰黄棕色（10YR6/2，干），黑棕色（10YR3/2，润），粉质壤土，发育较好的 10~20 mm 大小的团块状结构，坚实，1~20 条 0.5~2 mm 大小的细根系，<2%角状<1 mm 大小的强风化云母碎屑，结构体表面有 5%~15%模糊-扩散的 2~6 mm 大小的铁锈斑纹，pH 为 6.1，向下平滑渐变过渡。

B：23~57 cm，灰黄棕色（10YR5/2，干），黑棕色（10YR3/2，润），粉质壤土，发育较好的 10~20 mm 大小的块状结构，坚实，1~20 条 0.5~2 mm 大小的细根系，<2%角状<1 mm 大小的强风化云母碎屑，pH 为 6.4，向下平滑清晰过渡。

BCr：57~90 cm，浊黄橙色（10YR7/3，干），棕色（10YR4/2，润），砂质壤土，发育差的<5 mm大小的核块状结构，坚实，无细根系；<2%角状<1 mm 大小的强风化云母碎屑，有较多的铁锈斑纹，pH 为 6.4，向下波状渐变过渡。

Cr：90~138 cm，浊黄橙色（10YR7/4，干），棕色（10YR4/4，润），壤土，块状结构，坚实，无根系，有云母碎屑，15%~40%次圆的新鲜鹅卵石，有较多的铁锈斑纹，pH 为 6.5。

龙潭系代表性单个土体物理性质

土层	深度/cm	石砾(>2 mm, 体积分数)/%	细土颗粒组成(粒径: mm)/(g/kg)			质地	容重/(g/cm³)
			砂粒 2~0.05	粉粒 0.05~0.002	黏粒 <0.002		
Ap1	0~15	0	291	491	218	壤土	1.23
Ap2	15~23	0	318	517	165	粉质壤土	1.45
B	23~57	0	235	580	185	粉质壤土	1.35
BCr	57~90	0	715	202	83	砂质壤土	1.27
Cr	90~138	27	502	410	98	壤土	—

龙潭系代表性单个土体化学性质

深度/cm	pH (H₂O)	有机碳(C) /(g/kg)	全氮(N) /(g/kg)	全磷(P) /(g/kg)	全钾(K) /(g/kg)	CEC /(cmol/kg)
0~15	5.5	18.7	1.38	0.72	13.1	21.5
15~23	6.1	10.0	0.64	0.59	11.7	21.3
23~57	6.4	10.4	0.66	0.58	11.3	20.2
57~90	6.4	2.8	0.27	0.35	10.0	29.2
90~138	6.5	4.5	0.31	0.41	12.1	—

10.7　弱盐淡色潮湿雏形土

10.7.1　边昭系（Bianzhao Series）

土　　族：砂质硅质混合型石灰性冷性-弱盐淡色潮湿雏形土
拟定者：隋跃宇，李建维，马献发

分布与环境条件　边昭系分布于西部松嫩及松辽平原部分河湖漫滩阶地或低平地，海拔在140～200 m。分布在大安、镇赉、洮南、通榆、农安和公主岭 6 个县（市）。总面积 1.84 万 hm²，耕地面积 0.25 万 hm²。母质为河湖沉积物。属温带大陆性季风气候，年均温 6.4℃，年降水量 380.9 mm，无霜期 145 d，年均日照 2572.8 h，≥10℃积温 2860℃。

边昭系典型景观

土系特征与变幅　本土系的诊断层有淡薄表层、雏形层，诊断特性有石灰性、氧化还原特征、冷性土壤温度状况和潮湿土壤水分状况，且具有盐积现象、钠质现象。本土系在50～90 cm 深度出现锈斑，有潜育现象。细土质地以砂质壤土为主，pH 较高，通体有石灰反应。

对比土系　与额穆系相比，边昭系的土壤水分状况为潮湿土壤水分状况，具有盐积现象和钠质现象，细土质地以砂质壤土为主，土壤 pH 较高，碱性强，通体有石灰反应；而额穆系的土壤水分状况为潮湿土壤水分状况，有水耕现象，质地以砂土为主，土壤 pH 相对较低，通体无石灰反应。

利用性能综述　边昭系耕垦指数低，目前大部分为草原。由于碱化层位深，自然植被尚能较好生长，应加强草原管理，防止退化；已垦耕地可种植一般耐碱作物，尽管碱化层位深，但因地形低洼、土质黏重、渗透性差、排水不良、养分含量低等原因，作物产量较低；应注意防止内涝，完善排水系统；掌握墒情，适期播种，抓紧铲蹚；要搞好中后期田间管理，及时追肥，提倡放秋垄，促进作物生长发育；水源充足、灌排通畅的地方可以发展水田。

参比土种　第二次土壤普查中与本土系大致相对的土种是深厚位苏打盐化草甸土。

代表性单个土体 位于吉林省通榆县边昭镇边昭村西南 100 m，44°35.294′N，123°09.684′E，海拔 49.4 m。地形为河湖漫滩阶地或低平地，成土母质为河湖沉积物，旱田，现种植向日葵。野外调查时间为 2011 年 10 月 4 日，编号为 22-120。

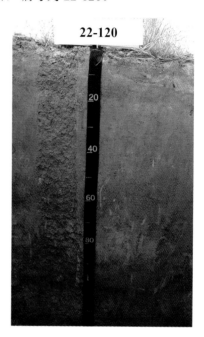

边昭系代表性单个土体剖面

Az1：0～3 cm，灰白色（10YR8/1，干），浊黄橙色（10YR7/2，润），砂质壤土，整体状结构，很坚实，孔隙大小<0.2 mm，极强石灰反应，pH 为 9.7，向下平滑清晰过渡。

Az2：3～16 cm，浊黄橙色（10YR7/2，干），浊黄橙色（10YR6/3，润），砂质壤土，块柱状结构，坚实，1～20 条 0.5～2 mm 大小的细根系，极强石灰反应，pH 为 9.7，向下平滑渐变过渡。

AC：16～54 cm，浊黄橙色（10YR7/2，干），浊黄橙色（10YR6/3，润），砂质壤土，发育较好的 10～20 mm 的块状结构，坚实，无根系，极强石灰反应，pH 为 9.6，向下波状渐变过渡。

C1：54～90 cm，灰白色（10YR8/1，干），浊黄橙色（10YR7/3，润），砂质壤土，发育较好的 10～20 mm 大小的块状结构，坚实，无根系，结构体内有 2%～5%明显–清楚的 2～6 mm 大小的铁锈斑纹，极强石灰反应，pH 为 9.4，向下平滑渐变过渡。

C2：90～112 cm，灰白色（10YR8/2，干），浊黄橙色（10YR7/3，润），砂质壤土，棱块状结构，坚实，无根系，极强石灰反应，pH 为 9.5，向下平滑清晰过渡。

C3：112～125 cm，灰白色（10YR8/1，干），浊黄橙色（10YR7/2，润），砂质壤土，粒状结构，松散，无根系，有 2%～5%的 6～20 mm 的盐粒斑纹，强石灰反应，pH 为 9.6。

边昭系代表性单个土体物理性质

土层	深度/cm	细土颗粒组成（粒径：mm）/(g/kg)			质地	容重/(g/cm³)
		砂粒 2～0.05	粉粒 0.05～0.002	黏粒 <0.002		
Az1	0～3	744	184	72	砂质壤土	1.55
Az2	3～16	696	211	93	砂质壤土	1.61
AC	16～54	587	366	47	砂质壤土	1.46
C1	54～90	548	390	62	砂质壤土	1.70
C2	90～112	732	211	57	砂质壤土	—
C3	112～125	741	150	109	砂质壤土	—

边昭系代表性单个土体化学性质

深度/cm	pH（H₂O）	有机碳(C)/(g/kg)	全氮(N)/(g/kg)	全磷(P)/(g/kg)	全钾(K)/(g/kg)	CEC/(cmol/kg)	水溶性盐含量/(g/kg)	碳酸盐相当物含量/(g/kg)
0～3	9.7	8.9	0.38	0.34	20.5	10.8	17.5	111.7
3～16	9.7	6.3	0.31	0.29	20.0	8.7	7.0	132.5
16～54	9.6	3.0	0.26	0.24	19.4	11.2	6.0	164.5
54～90	9.4	2.8	0.20	0.24	18.8	12.0	35.4	169.9
90～112	9.5	2.3	0.18	0.21	20.0	9.8	1.1	63.0
112～125	9.6	1.8	0.16	0.17	25.5	7.3	4.2	28.2

10.8 弱盐底锈干润雏形土

10.8.1 大遐系（Daxia Series）

土　族：壤质混合型石灰性冷性-弱盐底锈干润雏形土
拟定者：隋跃宇，马献发，李建维，张　蕾

分布与环境条件　大遐系分布于吉林省中、西部地区波状台地间低平地或湖滨低平地，海拔一般在 130～200 m。分布在长岭、前郭、大安、农安、乾安、德惠、榆树、洮南、双辽、公主岭、梨树共 11 个县（市）。总面积有 14.9 万 hm^2，其中耕地面积 2.7 万 hm^2，占土系面积的 18.1%。母质为石灰性沉积物，荒地。年均日照 2419.7 h，年均气温 6.2℃，无霜期 145 d，年均降水量 372.6 mm，≥10℃ 积温 2934.6℃。

大遐系典型景观

土系特征与变幅　本土系的诊断层有淡薄表层、雏形层，诊断特性有碱积现象，同时具有氧化还原现象、石灰性、钠质特性、冷性土壤温度状况和半干润土壤水分状况。通体有强石灰反应，在 25 cm 以下出现铁锈斑纹及铁锰结核等新生体，具有氧化还原现象。地表无龟裂，但土体内有裂隙。细土质地以壤土及粉质壤土为主，土体板结坚硬，植物稀少。

对比土系　大遐系与七井子系相比，大遐系无盐结皮，植被稀少，质地以壤土和粉质壤土为主，土体下部有氧化还原现象；而七井子系有盐结皮，无植被，质地以砂质壤土为主，无氧化还原现象。

利用性能综述　大遐系属低肥、低适应性土壤，黑土层薄，养分贫瘠，盐分含量较高，低洼易涝，旱季耕性差，地面可见盐霜，地表有一定数量的碱斑分布，是一种待改良的土壤。耕地适合种植甜菜、向日葵等耐盐作物。土壤利用应以林牧业为主，加强草原建设和草地林带建设，建立完善的排水系统，排涝洗碱，防止超载过牧，控制草原退化。对现有耕地应有计划地退耕还牧，水源充足可建排水系统改种水田，通过种稻治涝洗盐改土，充分发挥土壤生产潜力。

参比土种　　第二次土壤普查中与本土系大致相对的土种是中度苏打草甸碱土。

代表性单个土体　　位于吉林省乾安县大遐畜牧场西南 1000 m，45°00.128′N，124°18.138′E，海拔 131.0 m。地形为波状台地间低平地或湖滨低平地，成土母质为石灰性沉积物，荒地，零星分布杂草。野外调查时间为 2010 年 10 月 7 日，编号为 22-065。

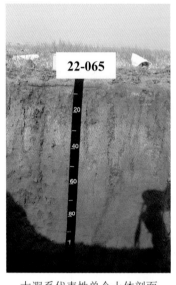

大遐系代表性单个土体剖面

Ah：　0～7 cm，灰黄棕色（10YR6/2，干），灰黄棕色（10YR4/2，润），砂质壤土，发育较好的 10～20 mm 大小的团块状结构，坚实，大量极细根系，结构体表面有<2%明显-清楚的 2～6 mm 大小的石灰斑纹，<2%白色不规则 2～5 mm 大小的石灰结核，中度石灰反应，pH 为 7.9，向下平滑清晰过渡。

AB：　7～25 cm，棕灰色（10YR5/1，干），黑棕色（10YR3/1，润），壤土，很坚实，20～50 条<0.5 mm 的极细根系，土体内有垂直方向不连续的 3～5 mm 宽、10～30 cm 长的裂隙，间距<10cm，结构体表面有 2%～5%明显-清楚的 2～6 mm 大小的石灰斑纹，2%～5%白色不规则的 2～5 mm 大小的石灰结核，极强石灰反应，pH 为 8.3，向下波状渐变过渡。

Bkr：25～53 cm，灰白色（10YR7/1，干），棕灰色（10YR5/1，润），壤土，发育较好的 10～20 mm 大小的块柱状结构，极坚实，土体内有垂直方向不连续的 3～5 mm 宽、10～30 cm 长的裂隙，间距小，结构体表面有 5%～15%显著-清楚的 6～20 mm 大小的石灰斑纹，结构体内有<2%模糊-扩散的<2 mm 大小的铁锰斑纹，2%～5%白色不规则的 6～20 mm 大小的石灰结核，<2%黑色球形<2 mm 大小的铁锰结核，强烈石灰反应，pH 为 9.5，向下波状渐变过渡。

Br1：53～89 cm，浊黄橙色（10YR7/2，干），浊黄棕色（10YR5/3，润），粉质壤土，发育较好的 10～20 mm 大小的块状结构，坚实，无根系，结构体内有<2%模糊-扩散的<2 mm 大小的铁锰斑纹，极强石灰反应，pH 为 9.3，向下平滑渐变过渡。

Br2：89～125 cm，浊黄橙色（10YR7/3，干），浊黄橙色（10YR6/4，润），粉质壤土，发育中等的 5～10 mm 大小的棱块状结构，坚实，无根系，结构体内有<2%模糊-扩散的<2 mm 大小的铁锰斑纹，极强石灰反应，pH 为 8.8。

大遐系代表性单个土体物理性质

土层	深度/cm	细土颗粒组成(粒径：mm)/(g/kg)			质地	容重/(g/cm³)
		砂粒 2~0.05	粉粒 0.05~0.002	黏粒 <0.002		
Ah	0~7	571	347	82	砂质壤土	1.34
AB	7~25	394	438	168	壤土	1.32
Bkr	25~53	274	474	252	壤土	1.23
Br1	53~89	233	658	109	粉质壤土	1.46
Br2	89~125	322	536	142	粉质壤土	—

大遐系代表性单个土体化学性质

深度/cm	pH (H₂O)	有机碳(C)/(g/kg)	全氮(N)/(g/kg)	全磷(P)/(g/kg)	全钾(K)/(g/kg)	水溶性盐含量/(g/kg)	碳酸盐相当物含量/(g/kg)
0~7	7.9	8.6	0.89	0.16	19.6	18.9	35.4
7~25	8.3	17.4	1.95	0.91	15.3	13.8	81.9
25~53	9.5	7.9	1.75	0.11	18.6	41.0	203.4
53~89	9.3	3.4	0.96	0.14	19.3	48.0	155.7
89~125	8.8	3.5	0.93	0.09	8.6	—	168.5

10.9　普通暗沃干润雏形土

10.9.1　石岭子系（**Shilingzi Series**）

土　　族：粗骨壤质混合型非酸性冷性-普通暗沃干润雏形土
拟定者：隋跃宇，李建维，马献发

石岭子系典型景观

分布与环境条件　该土系零星出现于吉林省东部山区和中部低山丘陵区，多位于石质山地及丘陵中上部陡坡或顶部，见于通化、白山、吉林、四平的部分县（市）。石岭子系土壤发育于花岗岩、花岗片麻岩等的残积物，土体厚度小，30～50 cm。地下水位很低，所处地势较高，外排水快，渗透性快，内排水从不饱和。现为针叶林地，植被为落叶松。属于温带大陆性季风气候，年均日照 2896.5 h，年均气温 5.8℃，无霜期 152 d，年均降水量 650 mm，≥10℃积温 2900℃。

土系特征与变幅　本土系的诊断层有暗沃表层、雏形层，诊断特性有准石质接触面、冷性土壤温度状况和半干润土壤水分状况。暗沃表层厚度为 20 cm 左右，含少量砾石。雏形层在 16～31 cm，厚度为 15 cm 左右，含中量砾石。准石质接触面位于 81 cm 之下，土体较为浅薄，含有大量砾石。层次间过渡渐变，细土质地以壤土为主。

对比土系　与八面系相比，石岭子系盐分含量较低，无石灰反应，质地以壤土为主；而八面系盐分含量较高，碱度大，有钙磐，通体有石灰反应，质地为壤质砂土。

利用性能综述　该系土壤多分布于丘陵、山地的顶部、陡坡，土层很薄，并含有许多砾石、砂岩，易产生水土流失，一般无农业利用价值，目前多为林地。应封山育林，保护天然植被，防止水土流失；促进土壤发育，严禁樵采、放牧，破坏天然植被和生态平衡。对交通运输方便的石岭子，可开采石料，用于建筑，但必须有组织地开采，有计划进行，严禁乱采乱挖，破坏土壤资源。

参比土种　第二次土壤普查中与本土系大致相对的土种是薄层砂质暗棕壤性土。

代表性单个土体　位于吉林省梨树县石岭子镇姜家洼子村后山，43°05.040′ N，

124°42.960′E，海拔 293 m。地形为石质山地及丘陵中上部陡坡或顶部，成土母质为发育于花岗岩、花岗片麻岩等的残积物，林地，多为落叶松。野外调查时间为 2010 年 10 月 16 日，编号为 22-083。

Ah：　0～16 cm，黄棕色（10YR5/3，干），暗棕色（10YR3/3，润），壤土，粒状结构，疏松，50～100 条 0.5～2 mm 的细根系，1～20 条 2～10 mm 大小的中粗根系，2%～5% 角状 5～20 mm 大小的强风化花岗岩砾石，pH 为 7.3，向下平滑渐变过渡。

Bw：　16～31 cm，黄橙色（10YR6/4，干），黄棕色（10YR5/6，润），砂质壤土，发育中等的 10～20 mm 大小的团块状结构，松散，20～50 条 0.5～2 mm 大小的细根系，1～20 条 2～10 mm 大小的中粗根系，粗孔，5%～15%角状 5～20 mm 大小的风化花岗岩砾石，pH 为 6.0，向下平滑渐变过渡。

Cw：　31～81cm，橙色（7.5YR7/4，干），橙色（7.5YR6/6，润），砂质壤土，发育较差的<5 mm 大小的核块状结构，松散，20～50 条 0.5～2 mm 大小的细根系，1～20 条 2～10 mm 大小的中粗根系，粗孔，>40%角状新鲜的 5～20 mm 大小的花岗岩砾石，pH 为 6.2。

石岭子系代表性单个土体剖面

石岭子系代表性单个土体物理性质

土层	深度/cm	石砾(>2mm，体积分数)/%	细土颗粒组成(粒径：mm)/(g/kg)			质地
			砂粒 2～0.05	粉粒 0.05～0.002	黏粒 <0.002	
Ah	0～16	23	453	426	121	壤土
Bw	16～31	37	685	208	107	砂质壤土
Cw	31～81	52	705	222	73	砂质壤土

石岭子系代表性单个土体化学性质

深度/cm	pH (H₂O)	有机碳(C) /(g/kg)	全氮(N) /(g/kg)	全磷(P) /(g/kg)	全钾(K) /(g/kg)	CEC /(cmol/kg)
0～16	7.3	37.3	3.06	0.52	19.1	23.0
16～31	6.0	4.5	0.34	0.13	21.2	14.2
31～81	6.2	3.7	0.25	—	—	—

10.10　普通简育干润雏形土

10.10.1　八面系（Bamian Series）

土　　族：砂质硅质混合型石灰性冷性-普通简育干润雏形土
拟定者：隋跃宇，李建维，马献发，张锦源

八面系典型景观

分布与环境条件　八面系分布于吉林省西部，松嫩及松辽平原微起伏台地缓坡下部。海拔一般在 200 m 以下。该土系主要分布在通榆、长岭、大安、乾安、前郭、镇赉、洮南和双辽等 8 个县（市）。母质为风积物，所处地势较低，外排水平衡，渗透性中等，内排水从不饱和。属于温带季大陆性季风气候，年均日照 2572.8 h，年均气温 6.4℃，无霜期 135 d 左右，年均降水量 380.9 mm，≥10℃积温 2860℃。

土系特征与变幅　本土系的诊断层有淡薄表层、雏形层、钙积层，诊断特性有石灰性、砂质岩性特征、冷性土壤温度状况和半干润土壤水分状况。淡薄表层厚度为 40 cm 左右，轻度石灰反应。雏形层在 37～75 cm，厚度为 40 cm 左右，无石灰反应。母质层位于 75～181 cm，厚度为 100cm 左右，具有砂质岩性特征。钙积层位于 181～213 cm，厚度为 30 cm 左右，大量碳酸钙胶结，非常坚硬，极强石灰反应。层次间过渡渐变，容重一般在 1.52～1.67 g/cm³，细土质地以壤质砂土为主。

对比土系　与边昭系相比，八面系的土壤水分状况为半干润土壤水分状况，具有钙积层，并且钙积层较深，上层土壤是由后来的风积砂发育而成，并无氧化还原特性；而边昭系虽无钙积现象，却有一层盐积层，且土壤水分状况为潮湿土壤水分状况，土体中下部出现锈斑，有潜育现象。此外，八面系细土质地以壤质砂土为主，土体中间的雏形层无石灰反应；而边昭系细土质地以砂质壤土为主，通体有石灰反应。

利用性能综述　八面系盐分含量高，碱化度大，对作物生长有明显的抑制作用，且土壤养分含量低，种植耐盐作物尚有缺苗断条现象，因此不适合农业生产。目前该土系多为草原或荒地等，宜发展牧业，已垦耕地宜退耕还牧，少量有农业利用价值的耕地可通过增施有机肥料、科学施用化肥、加强耕作管理、积极种植绿肥等措施，不断改良土壤，培肥地力。据试验，种植草木犀、矮子松等对改良土壤提高粮食产量均有良好效果。

参比土种   第二次土壤普查中与本土系大致相对的土种是中腐固定草原风砂土。

代表性单个土体   位于吉林省通榆县八面乡山明屯南，45°02.407′N，123°14.875′E，海拔 144.8 m，地形为河湖漫滩阶地或低平地，母质为风积物，现为荒草地。野外调查时间为 2011 年 10 月 3 日，编号为 22-118。

八面系代表性单个土体剖面

Ah: 0～37 cm，浊黄棕色（10YR5/3，干），黄棕色（10YR4/3，润），壤质砂土，发育差的 0～2 mm 大小的单粒状结构，松散，50～100 条 0.5～2 mm 大小的细根系，轻度石灰反应，pH 为 8.3，向下平滑渐变过渡。

Cw: 37～75 cm，灰黄棕色（10YR6/2，干），黄棕色（10YR4/3，润），砂土，发育差的 0～2 mm 大小的单粒状结构，松散，20～50 条 0.5～2 mm 大小的细根系，pH 为 8.4，向下平滑渐变过渡。

C: 75～181 cm，浊黄棕色（10YR5/3，干），黄棕色（10YR4/3，润），壤质砂土，发育差的 0～2 mm 大小的单粒状结构，松散，50～100 条 0.5～2 mm 大小的细根系，中度石灰反应，pH 为 8.3，向下波状清晰过渡。

2Bkm：181～213 cm，浊黄棕色（10YR5/3，干），黄棕色（10YR4/3，润），砂质壤土，发育差的 0～2 mm 大小的单粒状结构，松散，50～100 条 0.5～2 mm 大小的细根系，连续的板状碳酸盐胶结，极强石灰反应，pH 为 8.2。

八面系代表性单个土体物理性质

土层	深度/cm	细土颗粒组成(粒径：mm)/(g/kg)			质地	容重/(g/cm³)
		砂粒 2～0.05	粉粒 0.05～0.002	黏粒 <0.002		
Ah	0～37	860	46	94	壤质砂土	1.52
Cw	37～75	895	21	84	砂土	1.67
C	75～181	835	50	115	壤质砂土	1.61
2Bkm	181～213	633	239	128	砂质壤土	1.57

八面系代表性单个土体化学性质

深度/cm	pH (H₂O)	有机碳(C) /(g/kg)	全氮(N) /(g/kg)	全磷(P) /(g/kg)	全钾(K) /(g/kg)	CEC /(cmol/kg)	碳酸盐相当物含量 /(g/kg)
0～37	8.3	5.2	0.42	0.31	23.8	6.0	10.1
37～75	8.4	3.1	0.31	0.23	25.7	5.2	2.7
75～181	8.3	2.5	0.42	0.13	25.9	7.2	10.0
181～213	8.2	1.8	0.3	0.11	22.1	10.0	217.0

10.10.2 聚宝系（Jubao Series）

土　族：砂质混合型冷性石灰性-普通简育干润雏形土
拟定者：隋跃宇，李建维，张锦源，陈一民

分布与环境条件　聚宝系分布于吉林省西北边境大兴安岭东南起伏台地或高阶台地缓坡下部，海拔 250 m 左右，仅在洮南市有小面积分布。该土系母质为洪-冲积物。所处地势为略起伏的平原台地，坡度较小，外排水平衡，渗透性一般，内排水从不饱和。现种植单季玉米等农作物，一年一熟。属于温带大陆性季风气候，年均气温 4.6℃，无霜期 132 d，年均降水量 377.9 cm，≥10℃积温 2982℃。

聚宝系典型景观

土系特征与变幅　本土系的诊断层有淡薄表层，诊断特性有石灰性、冷性土壤温度状况和半干润土壤水分状况，具有钙积现象。淡薄表层厚度为 30 cm 左右。钙积现象位于 28～57 cm，厚度为 30 cm 左右，具有石灰斑纹和石灰结核新生体。该土系通体具有少量砾石，极强石灰反应，层次间过渡渐变，容重一般在 1.54 g/cm³ 左右，细土质地以砂质壤土为主。

对比土系　聚宝系与开通系相比，二者均具有石灰性诊断特性，有相同的土壤温度状况和土壤水分状况，但是聚宝系具有钙积现象，土体中有石灰斑纹和石灰结核新生体，细土质地多为砂质壤土。开通系无钙积现象，但是土系通体具有氧化还原特征，有极少的铁锰斑纹和铁锰结核新生体，细土质地以砂质壤土为主。

利用性能综述　本土系适宜种植玉米、杂粮、向日葵等作物，但由于腐殖质层薄，钙积层位高，养分含量少，且所处地理环境干旱少雨，作物产量水平普遍较低。今后利用上应注意保水保墒，多施用有机肥和秸秆还田，提高土壤肥力，同时要种植防护林，防风固沙，防止土壤沙化。

参比土种　第二次土壤普查中与本土系大致相对的土种是薄腐固定草原风砂土。

代表性单个土体　位于吉林省洮南市聚宝乡马站南 1500 m，45°31.954′N，122°01.859′E，海拔 241.0 m。地形为起伏台地或高阶台地缓坡下部，成土母质为洪-冲积物，旱田，种植玉米、大豆等农作物。野外调查时间为 2011 年 7 月 8 日，编号为 22-094。

聚宝系代表性单个土体剖面

Ap: 0～18 cm，浊黄橙色（10YR6/3，干），棕色（10YR4/4，润），砂质壤土，发育中等的10～20 mm 大小的团块状结构，疏松，20～50 条 0.5～2 mm 大小的细根系，1～10 条 2～5 mm 大小的中粗根系，<2%角状 2～5 mm 大小的风化细砾，强石灰反应，pH 为 8.0，向下平滑清晰过渡。

Bk: 18～28 cm，浊黄橙色（10YR7/3，干），浊黄棕色（10YR5/4，润），砂质壤土，发育较好的10～20 mm 大小的块状结构，疏松，20～50 条 0.5～2 mm 大小的细根系，1～10 条 2～5 mm 大小的中粗根系，极强石灰反应，pH 为 8.1，向下平滑渐变过渡。

BCk: 28～57 cm，浊黄橙色（10YR7/4，干），浊黄棕色（10YR5/4，润），粉质壤土，发育较差的<5 mm 大小的核块状结构，疏松，1～20 条 0.5～2 mm 大小的细根系，结构体表面有2%～5%显著-清楚的石灰斑纹，<2%不规则的白色软石灰结核，2%～5%角状 2～5 mm 大小的风化细砾，极强石灰反应，pH 为 8.2，向下波状渐变过渡。

Ck: 57～95 cm，浊黄橙色（10YR7/4，干），浊黄棕色（10YR5/4，润），砂质壤土，发育较好的10～20 mm 大小的块状结构，疏松，1～20 条 0.5～2 mm 大小的细根系，结构体表面有2%～5%显著-清楚的石灰斑纹，5%～15%不规则的白色软石灰结核，5%～15%角状 6～20 mm 大小的风化石块，极强石灰反应，pH 为 8.4。

聚宝系代表性单个土体物理性质

| 土层 | 深度/cm | 石砾(>2mm, 体积分数)/% | 细土颗粒组成(粒径: mm)/(g/kg) | | | 细土质地 | 容重 /(g/cm³) |
			砂粒 2～0.05	粉粒 0.05～0.002	黏粒 <0.002		
Ap	0～18	2	754	71	175	砂质壤土	—
Bk	18～28	0	627	231	142	砂质壤土	1.55
BCk	28～57	3	364	522	114	粉质壤土	1.54
Ck	57～95	16	730	125	145	砂质壤土	—

聚宝系代表性单个土体化学性质

深度/cm	pH (H₂O)	有机碳(C) /(g/kg)	全氮(N) /(g/kg)	全磷(P) /(g/kg)	全钾(K) /(g/kg)	CEC /(cmol/kg)	碳酸盐相 当物含量 /(g/kg)
0～18	8.0	11.1	1.87	0.38	19.6	19.9	74.4
18～28	8.1	8.1	1.27	0.30	20.2	14.9	89.5
28～57	8.2	5.7	0.41	0.19	17.5	17.6	97.1
57～95	8.4	3.0	0.26	0.11	14.4	10.3	39.0

10.10.3 开通系（Kaitong Series）

土　族：硅质砂壤质混合型石灰性冷性-普通简育干润雏形土
拟定者：隋跃宇，李建维，焦晓光，张　蕾

分布与环境条件　本土系零星分布在吉林省西部的风积沙丘或砂垄上，主要集中在长岭、通榆、前郭、扶余、镇赉等县（市），面积较大，双辽、公主岭、梨树和农安等县面积很小。海拔一般在 200 m 以下。该土系母质为风积物。所处地势较低，外排水平衡，渗透性中等，内排水从不饱和。属于温带大陆性季风气候，年均日照 2572.8 h，年均气温 6.4℃，无霜期 135 d 左右，年均降水量 380.9 mm，≥10℃积温 2860℃。

开通系典型景观

土系特征与变幅　本土系的诊断层有淡薄表层、雏形层，诊断特性有石灰性、氧化还原特征、冷性土壤温度状况和半干润土壤水分状况。淡薄表层厚度为 20 cm 左右。雏形层位于 21～50 cm，厚度为 30 cm 左右。50～120 cm 具有石灰菌丝体。土系通体具有氧化还原特征，有极少的铁锰斑纹和铁锰结核新生体，通体具有石灰反应，层次间过渡渐变，容重一般在 1.55～1.62 g/cm³，细土质地以砂质壤土为主。

对比土系　与相邻的聚宝系相比，开通系土体通体具有氧化还原特征，具有铁锈斑纹及铁锰结核等新生体；而聚宝系有钙积现象。

利用性能综述　本土系所处地形低平或低洼，地下水位相对较高，故盐分容易积聚。加之风蚀影响，耕作层覆砂较多，质地轻，无结构。如水源方便，可种植水稻洗盐，能逐步减轻盐碱的危害，达到改良的目的。改良利用的关键是搞好灌溉排水工程，通过平整土地，修建方条田。

参比土种　第二次土壤普查中与本土系大致相对的土种是薄腐石灰性固定草甸风砂土。

代表性单个土体　位于吉林省通榆县开通镇和平村翻身窝堡屯西北 200 m，44°43.581′N，123°01.583′E，海拔 142.5 m。地形为风积沙丘或砂垄上部，成土母质为风积物，旱田，调查时种植绿豆。野外调查时间为 2011 年 10 月 8 日，编号为 22-124。

开通系代表性单个土体剖面

Ah：　0～21 cm，灰黄棕色（10YR5/2，干），浊黄棕色（10YR4/3，润），砂质壤土，发育差 1～2 mm 大小的粒状结构，松散，无根系，2%～5%不规则黑色软小铁锰结核，强石灰反应，pH 为 8.2，向下平滑渐变过渡。

Bk：　21～50 cm，灰黄棕色（10YR6/2，干），灰黄棕色（10YR5/2，润），砂质壤土，发育差 1～2 mm 大小的粒状结构，松散，无根系，<2%不规则黑色软小铁锰结核，极强石灰反应，pH 为 8.3，向下波状渐变过渡。

Ck1：50～121 cm，浊黄橙色（10YR7/3，干），浊黄橙色（10YR6/3，润），砂质壤土，发育差 1～2 mm 大小的粒状结构，松散，无根系，蜂窝状孔隙，大小为 2～5 mm，结构体表面有<2%明显-清楚的 6～20 mm 大小的铁锈斑纹，孔隙周围有<2%明显-清楚的极小菌丝体，中度石灰反应，pH 为 8.7，向下平滑渐变过渡。

Ck2：121～145 cm，灰白色（10YR8/1，干），灰白色（10YR8/2，润），砂土，发育差 1～2 mm 大小的粒状结构，松散，无根系，结构体表面有<2%明显-清楚的 6～20 mm 大小的铁锈斑纹，强石灰反应，pH 为 9.0。

开通系代表性单个土体物理性质

土层	深度/cm	细土颗粒组成(粒径：mm)/(g/kg)			质地	容重 /(g/cm³)
		2～0.05	0.05～0.002	<0.002		
Ah	0～21	793	108	99	砂质壤土	1.58
Bk	21～50	735	199	66	砂质壤土	1.55
Ck1	50～121	781	125	94	砂质壤土	1.62
Ck2	121～145	937	26	37	砂土	—

开通系代表性单个土体化学性质

深度/cm	pH (H₂O)	有机碳(C) /(g/kg)	全氮(N) /(g/kg)	全磷(P) /(g/kg)	全钾(K) /(g/kg)	CEC /(cmol/kg)	碳酸盐相当物含量 /(g/kg)
0～21	8.2	13.9	0.56	0.21	27.2	10.8	58.6
21～50	8.3	15.6	0.41	0.24	26.7	5.3	87.4
50～121	8.7	5.0	0.18	0.18	27.6	5.3	35.2
121～145	9.0	0.8	0.14	0.10	25.2	6.3	—

10.10.4 水字系 (**Shuizi Series**)

土 族：砂壤质混合型石灰性冷性-普通简育干润雏形土
拟定者：隋跃宇，焦晓光，李建维，张锦源

分布与环境条件 该土系分布于吉林省西部地区松嫩及松辽平原微起伏台地岗坡上部，海拔一般在 150～200 m。分布在乾安、长岭、前郭、通榆、大安、洮南、镇赉、德惠、梨树、双辽 10 个县（市、区）。母质为黄土状亚砂土，属温带大陆性季风气候，年均日照 2419.7 h，年均气温 6.2℃，无霜期 145 d，年均降水量 372.6 mm，≥10℃积温 2934.6℃。

水字系典型景观

土系特征与变幅 本土系的诊断层有淡薄表层，诊断特性有石灰性、冷性土壤温度状况和半干润土壤水分状况，具有钙积现象。淡薄表层厚度为 50 cm 左右。钙积现象出现在 50 cm 以下，具有石灰斑纹和石灰结核。土系通体具有石灰反应，层次间过渡渐变，容重一般在 1.42～1.55 g/cm³，细土质地以砂质壤土为主。

对比土系 与相邻的聚宝系相比，水字系虽有钙积现象，但达不到钙积层的条件，且钙积现象出现在土体中下部，土壤质地相对较细，多为砂质壤土；而聚宝系的钙积现象出现在土体的上部。

利用性能综述 水字系所处地形平坦，耕性好，易耕翻铲蹚，适种性较广。目前多数已垦耕地以种植玉米、向日葵、甜菜为主，玉米产量一般为 1500～2250 kg/hm²。该土种存在的问题是黑土层薄，有机碳及养分含量低，砂性较大，保水保肥性差，加之所处区域风大雨少，气候干旱，水分不充足，易旱，特别是春旱。此外，施肥不足，管理粗放，也是目前产量低的重要原因，是吉林省西部低产土壤之一。改良培肥措施：一是引水或打井灌溉，改善土壤水分状况，春天播种时还可以采取坐水种的办法，以利抓全苗；二是营造防护林，改善生态环境，防止土壤风蚀和减少土壤水分蒸发；三是增施有机肥料，增加秸秆、草炭等有机物料的投入，提高土壤有机碳及养分含量；四是提高栽培技术和施肥管理水平，特别是抗旱保墒，科学施用化肥，加强田间管理等提高单产的有效措施。对于侵蚀严重、黑土层很薄、肥力极低的现有耕地应逐步退耕、栽树种草，对现有草原亦应重视管理与保护，防止草原退化。

参比土种　第二次土壤普查中与本土系大致相对的土种是破皮黄砂黄土质淡黑钙土。

代表性单个土体　位于吉林省乾安县水字镇往字井西北，45°09.500′N，123°51.872′E，海拔 125.0 m。地形为微起伏台地岗坡上部，成土母质为黄土状亚砂土，旱田，现种植玉米。野外调查时间为 2010 年 10 月 9 日，编号为 22-070。

水字系代表性单个土体剖面

Ap：0~21 cm，灰黄棕色（10YR6/2，干），浊黄棕色（10YR4/3，润），黏质壤土，发育良好的 5~10 mm 大小的团粒状结构，疏松，50~100 条 0.5~2 mm 大小的细根系，1~20 条 2~10 mm 大小的中粗根系，强石灰反应，pH 为 7.6，向下波状清晰过渡。

AB：21~51 cm，浊黄橙色（10YR6/3，干），棕色（10YR4/4，润），砂质壤土，发育中等的 5~10 mm 大小的棱块状结构，稍坚实，20~50 条 0.5~2 mm 大小的细根系，1~20 条 2~10 mm 大小的中粗根系，土体内有 1~2 个动物穴，穴内填充土体，强石灰反应，pH 为 7.7，向下波状渐变过渡。

Bk：51~94 cm，浊黄橙色（10YR7/4，干），浊黄橙色（10YR6/4，润），砂质壤土，发育中等的 5~10 mm 大小的棱块状结构，坚实，1~20 条 0.5~2 mm 大小的细根系，结构体表面有 2%~5%明显-清楚的 2~6 mm 大小的石灰斑纹，<2%不规则白色的 2~6 mm 大小的软石灰结核，中度石灰反应，pH 为 7.9，向下波状渐变过渡。

C：94~130 cm，浅黄橙色（10YR8/3，干），浊黄橙色（10YR6/4，润），砂质壤土，发育较差的 <5 mm 大小的核块状结构，稍坚实，无根系，结构体表面有 2%~5%明显-清楚的 2~6 mm 大小的石灰斑纹，<2%不规则白色的 2~6 mm 大小的软石灰结核，中度石灰反应，pH 为 8.1。

水字系代表性单个土体物理性质

土层	深度/cm	细土颗粒组成(粒径：mm)/(g/kg)			质地	容重/(g/cm³)
		砂粒 2~0.05	粉粒 0.05~0.002	黏粒 <0.002		
Ap	0~21	201	464	335	黏质壤土	1.53
AB	21~51	583	284	133	砂质壤土	1.42
Bk	51~94	668	271	61	砂质壤土	1.55
C	94~130	715	226	59	砂质壤土	1.44

水字系代表性单个土体化学性质

深度/cm	pH (H₂O)	有机碳(C) /(g/kg)	全氮(N) /(g/kg)	全磷(P) /(g/kg)	全钾(K) /(g/kg)	CEC /(cmol/kg)	碳酸盐相当物含量 /(g/kg)
0~21	7.6	7.4	0.80	0.22	25.6	10.8	44.6
21~51	7.7	6.5	0.68	0.15	22.3	9.8	95.9
51~94	7.9	6.4	0.50	0.13	20.6	10.8	78.2
94~130	8.1	3.7	0.27	0.07	21.2	7.6	35.9

10.10.5　新华系（Xinhua Series）

土　族：砂质硅质混合型石灰性冷性-普通简育干润雏形土
拟定者：隋跃宇，马献发，张　蕾，李建维

新华系典型景观

分布与环境条件　本土系零星分布在吉林省西部的风积沙丘或砂垄上，主要集中在长岭、通榆、前郭、扶余、镇赉等县（市），面积较大，双辽、公主岭、梨树和农安等县（市）面积很小。母质为风积物，所处地势较低，外排水平衡，渗透性中等，内排水从不饱和。属于温带大陆性季风气候，年均日照 2572.8 h，年均气温 6.4℃，无霜期 135 d 左右，年均降水量 380.9 mm，≥10℃积温 2860℃。

土系特征与变幅　本土系的诊断层有淡薄表层，诊断特性有石灰性、冷性土壤温度状况和半干润土壤水分状况，具有钙积现象。淡薄表层厚度为 35 cm 左右。钙积现象出现在 35 cm 以下，具有石灰斑纹。土系通体有石灰反应，层次间过渡清晰到渐变，容重一般在 1.41～1.79 g/cm³，细土质地以砂土为主。

对比土系　与边昭系相比，新华系具有钙积现象，土壤水分状况为半干润土壤水分状况，土体无氧化还原特征；而边昭系没有钙积现象，土壤水分状况为潮湿土壤水分状况，土体中下部出现锈斑，有潜育现象。此外，新华系细土质地以砂土为主；而边昭系细土质地以砂质壤土为主。

利用性能综述　本土系所处地形低平或低洼，地下水位相对较高，故盐分容易积聚。加之风蚀影响，耕作层覆砂较多，质地轻，无结构。在水源充足的地方，可种植水稻洗盐，能逐步减轻盐碱的危害，达到改良的目的。改良利用的关键是搞好灌溉排水工程，通过平整土地，修建方条田。

参比土种　第二次土壤普查中与本土系大致相对的土种是中腐黄土质石灰性黑钙土。

代表性单个土体　位于吉林省通榆县新华乡新华村苑家窝堡东南 300 m，44°31.712′N，122°48.260′E，海拔 147.9 m。地形为风积沙丘或砂垄上部，成土母质为风积物，旱田，种植玉米、向日葵等，调查时种植向日葵。野外调查时间为 2011 年 10 月 5 日，编号为 22-122。

Ap：0～15 cm，浊黄橙色（10YR7/2，干），灰黄棕色（10YR5/2，润），砂土，粒状结构，松散，1～20 条 0.5～2 mm 大小的细根系，极强石灰反应，pH 为 8.4，向下平滑清晰过渡。

Ah ：15～35 cm，灰黄棕色（10YR6/2，干），灰黄棕色（10YR4/2，润），壤质砂土，发育较好的 10～20 mm 大小的块状结构，疏松，无根系，中度石灰反应，pH 为 8.3，向下波状渐变过渡。

AB：35～44 cm，灰黄棕色（10YR5/2，干），黑棕色（10YR3/2，润），壤质砂土，发育较好的 10～20 mm 大小的块状结构，稍坚实，无根系，结构体表面有<2%清晰-扩散的 2～6 mm 大小的石灰斑纹，中度石灰反应，pH 为 8.2，向下波状清晰过渡。

22-122

新华系代表性单个土体剖面

Bw：44～55 cm，浊黄橙色（10YR7/2，干），灰黄棕色（10YR6/2，润），壤质砂土，发育差的 0～2 mm 大小的单粒状结构，坚实，无根系，结构体表面有 2%～5%清晰-扩散的 2～6 mm 大小的石灰斑纹，强石灰反应，pH 为 8.5，向下波状渐变过渡。

C1：55～98 cm，灰白色（10YR8/1，干），浊黄橙色（10YR7/2，润），砂土，发育差的 0～2 mm 大小的单粒状结构，松散，无根系，结构体表面有 2%～5%清晰-扩散的 2～6 mm 大小的石灰斑纹，中度石灰反应，pH 为 8.5，向下波状渐变过渡。

C2：98～153 cm，灰白色（10YR8/1，干），浊黄橙色（10YR7/2，润），砂土，发育差的 0～2 mm 大小的单粒状结构，松散，无根系，结构体表面有 2%～5%清晰-扩散的 2～6 mm 大小的石灰斑纹，轻度石灰反应，pH 为 8.8。

新华系代表性单个土体物理性质

土层	深度/cm	细土颗粒组成(粒径：mm)/(g/kg)			质地	容重/(g/cm³)
		砂粒 2～0.05	粉粒 0.05～0.002	黏粒 <0.002		
Ap	0～15	886	51	63	砂土	1.41
Ah	15～35	866	45	89	壤质砂土	1.79
AB	35～44	836	65	99	壤质砂土	1.64
Bw	44～55	874	47	79	壤质砂土	1.73
C1	55～98	907	13	80	砂土	—
C2	98～153	919	8	73	砂土	—

新华系代表性单个土体化学性质

深度/cm	pH (H₂O)	有机碳(C) /(g/kg)	全氮(N) /(g/kg)	全磷(P) /(g/kg)	全钾(K) /(g/kg)	CEC /(cmol/kg)	碳酸盐相当物含量 /(g/kg)
0～15	8.4	5.7	0.28	0.19	25.6	4.3	26.0
15～35	8.3	5.4	0.37	0.21	25.8	6.6	12.4
35～44	8.2	3.4	0.59	0.11	19.2	7.5	16.3
44～55	8.5	2.2	0.31	0.09	20.1	5.2	16.8
55～98	8.5	2.0	0.17	0.07	24.0	4.4	23.7
98～153	8.8	1.5	0.14	0.05	22.2	3.1	11.0

10.10.6 广太系（Guangtai Series）

土　　族：壤质混合型石灰性冷性-普通简育干润雏形土
拟定者：隋跃宇，焦晓光，李建维，陈一民

分布与环境条件　本土系集中
分布在吉林省西部半干旱地区
的河漫滩、阶地、台地间洼地，
海拔一般在 170～220 m，多与
石灰性草甸土和碱土呈复区分
布。见于镇赉、通榆、扶余、洮
南、前郭、长岭、大安、乾安、
农安、德惠、榆树、公主岭、梨
树、双辽等县（市）。母质是黄
土状沉积物。属温带大陆性季风
气候，年均日照 2676.7 h，年均
气温 6.6℃，无霜期 135 d，年均
降水量 333.8 mm，≥10℃积温
2778.9～2945.8℃。

广太系典型景观

土系特征与变幅　本土系的诊断层有淡薄表层、雏形层，诊断特性有石灰性、冷性土壤
温度状况和半干润土壤水分状况，具有钙积现象。淡薄表层厚度为 20 cm 左右。钙积现
象位于 20 cm 之下，具有石灰斑纹和石灰结核新生体。土系通体无砾石，强石灰反应，
层次间过渡渐变，容重一般在 1.42～1.51 g/cm³，细土质地以粉质壤土为主。

对比土系　与鳞字系相比，广太系通体无氧化还原特征，无铁锰结核，质地为粉质壤土；
而鳞字系部分层次有氧化还原反应，有铁锰结核，质地为壤土。

利用性能综述　该土系盐分含量较低（0.1%～0.3%），且以苏打为主，属轻度苏打盐化
土壤，正常年份对作物生长影响不大，只是表现在苗期生长缓慢，进入雨季后由于盐分
的稀释和淋洗，作物后期长势良好。主要适合种植的作物有玉米、水稻、高粱、甜菜、
向日葵等，玉米平均产量为 3000～4500 kg/hm²，属中产水平。在改良利用方面，应大量
增施有机物料，推行秸秆还田，培肥加厚黑土层，此外，结合当地实际情况，可改旱田
为水田，既可以洗盐洗碱，达到改良土壤的目的，又可以增加经济收入。在旱田改水田
的同时，尤为重要的是摸清其水盐动态变化规律，做到能灌能排，防止土壤次生盐渍化。

参比土种　第二次土壤普查中与本土系大致相对的土种是轻度苏打盐化草甸土。

代表性单个土体　位于吉林省长岭县广太乡宝山村后五家户北 500 m，44°17.157′N，
124°01.051′ E，海拔 192.0 m。地形为半干旱地区的河漫滩、阶地、台地间洼地上部，成

土母质是黄土状沉积物，旱田，种植玉米。野外调查时间为 2010 年 10 月 10 日，编号为 22-074。

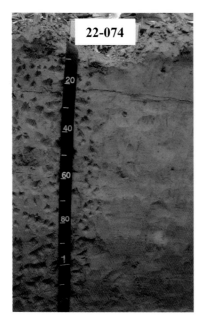

广太系代表性单个土体剖面

Ah: 0～20 cm，浊黄橙色（10YR6/3，干），暗棕色（10YR3/3，润），砂质壤土，发育较好的 10～20 mm 大小的团块状结构，疏松，50～10 条 0.5～2 mm 大小的细根系，1～20 条 2～10 mm 大小的中粗根系，强石灰反应，pH 为 7.8，向下波状渐变过渡。

Bk: 20～57 cm，浊黄橙色（10YR7/3，干），浊黄棕色（10YR5/4，润），粉质壤土，发育中等的 10～20 mm 大小的块状结构，坚实，20～50 条 0.5～2 mm 大小的细根系，1～20 条 2～10 mm 大小的中粗根系，结构体表面有 2%～5%明显-清楚的 2～6 mm 大小的石灰斑纹，强石灰反应，pH 为 7.9，向下平滑清晰过渡。

BCk: 57～122 cm，浊黄橙色（10YR7/4，干），黄棕色（10YR5/6，润），粉质壤土，发育较差的＜5 mm 大小的核块状结构，稍坚实，无根系，结构体表面有 5%～15%明显-清楚的 2～6 mm 大小的石灰斑纹，＜2%不规则白色的 6～20 mm 大小的软石灰结核，强石灰反应，pH 为 7.9。

广太系代表性单个土体物理性质

| 土层 | 深度/cm | 细土颗粒组成(粒径: mm)/(g/kg) | | | 质地 | 容重 /(g/cm³) |
		砂粒 2～0.05	粉粒 0.05～0.002	黏粒 <0.002		
Ah	0～20	523	404	73	砂质壤土	1.42
Bk	20～57	429	518	53	粉质壤土	1.44
BCk	57～122	298	640	62	粉质壤土	1.51

广太系代表性单个土体化学性质

深度/cm	pH (H₂O)	有机碳(C) /(g/kg)	全氮(N) /(g/kg)	全磷(P) /(g/kg)	全钾(K) /(g/kg)	CEC /(cmol/kg)	碳酸盐相当物含量 /(g/kg)
0～20	7.8	10.8	1.16	0.46	27.2	13.2	35.3
20～57	7.9	6.2	0.79	0.29	25.6	12.5	66.2
57～122	7.9	3.1	0.48	0.15	21.1	14.2	42.2

10.10.7 后朝阳系（Houchaoyang Series）

土　族：壤质混合型石灰性冷性–普通简育干润雏形土
拟定者：隋跃宇，李建维，马献发，张　蕾

分布与环境条件　本土系分布
在吉林省中、西部起伏台地缓坡
中上部，主要分布在公主岭、长
岭、扶余、德惠、农安、前郭、
梨树等县（市），特别是公主岭、
长岭两县（市）分布面积较大。
该土系母质为黄土状沉积物。现
多被开垦为农田，种植玉米、大
豆、小麦等农作物，调查时种植
玉米，已收获。属温带大陆性季
风气候，年均日照 2797.1 h，年
均气温 4.5℃，无霜期 135 d，年
均降水量 424.9 mm，≥10℃积
温 2778.9～2945.8℃。

后朝阳系典型景观

土系特征与变幅　本土系的诊断层有淡薄表层、钙积层，诊断特性有氧化还原特征、石
灰性、冷性土壤温度状况和半干润土壤水分状况。淡薄表层厚度为 20 cm 左右，有少量
侵入体，无石灰反应。钙积层出现在 20～110 cm 深度，具有石灰斑纹和石灰结核新生体，
强石灰反应。氧化还原特征出现在 46～110 cm 深度，有铁锰斑纹新生体，强石灰反应。
容重一般在 1.32～1.52 g/cm³，细土质地以粉质壤土为主。

对比土系　后朝阳系与三家子系相比，虽然都具有氧化还原反应和石灰性等诊断特性，
但是二者的诊断层明显不同，后朝阳系具有钙积层，而三家子系具有水耕现象；且后朝
阳系表层较为浅薄，为淡薄表层，而三家子系为暗沃表层。

利用性能综述　该土系土壤肥力和所处条件属于中产土壤，可以满足旱作农业一年一熟
的基本要求，是吉林省较好的农业土壤之一。其适种作物范围广，现有作物以玉米为主，
还有高粱、向日葵、甜菜、大豆等。在合理耕作和施肥的情况下，产量较高，土壤不需
特殊的改良。但要进行土壤培肥，以缓解水土流失的影响。培肥的方法应以玉米根茬、
秸秆还田为主。在耕作过程中要注意保墒和氮磷肥配合施用。根据田间试验结果，土壤
有效氮的利用率较高，而有效磷的利用率则较低，因此不可忽视磷肥的施用。

参比土种　第二次土壤普查中与本土系大致相对的土种是中腐黄土质黑钙土。

代表性单个土体　位于吉林省松原市宁江区后朝阳乡粮库南 200 m，45°17.935′N，

125°00.525′E，海拔 152.5 m，地形为起伏台地缓坡中上部，成土母质为黄土状沉积物，旱田，种植玉米、大豆、小麦等农作物。野外调查时间为 2010 年 10 月 6 日，编号为 22-063。

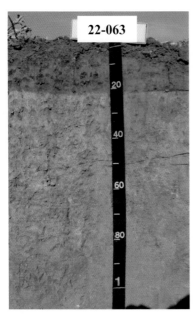

后朝阳系代表性单个土体剖面

Ap: 0～19 cm，灰黄棕色（10YR5/2，干），浊黄棕色（10YR4/3，润），粉质壤土，发育较好的 10～20 mm 大小的团块状结构，坚实，100～200 条 0.5～2 mm 大小的细根系，1～20 条 2～10 mm 大小的中粗根系，有极少量煤渣侵入土体，无石灰反应，pH 为 6.8，向下平滑渐变过渡。

Bk: 19～46 cm，淡黄橙色（10YR6/3，干），浊黄棕色（10YR5/4，润），粉质壤土，棱块状结构，很坚实，20～50 条 0.5～2 mm 大小的细根系，1～20 条 2～10 mm 大小的中粗根系，结构体表面有 5%～15%明显-清楚的石灰斑纹，2%～5%不规则白色的 2～6 mm 大小的软石灰结核，有 0～2%的根孔，孔内填充土体，有大量石灰假菌丝体，强石灰反应，pH 为 7.6，向下波状渐变过渡。

Bkr: 46～110 cm，浊黄橙色（10YR7/3，干），浊黄棕色（10YR5/4，润），粉质壤土，棱块状结构，很坚实，无根系，结构体表面有<2%明显-清楚的<2 mm 大小的铁锰斑纹和中量明显-清楚的 2～6 mm 大小的石灰斑纹，2%～5%不规则白色的 2～6 mm 大小的软石灰结核，有大量石灰假菌丝体，极强石灰反应，pH 为 7.6，向下平滑清晰过渡。

C: 110～141 cm，浊黄橙色（10YR7/3，干），浊黄棕色（10YR5/4，润），粉质壤土，发育较差的<5 mm 大小的核块状结构，很坚实，无根系，结构体表面有 5%～15%明显-清楚的 2～6 mm 大小的石灰斑纹，2%～5%不规则白色的 2～6 mm 大小的软石灰结核，中度石灰反应，pH 为 7.7。

后朝阳系代表性单个土体物理性质

| 土层 | 深度/cm | 细土颗粒组成(粒径：mm)/(g/kg) | | | 质地 | 容重 /(g/cm³) |
		砂粒 2～0.05	粉粒 0.05～0.002	黏粒 <0.002		
Ap	0～19	309	559	132	粉质壤土	1.52
Bk	19～46	197	697	106	粉质壤土	1.32
Bkr	46～110	202	688	110	粉质壤土	1.43
C	110～141	196	677	127	粉质壤土	—

后朝阳系代表性单个土体化学性质

深度/cm	pH (H₂O)	有机碳(C) /(g/kg)	全氮(N) /(g/kg)	全磷(P) /(g/kg)	全钾(K) /(g/kg)	CEC /(cmol/kg)	碳酸盐相当物含量 /(g/kg)
0～19	6.8	11.8	1.03	0.65	36.1	17.8	9.4
19～46	7.6	12.0	0.95	0.66	28.5	14.9	61.4
46～110	7.6	9.2	0.69	0.51	24.0	14.7	47.3
110～141	7.7	8.9	0.49	0.38	21.3	14.3	44.7

10.10.8　鳞字系（Linzi Series）

土　　族：壤质混合型石灰性冷性-普通简育干润雏形土
拟定者：隋跃宇，焦晓光，李建维，陈一民

鳞字系典型景观

分布与环境条件　本土系分布在吉林省偏西部半干旱气候区台地平缓部位，多与风沙土和盐碱土呈复区分布，海拔一般为150～200 m，相对高差 5 m 左右，主要分布在洮南、通榆、前郭、大安、长岭、镇赉等县（市），另外乾安、梨树、双辽、公主岭等县（市）也有小面积分布。母质为黄土状沉积物，属温带大陆性季风气候，年均日照 2419.7 h，年均气温 6.2℃，无霜期 145 d，年均降水量 372.6 mm，≥10℃积温 2934.6℃。

土系特征与变幅　本土系的诊断层有淡薄表层，诊断特性有氧化还原特征、石灰性、冷性土壤温度状况和半干润土壤水分状况，具有钙积现象。淡薄表层厚度为 17 cm 左右。氧化还原特征出现在 17～41 cm，厚度为 25 cm 左右，有少量铁锰结核新生体。钙积现象位于 17 cm 之下，具有石灰斑纹和石灰结核新生体。土系通体无砾石，强石灰反应，层次间过渡渐变，容重一般在 1.41～1.48 g/cm^3，细土质地以壤土为主。

对比土系　与相邻的余字系相比，鳞字系亚表层具有氧化还原特征，有铁锰结核；而余字系亚表层无氧化还原特征，无铁锰结核。

利用性能综述　鳞字系是吉林省西部主要耕地土壤，土壤肥力虽然稍低，但无明显的障碍因素，土壤砂黏适宜，环境条件较好，地形平坦，光照充足，适合种植玉米、甜菜、向日葵等多种作物，目前玉米年产量为 6000～9000 kg/hm^2，是有较大开发潜力的中产土壤之一。突出存在的问题是春旱缺水，土壤有机碳和养分含量较低。改良措施应以调水增肥为目标，开发当地较丰富的地下水资源，实行旱田水浇；推行旱地蓄水保墒等常规耕作技术措施，争取一次播种一次抓全苗；增加有机物料的投入，提高基础肥力等级；科学施用化肥，坚持氮肥和磷肥合理配施。

参比土种　第二次土壤普查中与本土系大致相对的土种是中腐砂黄土质淡黑钙土。

代表性单个土体　位于吉林省乾安县鳞字乡鳞字村西北，45°02.182′N，124°06.256′E，海拔 140.5 m。地形为台地平缓部位,成土母质为黄土状沉积物,旱田,种植大豆。野外调查时间为 2010 年 10 月 10 日,编号为 22-072。

Ap: 0～17 cm,灰黄棕色(10YR6/2,干),灰黄棕色(10YR4/2,润),壤土,发育良好的 5～10 mm 大小的团粒状结构,疏松,50～100 条 0.5～2 mm 大小的细根系,1～20 条 2～10 mm 大小的中粗根系,强石灰反应,pH 为 7.9,向下平滑清晰过渡。

Bkr: 17～41 cm,浊黄橙色(10YR7/3,干),浊黄棕色(10YR5/4,润),壤土,发育中等的 5～10 mm 大小的棱块状结构,稍坚实,20～50 条 0.5～2 mm 大小的细根系,1～20 条 2～10 mm 大小的中粗根系,结构体表面有<2%明显-清楚的<2 mm 大小的石灰斑纹,<2%球形黑色的 2～6 mm 大小的软铁锰结核,强石灰反应,pH 为 8.0,向下波状渐变过渡。

BCk: 41～102 cm,浊黄橙色(10YR7/4,干),浊黄橙色(10YR6/4,润),砂质壤土,发育中等的 5～10 mm 大小的棱块状结构,坚实,1～20 条 0.5～2 mm 大小的细根系,结构体表面有 5%～15%明显-清楚的 2～6 mm 大小的石灰斑纹,<2%不规则白色的 6～20 mm 大小的软石灰结核,强石灰反应,pH 为 8.0,向下不规则清晰过渡。

鳞字系代表性单个土体剖面

C: 102～140 cm,灰白色(10YR8/2,干),浊黄橙色(10YR7/3,润),砂质壤土,发育较差的<5 mm 大小的核块状结构,稍坚实,无根系,土体内有 1～2 个动物穴,穴内填充土体,极强石灰反应,pH 为 8.0。

鳞字系代表性单个土体物理性质

| 土层 | 深度/cm | 细土颗粒组成(粒径: mm)/(g/kg) | | | 质地 | 容重/(g/cm³) |
		砂粒 2～0.05	粉粒 0.05～0.002	黏粒 <0.002		
Ap	0～17	463	393	144	壤土	1.48
Bkr	17～41	372	494	134	壤土	1.47
BCk	41～102	481	449	70	砂质壤土	1.42
C	102～140	531	387	82	砂质壤土	1.41

鳞字系代表性单个土体化学性质

深度/cm	pH (H₂O)	有机碳(C) /(g/kg)	全氮(N) /(g/kg)	全磷(P) /(g/kg)	全钾(K) /(g/kg)	CEC /(cmol/kg)	碳酸盐相当物含量 /(g/kg)
0～17	7.9	11.0	1.52	0.42	21.1	13.4	80.2
17～41	8.0	9.7	1.05	0.43	20.4	11.3	120.7
41～102	8.0	6.1	0.86	0.31	19.6	11.0	80.9
102～140	8.0	3.9	0.66	0.22	15.7	11.9	187.5

10.10.9　三骏系（Sanjun Series）

土　族：壤质混合型石灰性冷性-普通简育干润雏形土
拟定者：焦晓光，隋跃宇，李建维

分布与环境条件　本土系分布
在吉林西部半干旱地区台地缓坡
下部，台地间低平地或一、二级
阶地上，多与草甸黑钙土呈复区
分布，海拔一般在 150～180 m。
主要分布于扶余、前郭、大安、
洮南等县（市）。该土系母质为黄
土状沉积物。属温带大陆性季风
气候，年均日照 2433.9 h，年均
气温 5.3℃，无霜期 145 d，年均
降水量 469.7 mm，≥10℃积温
2870℃。

三骏系典型景观

土系特征与变幅　本土系的诊断层有淡薄表层、雏形层，诊断特性有氧化还原特征、石
灰性、冷性土壤温度状况和半干润土壤水分状况，具有钙积现象。淡薄表层厚度为 40 cm
左右，有少量侵入体。钙积现象出现在 40 cm 以下，具有石灰斑纹和石灰结核新生体。
通体有氧化还原特征，有锈纹锈斑等新生体，强石灰反应，层次间过渡渐变，容重一般
在 1.16～1.46 g/cm³，细土质地以粉质壤土为主。

对比土系　与后朝阳系相比，三骏系表层土体较厚，逐渐向下层过渡，钙积现象出现于
较深的土体中；而后朝阳系表层较为浅薄，为淡薄表层，向下土壤过渡到钙积层，钙积
层出现于较上的土体部分。

利用性能综述　本土系含盐量较高，属中度盐化，土体中石灰含量也较高，对植物生长
有危害，是待改良土种之一。利用方向仍要以种植业为主，增加甜菜和向日葵的种植比
例，有条件的要适当发展绿肥作物。在耕作管理上，要注意化肥施用，尤其是生理酸性
肥料和磷肥的施用。

参比土种　第二次土壤普查中与本土系大致相对的土种是中度黄土质盐化黑钙土。

代表性单个土体　位于吉林省扶余市三骏乡二屯村一社南 500 m，45°14.543′N，
125°04.525′E，海拔 152.6 m。地形为台地缓坡下部，成土母质为黄土状沉积物，旱田，
种植玉米。野外调查时间为 2010 年 10 月 6 日，编号为 22-062。

三骏系代表性单个土体剖面

Ahr： 0～21 cm，灰黄棕色（10YR5/2，干），灰黄棕色（10YR4/2，润），壤土，发育良好的 5～10 mm 大小的团粒结构，坚实，100～200 条 0.5～2 mm 大小的细根系，1～20 条 2～10 mm 大小的中粗根系，结构体表面有＜2%明显-清楚的＜2 mm 大小的铁锰斑纹，有极少量煤渣侵入土体，强石灰反应，pH 为 7.1，向下平滑渐变过渡。

Bkr1：21～41 cm，灰黄棕色（10YR6/2，干），浊黄棕色（10YR5/3，润），粉质壤土，发育较好的 10～20 mm 大小的团块结构，坚实，50～100 条 0.5～2 mm 大小的细根系，1～20 条 2～10 mm 大小的中粗根系，结构体表面有＜2%明显-清楚的＜2 mm 大小的铁锰斑纹，强石灰反应，pH 为 7.0，向下波状渐变过渡。

Bkr2：41～88 cm，浊黄橙色（10YR7/3，干），浊黄橙色（10YR6/4，润），粉质壤土，发育较差的＜5 mm 大小的核块状结构，很坚实，1～20 条 0.5～2 mm 大小的细根系，结构体表面有 2%～5%明显-清楚的＜2 mm 大小的铁锰斑纹和 5%～15%清晰-扩散的 2～6 mm 大小的石灰斑纹，＜2%球形白色的 2～6 mm 大小的软石灰结核，极强石灰反应，pH 为 7.1，向下波状渐变过渡。

Ckr： 88～125 cm，浊黄橙色（10YR7/4，干），浊黄棕色（10YR5/4，润），粉质壤土，发育较差的＜5 mm 大小的核块状结构，很坚实，无根系，结构体表面有 2%～5%明显-清楚的＜2 mm 大小的铁锰斑纹和中量清晰-扩散的 2～6 mm 大小的石灰斑纹，＜2%球形白色的 2～6 mm 大小的软石灰结核，极强石灰反应，pH 为 7.6。

三骏系代表性单个土体物理性质

| 土层 | 深度/cm | 细土颗粒组成(粒径：mm)/(g/kg) | | | 质地 | 容重/(g/cm³) |
		砂粒 2～0.05	粉粒 0.05～0.002	黏粒 <0.002		
Ahr	0～21	371	438	191	壤土	1.34
Bkr1	21～41	311	529	160	粉质壤土	1.16
Bkr2	41～88	228	610	162	粉质壤土	1.25
Ckr	88～125	245	635	120	粉质壤土	1.46

三骏系代表性单个土体化学性质

深度/cm	pH (H₂O)	有机碳(C)/(g/kg)	全氮(N)/(g/kg)	全磷(P)/(g/kg)	全钾(K)/(g/kg)	CEC/(cmol/kg)	碳酸盐相当物含量/(g/kg)
0～21	7.1	14.2	1.42	0.71	35.1	15.4	56.8
21～41	7.0	7.9	0.62	0.69	29.4	16.1	112.6
41～88	7.1	3.6	0.30	0.58	23.6	14.2	117.9
88～125	7.6	2.5	0.31	0.35	19.8	15.2	31.1

10.10.10 余字系（Yuzi Series）

土　族：壤质混合型石灰性冷性-普通简育干润雏形土

拟定者：隋跃宇，李建维，焦晓光，张锦源，马献发

分布与环境条件　本土系分布在吉林省西部微起伏台地平缓部位，多与风沙土和盐碱土呈复区分布，海拔一般为 150~200 m，相对高差 5 m 左右。主要见于半干旱气候区内的乾安、通榆、长岭、双辽等 10 个县（市）。母质为黄土状沉积物，属温带大陆性季风气候，年均日照 2419.7 h，年均气温 6.2℃，无霜期 145 d，年均降水量 372.6 mm，≥10℃ 积温 2934.6℃。

余字系典型景观

土系特征与变幅　本土系的诊断层有淡薄表层，诊断特性有石灰性、冷性土壤温度状况和半干润土壤水分状况，具有钙积现象。淡薄表层厚度为 15 cm 左右。钙积现象位于 15 cm 之下，具有石灰斑纹和石灰结核新生体。土系通体无砾石，强石灰反应，层次间过渡渐变，容重一般在 1.37~1.62 g/cm³，细土质地以砂质壤土为主。

对比土系　与相邻的鳞字系相比，余字系亚表层没有氧化还原特征，没有铁锰结核；而鳞字系亚表层具有氧化还原特征，有铁锰结核。

利用性能综述　本土系黑土层薄，养分含量低，是吉林省西部较有代表性的待开发低产土壤之一。目前多种植玉米等作物，产量较低。利用改良措施应以调水增肥为主攻方向：第一，因地制宜充分利用地下水资源，积极发展小井灌溉，实行旱田水浇；第二，积极推行旱地蓄水保墒抗旱耕作技术。根据土壤水分运行规律，在土壤返浆高潮期抓紧进行播种，同时还可以配合"坐水种"技术，争取一次播种一次抓全苗；第三，要培肥地力，增加耕作层厚度，措施有增施有机肥，实行根茬秸秆还田，发展绿肥等；第四，要积极营造农田防护林，减缓风速，防止风蚀和减少水分蒸发；第五，注意合理施用化肥，在增加施氮肥基础上，还要特别注意增施磷肥。

参比土种　第二次土壤普查中与本土系大致相对的土种是薄层黄砂土质淡黑钙土。

代表性单个土体　位于吉林省乾安县余字乡润字村西北，45°08.714′N，124°09.174′E，海拔 129.8 m。地形为起伏台地平缓部位，成土母质为黄土状沉积物，旱田，种植玉米。野外调查时间为 2010 年 10 月 9 日，编号为 22-071。

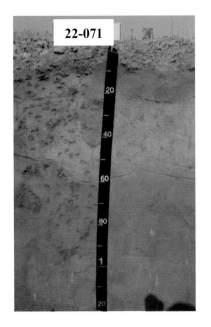

余字系代表性单个土体剖面

Ap: 0～16 cm，灰黄棕色（10YR6/2，干），灰黄棕色（10YR4/2，润），砂质壤土，发育良好的5～10 mm大小的团粒状结构，疏松，50～100条0.5～2 mm大小的细根系，1～20条2～10 mm大小的中粗根系，强石灰反应，pH为7.6，向下波状清晰过渡。

Bk: 16～45 cm，浊黄橙色（10YR7/2，干），浊黄橙色（10YR6/3，润），砂质壤土，发育中等的5～10 mm大小的棱块状结构，稍坚实，20～50条0.5～2 mm大小的细根系，1～20条2～10 mm大小的中粗根系，结构体表面有2%～5%明显-清楚的2～6 mm大小的石灰斑纹，强石灰反应，pH为7.9，向下波状清晰过渡。

BCk: 45～82 cm，浊黄橙色（10YR7/2，干），浊黄橙色（10YR6/3，润），砂质壤土，发育中等的5～10 mm大小的棱块状结构，坚实，1～20条0.5～2 mm大小的细根系，<2%不规则白色的6～20 mm大小的软石灰结核，土体内有1～2个动物穴，穴内填充土体，强石灰反应，pH为8.3，向下波状渐变过渡。

Ck: 82～136 cm，灰白色（10YR8/2，干），浊黄橙色（10YR7/3，润），壤土，发育较差的<5 mm大小的核块状结构，稍坚实，无根系，2%～5%不规则白色的6～20 mm大小的软石灰结核，极强石灰反应，pH为8.3。

余字系代表性单个土体物理性质

| 土层 | 深度/cm | 细土颗粒组成(粒径：mm)/(g/kg) | | | 质地 | 容重/(g/cm³) |
		砂粒 2～0.05	粉粒 0.05～0.002	黏粒 <0.002		
Ap	0～16	539	274	187	砂质壤土	1.45
Bk	16～45	521	359	120	砂质壤土	1.37
BCk	45～82	531	395	74	砂质壤土	1.62
Ck	82～136	420	453	127	壤土	1.56

余字系代表性单个土体化学性质

深度/cm	pH (H₂O)	有机碳(C)/(g/kg)	全氮(N)/(g/kg)	全磷(P)/(g/kg)	全钾(K)/(g/kg)	CEC/(cmol/kg)	碳酸盐相当物含量/(g/kg)
0～16	7.6	22.6	1.46	0.37	22.1	11.1	79.6
16～45	7.9	24.0	0.91	0.32	20.1	10.4	146.0
45～82	8.3	22.1	0.78	0.22	16.6	9.9	149.1
82～136	8.3	20.5	0.58	0.16	12.2	10.7	194.3

10.11 漂白冷凉湿润雏形土

10.11.1 十八道沟系（**Shibadaogou Series**）

土　族：粗骨壤质混合型非酸性-漂白冷凉湿润雏形土
拟定者：隋跃宇，李建维，焦晓光

分布与环境条件　本土系主要分布于吉林东部山区坡地中上部的针叶林下。该土系母质为玄武岩等基性岩风化坡积物。基性岩准灰棕壤含有较丰富的盐基，土壤表层较其他准灰棕壤肥沃。属温带大陆性季风气候，年均日照 2445.7 h，年均气温 3.4℃，无霜期 129 d，年均降水量 529.5 mm，≥10℃ 积温 2400～2680℃。

十八道沟系典型景观

土系特征与变幅　本土系的诊断层有淡薄表层、漂白层，诊断特性有准石质接触面、冷性土壤温度状况和湿润土壤水分状况。淡薄表层厚度为 10 cm 左右。漂白层位于 13～28 cm，厚度为 15 cm 左右，有机质被迁移，由漂白物质聚集而形成。准石质接触面位于 42 cm 左右，土体浅薄，含有大量砾石。层次间过渡渐变，细土质地以粉质壤土为主。

对比土系　与湾沟系相比，十八道沟系具有漂白层，质地以粉质壤土为主，土体内所含砾石体积较大；而湾沟系不具有漂白层，质地以壤土为主，土体内含有大量小砾石。

利用性能综述　该土系耕层养分含量较丰富。但由于土体浅薄，养分总储量低，因此仍属于低肥力土壤。且含有大量砾石，耕作障碍很大，主要用于林地。

参比土种　第二次土壤普查中与本土系大致相对的土种是薄层基性岩准灰棕壤。

代表性单个土体　位于吉林省长白县马鹿沟镇十八道沟六队山上，41°26.317′ N，128°07.540′ E，海拔 830 m。地形为山区坡地中上部，成土母质为玄武岩等基性岩风化坡积物，林地，植被为针叶林。野外调查时间为 2010 年 6 月 28 日，编号为 22-040。

十八道沟系代表性单个土体剖面

Ah：0～13 cm，灰黄棕色（10YR5/2，干），黑棕色（10YR3/2，润），壤土，发育良好的 5～10 mm 大小的团粒状结构，疏松，100～200 条 0.5～2 mm 大小的细根系，2%～5%次圆风化 5～20 mm 大小的玄武岩细砾，pH 为 6.3，向下波状渐变过渡。

AC：13～28 cm，灰白色（10YR8/2，干），浊黄棕色（10YR4/3，润），粉质壤土，发育良好的 5～10 mm 大小的团粒状结构，稍坚实，50～100 条 0.5～2 mm 大小的细根系，15%～40%角状新鲜 20～75 mm 大小的玄武岩石块，pH 为 6.3，向下波状渐变过渡。

C：28～42 cm，浊黄橙色（10YR7/3，干），浊黄棕色（10YR5/3，润），粉质壤土，粒状结构，稍坚实，20～50 条 0.5～2 mm 大小的细根系，>40%角状新鲜 20～75 mm 大小的玄武岩石砾，pH 为 6.5，向下波状渐变过渡。

R：42 cm 以下，>60%角状新鲜 20～75 mm 大小的玄武岩石砾，莫氏硬度 6 左右。

十八道沟系代表性单个土体物理性质

| 土层 | 深度/cm | 石砾(>2mm, 体积分数)/% | 细土颗粒组成(粒径：mm)/(g/kg) | | | 质地 |
			砂粒 2～0.05	粉粒 0.05～0.002	黏粒 <0.002	
Ah	0～13	18	458	421	121	壤土
AC	13～28	47	228	602	170	粉质壤土
C	28～42	60	114	739	147	粉质壤土

十八道沟系代表性单个土体化学性质

深度/cm	pH (H₂O)	有机碳(C) /(g/kg)	全氮(N) /(g/kg)	全磷(P) /(g/kg)	全钾(K) /(g/kg)	CEC /(cmol/kg)
0～13	6.3	66.2	6.12	0.56	17.0	24.8
13～28	6.3	16.5	1.25	0.47	17.5	17.4
28～42	6.5	9.4	0.66	0.39	18.6	20.1

10.11.2 临江系（Linjiang Series）

土　族：粗骨壤质混合型非酸性冷性-漂白冷凉湿润雏形土
拟定者：隋跃宇，焦晓光，向　凯，李建维

分布与环境条件　临江系广泛
分布于吉林省东部山区及半山
区切割剧烈的山坡地，海拔一
般为 500～600 m。分布在通化、
白山、磐石、靖宇 4 市，总面
积 1.88 万 hm²，其中，耕地 0.10
万 hm²，占土系面积的 5.3%。母
质为砂岩风化残、坡积物。属温
带大陆性季风气候，年均日照
2269.3 h，年均气温 5.9℃，无霜
期 140 d，年均降水量 830.9 mm，
≥10℃积温 1660～2820℃。

临江系典型景观

土系特征与变幅　本土系的诊断层有暗沃表层、漂白层，诊断特性有准石质接触面、冷
性土壤温度状况和湿润土壤水分状况。本土系暗沃表层厚度在 50 cm 左右。漂白层位于
50～70 cm。土体中含有中量砾石，细土质地以壤土为主。

对比土系　与三源浦系相比，虽然临江系土壤养分含量较高，但土壤腐殖质层较薄，因
此，属低肥、低产土壤，质地以壤土为主，且临江系具有漂白层；而三源浦系土系耕层
及腐殖质层较厚，土壤结构和耕性较好，属于中产田，质地以粉质黏壤土为主，三源浦
系无漂白层。

利用性能综述　临江系土壤由于含有较多的钙质，土壤表层发育良好的 5～10 mm 大小
的团粒结构，表层土壤养分含量较高，但由于土壤腐殖质层薄，相对来说，仅表层薄薄
的一层养分，不足以供作物生长，因此，该土壤属低肥、低产土壤。

参比土种　第二次土壤普查中与本土系大致相对的土种是薄层灰岩准灰棕壤。

代表性单个土体　位于吉林省白山市临江市六道沟镇夹皮沟 3 队，41°33.985′ N，
127°10.807′ E，海拔 505 m。地形为山区及半山区切割剧烈的山坡地部位，成土母质为砂
岩风化残、坡积物，林地，阔叶林。野外调查时间为 2010 年 6 月 29 日，编号为 22-043。

Ah1：0～17 cm，浊黄橙色（10YR7/2，干），暗棕色（10YR3/3，润），壤土，发育良好的 5～10 mm 大小的团粒结构，疏松，100～200 条 0.5～2 mm 大小的细根系，1～10 条 2～5 mm 大小的中粗根系，2%～5%次圆风化岩细砾，pH 为 5.9，向下平滑渐变过渡。

Ah2：17～48 cm，浊黄橙色（10YR7/2，干），黑棕色（10YR3/2，润），壤土，发育中等的 10～20 mm 大小的团块状结构，稍坚实，50～100 条 0.5～2 mm 的细根系，2%～5%风化岩石块，pH 为 6.1，向下波状清晰过渡。

Bw：48～72 cm，灰白色（10YR8/1，干），浊黄棕色（10YR5/4，润），砂质壤土，发育较好的 10～20 mm 大小的块状结构，稍坚实，1～20 条 0.5～2 mm 大小的细根系，>40%角状新鲜灰岩巨砾，pH 为 6.2。

临江系代表性单个土体剖面

临江系代表性单个土体物理性质

| 土层 | 深度/cm | 石砾(>2mm,体积分数)/% | 细土颗粒组成(粒径：mm)/(g/kg) | | | 质地 |
			砂粒 2～0.05	粉粒 0.05～0.002	黏粒 <0.002	
Ah1	0～17	4.0	429	414	157	壤土
Ah2	17～48	5.0	414	387	199	壤土
Bw	48～72	50.0	604	325	71	砂质壤土

临江系代表性单个土体化学性质

深度/cm	pH (H₂O)	有机碳(C) /(g/kg)	全氮(N) /(g/kg)	全磷(P) /(g/kg)	全钾(K) /(g/kg)	CEC /(cmol/kg)
0～17	5.9	38.6	3.22	0.67	17.2	29.2
17～48	6.1	21.9	1.61	0.49	19.4	17.7
48～72	6.2	5.4	0.44	0.37	22.4	16.9

10.12　酸性冷凉湿润雏形土

10.12.1　青沟子系（Qinggouzi Series）

土　　族：粉黏壤质混合型-酸性冷凉湿润雏形土
拟定者：隋跃宇，张锦源，焦晓光，李建维

分布与环境条件　本土系在吉林省东、中部的山区、半山区多分布于山间沟谷或盆谷低洼地，在西部平原区多分布于沿河两岸河谷平原中的局部洼地。零星分布于吉林省各市（地、州）的31 个县市。所处地势一般为坡的底部，外排水易积水，渗透慢，内排水长期饱和。母质为洪积物。该土系母质为洪积物，现种植大豆。属于温带大陆性季风气候，年均降水量 591.1 mm，年均日照 2155.3 h，年均气温 4.3℃，无霜期 120 d 左右，≥10℃积温 2200℃。

青沟子系典型景观

土系特征与变幅　本土系的诊断层有暗沃表层、雏形层，诊断特性有氧化还原特征、冷性土壤温度状况和湿润土壤水分状况。本土系暗沃表层厚度在 36 cm 左右，腐殖质储量比（Rh）=0.47>0.4，不符合均腐殖质特性。土系通体具有氧化还原特征，且由上至下，不断增加，耕作层有少量铁锰锈纹锈斑，其下腐殖质层有中量铁锰锈纹锈斑，氧化还原层有大量铁锰锈纹。在氧化还原层之下 90～140 cm，埋藏有一层腐殖质层。土壤发育于洪积物，土体无砾石，无石灰反应，容重一般在 1.00～1.45 g/cm³，细土质地以粉质黏壤土为主。

对比土系　与直立系相比，青沟子系土壤上部有一层矿质覆盖土层，土体下部的氧化还原层有大量铁锰锈纹锈斑，且在氧化还原层之下，93 cm 以下为原表层，90～140 cm 埋藏有一层腐殖质层；而直立系虽有氧化还原特征，但是与青沟子系相比锈纹锈斑较少，且直立系没有覆盖土层。

利用性能综述　本土系土壤上部有一层矿质覆盖土层，有机碳及养分含量均较丰富，一般作旱田。主要问题是地势低洼，排水不畅，土壤常年处于过湿状态，冷浆易涝，土壤养分不易释放，特别是速效磷、钾缺乏，不发小苗，入伏后容易徒长，贪青晚熟，故产量不稳不高。改良利用措施：应修筑台田和挖沟排水，以降低地下水位，增加土壤的通透性，提高土温，促进有机碳分解转化。增施农家肥料和磷钾肥的施用；并可施用石灰改良土壤酸性，可利用地膜覆盖增加土温，以旱作为主，但有水源条件的可种植水稻，发展水田。

参比土种 第二次土壤普查中与本土系大致相对的土种是中腐矿质草甸暗棕壤。

代表性单个土体 位于吉林省敦化市青钩子乡都凌河村，43°45.041′N，128°18.665′E，海拔 377.0 m。地形为山间沟谷或盆谷低洼地部位，成土母质为洪积物，旱田，现种植大豆。野外调查时间为 2011 年 10 月 9 日，编号为 22-130。

青沟子系代表性单个土体剖面

Apr： 0～17 cm，灰黄棕色（10YR4/2，干），黑色（10YR2/1，润），粉质黏壤土，发育良好的 5～10 mm 大小的团粒状结构，疏松，100～200 条 0.5～2 mm 大小的细根系，结构体表面有 2%～5%明显-清楚的 2～6 mm 大小的铁锈斑纹，pH 为 5.2，向下波状清晰过渡。

Ahr： 17～36 cm，灰黄棕色（10YR4/2，干），黑色（10YR2/1，润），粉质黏土，发育较好的 10～20 mm 大小的块状结构，坚实，20～50 条 0.5～2 mm 大小的细根系，结构体内有 5%～15%明显-清楚的 6～20 mm 大小的铁锈斑纹，pH 为 5.3，向下波状清晰过渡。

Br： 36～93 cm，浊黄橙色（10YR7/2，干），浊黄橙色（10YR6/4，润），粉质壤土，发育差的＜5 mm 大小的核块状结构，坚实，1～20 条 0.5～2 mm 大小的细根系，结构体表面有≥40%模糊-扩散的大铁锈斑纹，pH 为 5.7，向下波状渐变过渡。

2Ar： 93～140 cm，灰黄棕色（10YR5/2，干），黑棕色（10YR3/2，润），粉质黏壤土，发育差的＜5 mm 大小的核块状结构，稍坚实，无根系，结构体表面有 5%～15%模糊-扩散的 2～6 mm 大小的铁锈斑纹，pH 为 5.8，向下平滑渐变过渡。

2Cr： 140～155 cm，浊黄橙色（10YR6/4，干），棕色（10YR4/4，润），粉质黏壤土，发育差的＜5 mm 大小的核块状结构，很坚实，无根系，结构体表面有 5%～15%模糊-扩散的 2～6 mm 大小的铁锈斑纹，pH 为 6.2。

青沟子系代表性单个土体物理性质

土层	深度/cm	细土颗粒组成(粒径：mm)/(g/kg)			质地	容重 /(g/cm³)
		砂粒 2~0.05	粉粒 0.05~0.002	黏粒 <0.002		
Apr	0~17	109	522	369	粉质黏壤土	1.04
Ahr	17~36	53	406	541	粉质黏土	1.00
Br	36~93	18	721	261	粉质壤土	1.28
2Ar	93~140	91	530	379	粉质黏壤土	1.45
2Cr	140~155	49	615	336	粉质黏壤土	1.45

青沟子系代表性单个土体化学性质

深度/cm	pH (H₂O)	有机碳(C) /(g/kg)	全氮(N) /(g/kg)	全磷(P) /(g/kg)	全钾(K) /(g/kg)	CEC /(cmol/kg)
0~17	5.2	45.8	4.00	1.26	16.9	46.2
17~36	5.3	31.3	2.10	0.91	17.3	45.5
36~93	5.7	6.0	0.48	0.67	21.6	27.4
93~140	5.8	11.4	0.75	0.71	20.3	28.3
140~155	6.2	7.6	0.57	0.61	19.7	32.9

10.13　暗沃冷凉湿润雏形土

10.13.1　渭津系（Weijin Series）

土　　族：粗骨壤质混合型非酸性-暗沃冷凉湿润雏形土
拟定者：隋跃宇，焦晓光，李建维

分布与环境条件　本土系广泛分布于吉林省中东部山麓缓坡台地，海拔 500 m 左右。该土系母质为第四纪黄土状沉积物质。所处地势较高，外排水流失，渗透率中等，内排水良好。现多种植玉米、大豆等作物，一年一熟。属于温带大陆性季风气候，年均日照 2504 h，年均气温 5.2℃，无霜期 137 d，年均降水量 658 mm，≥10℃积温 2804℃。

渭津系典型景观

土系特征与变幅　本土系的诊断层有暗沃表层，诊断特性有准石质接触面、冷性土壤温度状况和湿润土壤水分状况。本土系暗沃表层厚度在 35 cm 左右。准石质接触面出现在 60 cm 以下，土体浅薄，土系通体含有砾石，上部较少，下部含有大量砾石。层次间过渡渐变平滑，细土质地以粉质壤土为主。

对比土系　渭津系与石岭子系相比，二者都具有暗沃表层和准石质接触面，但是二者所处的地形以及土壤水分情况不同，渭津系位于台地，且地势较高，土壤水分情况为湿润土壤水分状况；而石岭子系所处山区或丘陵区地势较低，土壤水分情况为半干润土壤水分状况。此外，渭津系的暗沃表层较石岭子系更厚，且土体下部砾石体积更大。

利用性能综述　渭津系土层浅薄，且含有大量砾石，养分含量虽然较高，但耕作障碍大，仍属低产土壤。除局部侵蚀严重地块种植小片林或人工种草外，大部分垦为耕地。其改良利用方向应积极采取工程、生物和农业等综合措施，搞好水土保持；并力争多施有机肥料或秸秆、草炭等有机物料，进行改良培肥；加强田间管理，实行科学种田，逐步提高土壤生产能力。

参比土种　第二次土壤普查中与本土系大致相对的土种是薄层麻砂质暗棕壤性土。

代表性单个土体　位于吉林省东辽县渭津镇大榆树西岗 500 m，42°47.814′N，

125°17.309′E，海拔 315.0 m。地形为山麓缓坡台地部位，成土母质为第四纪黄土状沉积物质，旱田，种植玉米、大豆等作物，调查时种植玉米。野外调查时间为 2011 年 10 月 3 日，编号为 22-116。

Ap：0～16 cm，浊黄棕色（10YR5/3，干），黑棕色（10YR3/2，润），粉质壤土，发育良好的 5～10 mm 大小的团粒状结构，疏松，50～100 条 0.5～2 mm 大小的细根系，2%～5%不规则的风化 2～5 mm 大小的长石细砾，pH 为 7.4，向下波状渐变过渡。

Bw：16～35 cm，浊黄棕色（10YR5/3，干），黑棕色（10YR2/3，润），砂质壤土，发育良好的 5～10 mm 大小的粒状结构，疏松，20～50 条 0.5～2 mm 大小的细根系，40%～80%不规则的新鲜石块，pH 为 7.4，向下波状渐变过渡。

C：35～61 cm，明黄棕色（10YR7/6，干），棕色（10YR4/6，润），壤土，无结构，疏松，20～50 条 0.5～2 mm 大小的细根系，40%～80%不规则的新鲜石块，pH 为 7.3，向下波状渐变过渡。

R：61cm 以下，准石质接触面。

渭津系代表性单个土体剖面

渭津系代表性单个土体物理性质

土层	深度/cm	石砾(>2mm, 体积分数)/%	细土颗粒组成(粒径：mm)/(g/kg)			质地
			砂粒 2～0.05	粉粒 0.05～0.002	黏粒 <0.002	
Ap	0～16	20	276	584	140	粉质壤土
Bw	16～35	39	719	108	173	砂质壤土
C	35～61	46	394	468	138	壤土

渭津系代表性单个土体化学性质

深度/cm	pH (H₂O)	有机碳(C) /(g/kg)	全氮(N) /(g/kg)	全磷(P) /(g/kg)	全钾(K) /(g/kg)	CEC /(cmol/kg)
0～16	7.4	17.5	1.63	0.74	25.3	20.3
16～35	7.4	12.9	1.26	0.57	24.2	21.7
35～61	7.3	2.8	0.35	0.41	20.1	20.8

10.13.2　贤儒系（Xianru Series）

土　　族：粗骨壤质混合型非酸性-暗沃冷凉湿润雏形土
拟定者：隋跃宇，李建维，焦晓光，侯　萌

贤儒系典型景观

分布与环境条件　本土系广泛分布于吉林省东部山区、半山区山坡地中下部，海拔多在 500～700 m。27 个县均有分布，其中汪清、舒兰、珲春、蛟河、永吉 5 个县（市）面积均在 7 万 hm²，总面积 55.33 万 hm²。该土系母质为花岗岩、片麻岩等酸性岩残、坡积物。土体厚度大多在 50 cm 左右。所处地势多为坡度较大的中下部，外排水易流失，渗透性快，内排水良好。属于温带大陆性季风气候，年均日照 2155.3 h，年均气温 4.3℃，无霜期 120 d，年均降水量 591.1 mm，≥10℃积温 2275℃。

土系特征与变幅　本土系的诊断层有暗沃表层，诊断特性有准石质接触面、冷性土壤温度状况和湿润土壤水分状况。本土系暗沃层厚度在 50 cm 左右。土体表层是由上坡水土流失堆积发育而成，在 28～41 cm 深度埋藏一层原腐殖质表层，有机碳含量明显高于上覆土层，颜色彩度很低。准石质接触面出现在 67 cm 以下，土体浅薄，土系通体含有砾石，上部较少，下部含有大量砾石。层次间过渡渐变平滑，容重一般在 1.24～1.49 g/cm³，细土质地以壤土为主。

对比土系　与相邻的渭津系相比，贤儒系表层下埋藏有一层有机碳含量非常高的腐殖质层；而渭津系没有覆盖的土层。

利用性能综述　贤儒系土壤养分状况处在较好水平，土壤物理性质好，肥力较高。但土壤中障碍因素也较明显，主要表现为地处山坡下部，坡度较大，侵蚀较严重，土体内含有大量砾石，应尽量退耕还林。

参比土种　第二次土壤普查中与本土系大致相对的土种是厚腐暗矿质草甸暗棕壤。

代表性单个土体　位于吉林省敦化市贤儒镇小榆树川屯东 1000 m，43°11.722′N，128°19.225′E，海拔 575.8 m。地形为山区、半山区山坡地中下部，成土母质为花岗岩、片麻岩等酸性岩残、坡积物，旱田，种植玉米、大豆等作物。野外调查时间为 2011 年 10 月 8 日，编号为 22-125。

Ap: 0～11 cm，灰黄棕色（10YR5/2，干），黑棕色（10YR3/2，润），粉质壤土，发育良好的 5～10 mm 大小的团粒状结构，疏松，50～100 条 0.5～2 mm 的细根系，<2%次圆 6～20 mm 大小的风化长石石块，酸性，pH 为 6.1，向下平滑渐变过渡。

Ah: 11～28 cm，灰黄棕色（10YR4/2，干），黑棕色（10YR2/2，润），壤土，发育中等的 10～20 mm 大小的团块状结构，稍坚实，20～50 条 0.5～2 mm 大小的细根系，2%～5%角状 6～20 mm 大小的风化长石石块，pH 为 6.2，向下平滑清晰过渡。

2Ah: 28～41 cm，黑棕色（10YR3/1，干），黑色（10YR1.7/1，润），粉质黏壤土，发育良好的 5～10 mm 大小的团粒状结构，稍坚实，1～20 条 0.5～2 mm 大小的细根系，2%～5%角状 6～20 mm 大小的风化长石石块，pH 为 6.2，向下波状渐变过渡。

贤儒系代表性单个土体剖面

2Bb: 41～53 cm，棕灰色（10YR4/1，干），黑色（10YR2/1，润），黏质壤土，块状结构，很坚实，20～50 条 0.5～2 mm 大小的细根系，>40%角状的新鲜 20～75 mm 大小的长石石块，pH 为 6.3，向下波状清晰过渡。

2C: 53～67 cm，浊黄橙色（10YR7/3，干），棕色（10YR4/4，润），粉质壤土，发育较差的<5 mm 大小的核块状结构，很坚实，20～50 条 0.5～2 mm 大小的细根系，>40%角状的新鲜 20～75 mm 大小的长石石块，pH 为 6.5。

贤儒系代表性单个土体物理性质

土层	深度/cm	石砾(>2mm, 体积分数)/%	细土颗粒组成(粒径：mm)/(g/kg)			质地	容重 /(g/cm³)
			砂粒 2～0.05	粉粒 0.05～0.002	黏粒 <0.002		
Ap	0～11	3	252	532	216	粉质壤土	1.24
Ah	11～28	5	282	495	223	壤土	1.28
2Ah	28～41	6	166	440	394	粉质黏壤土	1.49
2Bb	41～53	68	336	369	295	黏质壤土	—
2C	53～67	72	358	528	114	粉质壤土	—

贤儒系代表性单个土体化学性质

深度/cm	pH (H₂O)	有机碳(C) /(g/kg)	全氮(N) /(g/kg)	全磷(P) /(g/kg)	全钾(K) /(g/kg)	CEC /(cmol/kg)
0～11	6.1	34.6	2.74	1.02	14.0	26.9
11～28	6.2	38.1	3.15	0.84	14.7	30.9
28～41	6.2	57.1	4.79	0.67	15.8	46.3
41～53	6.3	26.1	2.10	0.59	15.7	26.8
53～67	6.5	5.3	0.34	0.61	16.3	11.3

10.13.3 官马系（Guanma Series）

土　族：壤质混合型非酸性-暗沃冷凉湿润雏形土
拟定者：隋跃宇，焦晓光，王其存，李建维

分布与环境条件　官马系分布
于吉林省东部的山间沟谷地带，
分布在敦化、汪清、蛟河、舒兰、
桦甸、磐石等县（市），梨树、
伊通县境内也有分布，但面积较
小，总面积 2.69 万 hm²，其中
耕地 1.07 万 hm²，占土系面积
的 39.8%，旱田耕地。母质为坡、
洪积物。属温带大陆性季风气
候，年均日照 2345.0 h，年均气
温 5.2℃，无霜期 125 d，年均降
水量 609.9 mm，≥10℃积温
2860℃。

官马系典型景观

土系特征与变幅　本土系的诊断层有暗沃表层、雏形层，诊断特性有氧化还原特征、冷
性土壤温度状况和湿润土壤水分状况。本土系暗沃表层厚度在 60 cm 左右。氧化还原特
征出现在表层，具有锈纹锈斑新生体。细土质地以粉质壤土为主。

对比土系　与程家窝棚系相比，官马系的氧化还原特征出现在表层，土体下部没有氧
化还原现象；而程家窝棚系在土体的下部出现氧化还原特征，土体的上部没有氧化还
原现象。

利用性能综述　官马系黑土层较厚，土壤养分状况均处在较高水平，适种多种作物。但
由于地势低，地下水位高，土体冷浆，作物苗期长势不好，群众常称"发老苗不发小苗"。
改良利用方法可采取挖排水沟，修台、条田等措施，降低土壤含水量，提高地温，促进
苗期生长。另外，适时早播，加强田间管理，玉米产量可达 4500～6000 kg/hm²，为当地
高产水平。

参比土种　第二次土壤普查中与本土系大致相对的土种是厚腐坡洪积草甸土。

代表性单个土体　位于吉林省磐石市烟筒山镇（原官马乡）义青村南 500 m，43°10.860′N，
126°04.870′E，海拔 315.5 m。地形为山间沟谷地带，成土母质为坡、洪积物，旱田，种
植玉米。野外调查时间为 2009 年 10 月 14 日，编号为 22-020。

22-020

官马系代表性单个土体剖面

Ap： 0～12 cm，灰黄棕色（10YR5/2，干），暗棕色（10YR3/3，润），粉质壤土，发育良好的 5～10 mm 大小的团粒状结构，疏松，100～200 条 0.5～2 mm 大小的细根系，1～20 条 5～10 mm 大小的中粗根系，pH 为 6.6，向下平滑清晰过渡。

Bw： 12～36 cm，灰黄棕色（10YR5/2，干），黑棕色（10YR2/2，润），粉质壤土，发育中等的 10～20 mm 大小的团块状结构，稍坚实，50～100 条 0.5～2 mm 大小的细根系，结构体表面有＜2%基质对比度模糊及边界清楚的 2～6 mm 大小的铁锈斑纹，向下平滑清晰过渡。

2Ab： 36～62 cm，灰棕色（10YR4/1，干），黑色（10YR2/1，润），粉质壤土，发育中等的 10～20 mm 大小的团块状结构，疏松，无根系，pH 为 6.5，向下波状清晰过渡。

2BC： 62～83 cm，灰黄棕色（10YR6/2，干），灰黄棕色（10YR4/2，润），粉质壤土，发育较差的＜5 mm 大小的核块状结构，很坚实，无根系，pH 为 6.7，向下波状渐变过渡。

2C： 83～97 cm，浊黄橙色（10YR7/2，干），浊黄棕色（10YR5/3，润），黏质壤土，发育较差的 ＜5 mm 大小的核块状结构，很坚实，无根系，pH 为 6.6。

官马系代表性单个土体物理性质

| 土层 | 深度/cm | 细土颗粒组成(粒径：mm)/(g/kg) | | | 质地 | 容重/(g/cm³) |
		砂粒 2～0.05	粉粒 0.05～0.002	黏粒 <0.002		
Ap	0～12	181	669	150	粉质壤土	1.22
Bw	12～36	181	669	150	粉质壤土	1.26
2Ab	36～62	142	599	259	粉质壤土	1.31
2BC	62～83	173	664	163	粉质壤土	1.34
2C	83～97	192	501	307	黏质壤土	1.38

官马系代表性单个土体化学性质

深度/cm	pH (H₂O)	有机碳(C) /(g/kg)	全氮(N) /(g/kg)	全磷(P) /(g/kg)	全钾(K) /(g/kg)	CEC /(cmol/kg)
0～12	6.6	20.6	1.71	0.89	15.2	18.0
12～36	6.5	21.7	1.69	0.96	19.6	25.7
36～62	6.5	22.2	1.71	1.07	20.7	28.0
62～83	6.7	9.2	0.67	0.61	23.9	28.8
83～97	6.6	3.7	0.29	0.38	25.2	—

10.13.4 花园口系（Huayuankou Series）

土　　族：壤质盖粗骨壤质混合型非酸性-暗沃冷凉湿润雏形土
拟定者：焦晓光，隋跃宇，李建维，张锦源

分布与环境条件　该土系零星
分布在吉林省东部山区、半山
区切割剧烈的山坡地，海拔一
般为 500~600 m。分布在通化、
白山、磐石、靖宇 4 县（市）。
母质为砂岩风化残、坡积物。属
温带大陆性季风气候，年均日照
2243.5 h，年均气温 4.3℃，无霜
期 107 d，年均降水量 662.5 mm，
≥10℃积温 2224.2℃。

花园口系典型景观

土系特征与变幅　本土系的诊断层有暗沃表层、雏形层，诊断特性有准石质接触面、冷性
土壤温度状况和湿润土壤水分状况，具有有机现象。地表具有 4 cm 左右的枯枝落叶层，暗
沃表层厚度为 25 cm 左右。雏形层位于 27~40 cm，厚度为 15 cm 左右，由残积物和坡积物
风化形成。准石质接触面位于 40 cm 以下，土体浅薄。土系上部含有少量砾石，下部含有大
量砾石。层次间过渡渐变，容重一般在 1.27~1.45 g/cm³，细土质地以粉质壤土为主。

对比土系　与双龙系相比，花园口系表层有机碳和养分含量较高，具有暗沃表层和有机
现象，但无氧化还原现象；而双龙系有机碳和养分含量较低，具有淡薄表层，通体具有
少量铁锰斑纹和铁锰结核新生体，有氧化还原现象。

利用性能综述　该土系原始森林植被遭砍伐，现多为次生阔叶幼林。坡度大、土体薄、
砾石多，水土流失严重，表层虽有明显的养分富集，但总储量少，不适于农业利用。已
垦的土地应退耕还林，增强林木覆盖度；对现有林地应加强保护与管理，可实行封山育
林、人工造林、加强幼林抚育管理等方法，搞好山林建设。对于坡度陡、侵蚀严重的区
域，应采取植被覆盖和工程措施相结合的综合治理措施，做好水土保持，控制水土流失。

参比土种　第二次土壤普查中与本土系大致相对的土种是薄层硅质暗棕壤性土。

代表性单个土体　位于吉林省靖宇县花园口镇珠宝村（大珠宝）南山坡，42°17.760′N，
127°07.155′E，海拔 465 m。地形为山区、半山区切割剧烈的山坡地部位，成土母质为砂
岩风化残、坡积物，林地。野外调查时间为 2010 年 6 月 30 日，编号为 22-045。

花园口系代表性单个土体剖面

Oi： +4～0 cm，灰黄棕色（10YR5/2，干），黑棕色（10YR2/2，润），松软，大量的枯枝落叶，向下平滑清晰过渡。

Ah1：0～13 cm，灰黄棕色（10YR5/2，干），黑棕色（10YR3/2，润），粉质壤土，发育良好的5～10 mm 大小的团粒状结构，疏松，100～200 条0.5～2 mm 大小的细根系，2%～5%角状2～5 mm 大小的强风化石砾，pH 为5.8，向下平滑清晰过渡。

Ah2：13～27 cm，灰黄棕色（10YR5/2，干），黑棕色（10YR3/2，润），粉质壤土，发育良好的5～10 mm 大小的团粒状结构，稍坚实，50～100 条0.5～2 mm 大小的细根系，2%～5%角状2～5 mm 大小的风化石砾，pH 为6.0，向下波状渐变过渡。

Bw：27～40 cm，浊黄橙色（10YR7/2，干），浊黄棕色（10YR4/3，润），粉质壤土，发育较好的10～20 mm 大小的块状结构，坚实，20～50 条0.5～2 mm 大小的细根系，5%～15%角状2～5 mm 大小的强风化石砾，pH 为5.8，向下波状渐变过渡。

C：40～68 cm，灰白色（10YR8/2，干），浊黄棕色（10YR5/4，润），壤土，发育较好的10～20 mm 大小的块状结构，坚实，无根系，5%～15%角状2～5 mm 大小的强风化石砾，pH 为5.7。

花园口系代表性单个土体物理性质

| 土层 | 深度/cm | 石砾(>2mm，体积分数)/% | 细土颗粒组成(粒径：mm)/(g/kg) | | | 质地 | 容重/(g/cm³) |
			砂粒 2～0.05	粉粒 0.05～0.002	黏粒 <0.002		
Ah1	0～13	2	247	540	213	粉质壤土	1.27
Ah2	13～27	2	199	551	250	粉质壤土	1.32
Bw	27～40	3	237	539	224	粉质壤土	1.45
C	40～68	40	406	465	129	壤土	—

花园口系代表性单个土体化学性质

深度/cm	pH (H₂O)	有机碳(C) /(g/kg)	全氮(N) /(g/kg)	全磷(P) /(g/kg)	全钾(K) /(g/kg)	CEC /(cmol/kg)
0～13	5.8	44.9	4.70	0.43	13.8	14.5
13～27	6.0	20.4	2.09	0.57	11.9	14.9
27～40	5.8	10.4	1.20	0.31	15.3	17.2
40～68	5.7	7.1	1.07	0.25	14.8	14.4

10.14 斑纹冷凉湿润雏形土

10.14.1 陶赖昭系（Taolaizhao Series）

土　族：砂质混合型非酸性-斑纹冷凉湿润雏形土
拟定者：隋跃宇，李建维，焦晓光，张　蕾

分布与环境条件　本土系分布于吉林省东部地区的第二松花江、东西辽河、洮儿河等河谷平原、河漫滩与低阶地，海拔 160～180 m。分布在洮南、梨树、扶余、东辽、辽源、双辽 6 个县（市）。母质为河流冲积物，属温带大陆性季风气候，年均日照 2433.9 h，年均气温 5.3℃，无霜期 145 d，年均降水量 469.7 mm，≥10℃积温 2870℃。

陶赖昭系典型景观

土系特征与变幅　本土系的诊断层有淡薄表层、雏形层，诊断特性有氧化还原特征、冷性土壤温度状况和湿润土壤水分状况。淡薄表层厚度为 20 cm 左右，含有少量锈纹锈斑和铁锰结核。潜育现象位于 21～39 cm，厚度 18 cm 左右，含有大量铁锈斑纹。在 39～62 cm 深度，有一层厚 20 cm 左右的埋藏层，含有少量铁锈斑纹新生体。土系通体无砾石，层次间过渡渐变，容重一般在 1.09～1.37 g/cm³，细土质地以壤土为主。

对比土系　陶赖昭系与五台系都具有明显的氧化还原特性，二者的土壤温度状况和土壤水分状况也一致，但是陶赖昭系土体具有一层含有大量铁锈斑纹新生体的厚约 20 cm 的埋藏层，且表层为淡薄表层，而五台系土体表层为厚度约 80 cm 左右的暗沃表层。

利用性能综述　陶赖昭系是高肥广适应性土壤，适合种植玉米、高粱、大豆、油料、糖料、瓜果、蔬菜等多种农作物，玉米产量为 6000～7500 kg/hm²。该土壤存在的问题是地势低洼，地下水位高，土壤冷浆，易受外洪内涝的危害，粮食产量不稳定。因此，今后利用上应首先修堤防洪，挖沟排水，从根本上解决外洪内涝；其次是培肥土壤，施用热性农肥，提高地温，促进土壤养分的转化；再次是大力推广秋翻，顶浆打垄和苗期深松，以降低水分，提高地温，促进幼苗早生快发早熟，免遭霜害；最后，注意砂层层位高的不宜开发改为水田种稻，以防漏水。

参比土种 第二次土壤普查中与本土系大致相对的土种是砂砾底厚腐冲积草甸土。

代表性单个土体 位于吉林省扶余市陶赖昭镇南江村前身泡子，44°47.086′N，125°56.940′E，海拔 150.1 m，河谷平原、河漫滩与低阶地部位，成土母质为河流冲积物，旱田，种植玉米。野外调查时间为 2010 年 10 月 2 日，编号为 22-054。

陶赖昭系代表性单个土体剖面

Ap: 0～21 cm，灰黄棕色（10YR5/2，干），黑棕色（10YR3/2，润），砂质壤土，发育良好的 5～10 mm 大小的团粒结构，稍坚实，50～100 条 0.5～2 mm 的细根系，1～20 条 2～10 mm 大小的中粗根系，结构体内有 2%～5%明显-清楚的 2～6 mm 大小的铁锰斑纹，无石灰反应，pH 为 6.5，向下平滑清晰过渡。

Bgr: 21～39 cm，浊黄橙色（10YR6/3，干），暗棕色（10YR3/3，润），壤质砂土，粒状结构，坚实，20～50 条 0.5～2 mm 大小的细根系，1～20 条 2～10 mm 大小的中粗根系，结构体表面有15%～40%显著-扩散的 6～20 mm 大小的铁锈斑纹，无石灰反应，pH 为 6.9，向下平滑清晰过渡。

2Adr: 39～62 cm，棕灰色（10YR6/1，干），黑棕色（10YR3/2，润），壤土，粒状结构，稍坚实，无根系，结构体表面有 2%～5%显著-扩散的 2～6 mm 大小的铁锰斑纹，pH 为 7.0，向下平滑清晰过渡。

2ABdr：62～83 cm，浊黄橙色（10YR7/3，干），暗棕色（10YR3/4，润），砂质壤土，粒状结构，坚实，无根系，结构体内有 2%～5%明显-清楚的 2～6 mm 大小的铁锰斑纹，无石灰反应，中性pH 为 7.1。

陶赖昭系代表性单个土体物理性质

土层	深度/cm	细土颗粒组成(粒径：mm)/(g/kg)			质地	容重/(g/cm³)
		砂粒 2～0.05	粉粒 0.05～0.002	黏粒 <0.002		
Ap	0～21	608	294	98	砂质壤土	1.09
Bgr	21～39	847	100	53	壤质砂土	1.37
2Adr	39～62	394	440	166	壤土	1.14
2ABdr	62～83	673	222	105	砂质壤土	1.35

陶赖昭系代表性单个土体化学性质

深度/cm	pH (H₂O)	有机碳(C) /(g/kg)	全氮(N) /(g/kg)	全磷(P) /(g/kg)	全钾(K) /(g/kg)	CEC /(cmol/kg)
0～21	6.5	20.7	1.71	0.53	27.3	13.6
21～39	6.9	5.2	0.37	0.34	23.5	4.8
39～62	7.0	15.2	1.17	0.48	24.6	15.5
62～83	7.1	4.2	0.37	0.34	23.8	7.1

10.14.2　五棵树系（Wukeshu Series）

土　族：砂壤质混合型非酸性-斑纹冷凉湿润雏形土
拟定者：焦晓光，隋跃宇，李建维，陈文婷

五棵树系典型景观

分布与环境条件　五棵树系多出现于吉林省中部的九台、德惠、榆树等 3 个市（区）江河两岸低阶地上，海拔一般在 150～180 m。五棵树系土壤起源于距河较近的河湖泛滥冲积母质，土体厚度为 50～100 cm。土壤质地以砂质壤土为主，所处地势低洼，外排水中等，渗透快，内排水过快，土壤保水性差。现多种植玉米，一年一熟。属于温带大陆性季风气候，年均日照 2785.2 h，年均气温 4℃，无霜期 160 d，年均降水量 488 mm，≥10℃积温 2840℃。

土系特征与变幅　本土系的诊断层有淡薄表层、雏形层，诊断特性有氧化还原特征、砂质岩性特征、冷性土壤温度状况和湿润土壤水分状况。淡薄表层厚度为 20 cm 左右。雏形层位于 23～109 cm，厚度为 85 cm 左右，由河流冲积砂发育而来。母质层在 109 cm 以下，具有砂质岩性特征。除淡薄表层外，土体具有氧化还原特征，有铁锈斑纹和铁锰结核新生体。土系通体具有少量云母碎屑，无砾石，层次间过渡渐变，容重一般在 1.17～1.56 g/cm³，细土质地以砂质壤土为主。

对比土系　五棵树系与相邻的三源浦系相比，虽然二者属于同一土族，但是五棵树系土体含有厚度为 85 cm 左右的雏形层，斑纹很少，土系通体无砾石；而三源浦系土体中含有一层厚 20 cm 左右的埋藏层，斑纹较五棵树系多，土系通体含有少量砾石。

利用性能综述　该土系由于砂性大，漏水漏肥严重，有机碳和养分含量低，只适合种植生育期短的耐砂性强的作物。对已垦地，要有计划地逐年施用大量有机物料，以培肥土壤耕作层，改变土壤砂黏比和土壤结构状况，增强土壤的保水保肥性能，实行测土配方施肥，调整好氮磷比例。

参比土种　第二次土壤普查中与本土系大致相对的土种是砂质非石灰性冲积土。

代表性单个土体　位于吉林省长春市榆树市五棵树镇互助村敬老院东 400 m，松花江畔，44°46.680′N，126°4.320′E，海拔 162 m。地形为江河两岸低阶地上部，成土母质为河湖泛滥冲积母质，旱田，种植玉米。野外调查时间为 2010 年 10 月 4 日，编号为 22-058。

Ah: 0～23 cm，黄橙色（10YR6/3，干），棕色（10YR4/4，润），壤质砂土，发育差的 0～2 mm 大小的单粒状结构，疏松，50～100 条 0.5～2 mm 大小的细根系，具有少量云母碎屑，pH 为 6.8，向下平滑清晰过渡。

Bwr: 23～109 cm，黄橙色（10YR7/3，干），黄棕色（10YR4/4，润），砂质壤土，发育差的 0～2 mm 大小的单粒状结构，极疏松，20～50 条 0.5～2 mm 大小的细根系，具有少量云母碎屑，结构体内有<2%明显-清楚的 2～6 mm 大小的铁锰斑纹，<2%球形的 2～6 mm 大小的铁锰结核，pH 为 6.8，向下平滑清晰过渡。

Cr: 109～140 cm，黄橙色（10YR7/3，干），黄棕色（10YR4/3，润），砂质壤土，发育中等的 10～20 mm 大小的团块状结构，坚实，具有少量云母碎屑，结构体内有 2%～5%明显-清楚的 2～6 mm 大小的铁锰斑纹，2%～5%球形的 2～6 mm 大小的铁锰结核，pH 为 6.7。

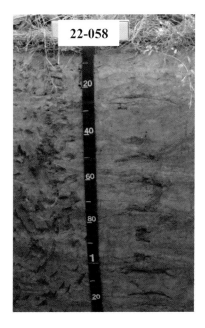

五棵树系代表性单个土体剖面

五棵树系代表性单个土体物理性质

土层	深度/cm	细土颗粒组成(粒径：mm)/(g/kg)			质地	容重/(g/cm³)
		砂粒 2～0.05	粉粒 0.05～0.002	黏粒 <0.002		
Ah	0～23	792	119	89	壤质砂土	1.17
Bwr	23～109	558	372	70	砂质壤土	1.45
Cr	109～140	591	319	90	砂质壤土	1.56

五棵树系代表性单个土体化学性质

深度/cm	pH (H₂O)	有机碳(C) /(g/kg)	全氮(N) /(g/kg)	全磷(P) /(g/kg)	全钾(K) /(g/kg)	CEC /(cmol/kg)
0～23	6.8	4.9	0.40	0.33	17.9	22.2
23～109	6.8	4.6	0.35	0.37	10.1	22.2
109～140	6.7	4.5	0.36	0.23	23.1	23.2

10.14.3　三源浦系（Sanyuanpu Series）

土　族：黏壤质混合型非酸性–斑纹冷凉湿润雏形土
拟定者：隋跃宇，焦晓光，陈　双，李建维

三源浦系典型景观

分布与环境条件　本土系分布于吉林省东部山区、半山区山麓台地的缓坡中下部，海拔一般在400～500 m，主要分布在通化市的柳河县和集安市。该土系母质为第四纪黄土状沉积物。所处地势一般为低台地，外排水易流失，渗透性慢，现种植玉米。属于温带大陆性季风气候，年均日照2479 h，年均气温4.4℃，无霜期130 d左右，年均降水量750 mm，≥10℃积温2699℃。

土系特征与变幅　本土系的诊断层有淡薄表层、雏形层，诊断特性有氧化还原特征、冷性土壤温度状况和湿润土壤水分状况。淡薄表层厚度为30 cm左右，含有少量铁锈斑纹和铁锰结核。在28～50 cm深度，有一层厚20 cm左右的埋藏层。氧化还原特征还出现在50～81 cm深度，厚度为30 cm左右，含有少量铁锈斑纹。土系通体含有少量砾石，层次间过渡渐变，容重一般在1.21～1.60 g/cm³，细土质地以粉质黏壤土为主。

对比土系　与临江系相比，三源浦系耕层及腐殖质层较厚，土壤结构和耕性较好，属于中产田，质地以粉质黏壤土为主；而临江系土壤养分含量虽较高，但土壤腐殖质层薄，因此，属低肥、低产土壤，质地以壤土为主。

利用性能综述　本土系耕层及腐殖质层较厚，土壤结构和耕性较好，适宜种植旱田作物，属于中产田。在改良利用上，应在保持水土的基础上增施有机物料。

参比土种　第二次土壤普查中与本土系大致相对的土种是厚腐灰泥质草甸暗棕壤。

代表性单个土体　位于吉林省柳河县三源浦镇安仁村南300 m，42°02.602′N，125°48.473′E，海拔454.0 m。地形为山麓台地的缓坡中下部，成土母质为第四纪黄土状沉积物，旱田，种植玉米。野外调查时间为2011年9月26日，编号为22-111。

Ahr：0～28 cm，浊黄橙色（10YR6/3，干），暗棕色（10YR3/4，润），粉质黏壤土，发育较好的 10～20 mm 大小的团块状结构，稍坚实，50～100 条 0.5～2 mm 大小的细根系，<2%次圆的 5～20 mm 大小的风化砾石，结构体表面有 2%～5%明显-清楚的 2～6 mm 大小的铁锈斑纹，pH 为 5.4，向下波状渐变过渡。

Ahd：28～50 cm，灰黄棕色（10YR5/2，干），暗棕色（10YR3/3，润），粉质黏壤土，发育中等的 10～20 mm 大小的团块状结构，稍坚实，20～50 条 0.5～2 mm 大小的细根系，<2%次圆 5～20 mm 大小的风化砾石，pH 为 5.8，向下波状清晰过渡。

Bw：50～81 cm，浊黄橙色（10YR7/3，干），棕色（10YR4/4，润），粉质黏壤土，发育中等的 5～10 mm 大小的棱块状结构，坚实，无根系，<2%次圆的 5～20 mm 大小的风化砾石，结构体表面有 2%～5%明显-清楚的 2～6 mm 大小的铁锈斑纹，pH 为 6.0，向下波状渐变过渡。

三源浦系代表性单个土体剖面

C： 81～120 cm，明黄棕色（10YR7/6，干），黄棕色（10YR5/6，润），壤土，发育中等的 5～10 mm 大小的棱块状结构，坚实，无根系，<2%次圆 5～20 mm 大小的风化砾石，pH 为 5.8。

三源浦系代表性单个土体物理性质

土层	深度/cm	石砾(>2mm,体积分数)/%	细土颗粒组成(粒径：mm)/(g/kg)			质地	容重/(g/cm³)
			砂粒 2～0.05	粉粒 0.05～0.002	黏粒 <0.002		
Ahr	0～28	1	98	610	292	粉质黏壤土	1.38
Ahd	28～50	2	113	586	301	粉质黏壤土	1.21
Bw	50～81	1	168	538	294	粉质黏壤土	1.49
C	81～120	2	384	377	239	壤土	1.60

三源浦系代表性单个土体化学性质

深度/cm	pH (H₂O)	有机碳(C) /(g/kg)	全氮(N) /(g/kg)	全磷(P) /(g/kg)	全钾(K) /(g/kg)	CEC /(cmol/kg)
0～28	5.4	16.1	1.40	0.53	22.4	19.9
28～50	5.8	28.3	2.35	0.41	19.6	22.8
50～81	6.0	7.8	0.63	0.38	18.3	18.7
81～120	5.8	4.1	0.38	0.32	19.6	19.8

10.14.4　兴安系（Xing'an Series）

土　　族：壤质混合型非酸性-斑纹冷凉湿润雏形土

拟定者：隋跃宇，李建维，焦晓光，徐　欣

兴安系典型景观

分布与环境条件　本土系于吉林省中部波状起伏台地缓坡下部坡脚，海拔 230～250 m，主要分布于长春市郊、榆树、九台、德惠、双阳、公主岭、梨树、伊通等县（市、区）。兴安系起源于黄土状沉积物，经长期耕作成熟。现多种植大豆、玉米等农作物，一年一熟，冷性土壤温度状况和湿润土壤水分状况，属温带大陆性季风气候，年均气温 6.0℃，年均日照 2415.0 h，年降水量 463.4 mm，无霜期 133 d，≥10℃积温 3154℃。

土系特征与变幅　本土系的诊断层有暗沃表层、雏形层，诊断特性有氧化还原特征、冷性土壤温度状况和湿润土壤水分状况。土系通体具有氧化还原特征，有少量铁锰结核等新生体，无斑纹新生体。土体无砾石，无石灰反应，容重一般在 1.21～1.52 g/cm³，细土质地以粉质壤土为主。

对比土系　与三源浦系相比，兴安系具有暗沃表层，无斑纹新生体，无埋藏层；而三源浦系具有厚度约 30 cm 左右的淡薄表层，含有少量铁锈斑纹，土体中间有一层厚 20 cm 左右的埋藏层。

利用性能综述　该土系耕作层及腐殖质层养分含量较高，适种作物较广。种植大豆、玉米、水稻、小麦等，目前玉米产量为 9000～13500 kg/hm²，为中上等水平。

参比土种　第二次土壤普查中与本土系大致相对的土种是中位泥质灰化暗棕壤。

代表性单个土体　位于吉林省延边州延吉市依兰镇（原兴安乡）大成村西 500 m，42°55.920′ N，129°28.680′ E，海拔 241 m。地形为波状起伏台地缓坡下部坡脚部位，成土母质为黄土状沉积物，旱田，种植大豆、玉米等农作物。野外调查时间为 2010 年 6 月 25 日，编号为 22-037。

Apr: 0～16 cm，灰黄棕色（10YR5/2，干），黑棕色（10YR3/2，润），粉质黏壤土，发育良好的 5～10 mm 大小的团粒状结构，疏松，100～200 条 0.5～2 mm 大小的细根系，1～20 条 2～10 mm 大小的中粗根系，2%～5%不规则黑色 2～6 mm 大小的铁锰结核，无石灰反应，pH 为 7.7，向下平滑渐变过渡。

Ahr: 16～45 cm，黄棕色（10YR5/4，干），暗棕色（10YR3/4，润），粉质壤土，发育中等的 10～20 mm 大小的团块状结构，稍坚实，50～100 条 0.5～2 mm 大小的细根系，1～20 条 2～10 mm 大小的中粗根系，2%～5%不规则黑色 2～6 mm 大小的铁锰结核，无石灰反应，pH 为 7.5，向下不规则渐变过渡。

ABr: 45～66 cm，棕色（10YR4/4，干），暗棕色（10YR3/4，润），粉质壤土，发育较好的 10～20 mm 大小的块状结构，坚实，20～50 条 0.5～2 mm 大小的细根系，2%～5%不规则黑色 2～6 mm 大小的铁锰结核，有 1～2 个动物穴，穴内填充土体，有 1～2 只蚯蚓，无石灰反应，pH 为 7.7，向下波状渐变过渡。

兴安系代表性单个土体剖面

BCr: 66～80 cm，黄棕色（10YR6/3，干），棕色（10YR4/4，润），粉质壤土，发育中等的 10～20 mm 大小的团块状结构，坚实，50～100 条 0.5～2 mm 的细根系，1～20 条 2～10 mm 粗细的根系，2%～5%球形黑色 2～6 mm 大小的铁锰结核，pH 为 7.4，向下平滑渐变过渡。

Cr: 80～126 cm，灰黄棕色（10YR6/2，干），棕色（10YR4/4，润），壤土，发育较好的 10～20 mm 大小的块状结构，坚实，1～20 条 0.5～2 mm 大小的细根系，2%～5%不规则黑色 2～6 mm 大小的铁锰结核，pH 为 7.3。

兴安系代表性单个土体物理性质

土层	深度/cm	细土颗粒组成(粒径：mm)/(g/kg)			质地	容重 /(g/cm³)
		砂粒 2～0.05	粉粒 0.05～0.002	黏粒 <0.002		
Apr	0～16	164	537	299	粉质黏壤土	1.21
Ahr	16～45	182	557	261	粉质壤土	1.24
ABr	45～66	198	544	258	粉质壤土	1.31
BCr	66～80	184	555	261	粉质壤土	1.45
Cr	80～126	270	494	236	壤土	1.52

兴安系代表性单个土体化学性质

深度/cm	pH (H$_2$O)	有机碳(C) /(g/kg)	全氮(N) /(g/kg)	全磷(P) /(g/kg)	全钾(K) /(g/kg)	CEC /(cmol/kg)
0～16	7.7	16.2	1.30	0.51	18.6	27.6
16～45	7.5	13.1	1.03	0.52	23.4	26.7
45～66	7.7	13.5	1.02	0.46	22.2	22.8
66～80	7.4	7.7	0.66	0.33	24.1	23.0
80～126	7.3	7.6	0.66	0.32	23.2	42.3

10.14.5 双龙系（Shuanglong Series）

土　族：壤质混合型非酸性-斑纹冷凉湿润雏形土
拟定者：隋跃宇，李建维，焦晓光，周　珂

分布与环境条件　该土系分布在吉林省中部起伏漫岗地中上部，海拔一般为 200～250 m。多集中分布在公主岭、农安、扶余、长岭等县（市）。母质为黄土状沉积物，旱田。属温带大陆性季风气候，年均日照 2678.9 h，年均气温 5.6℃，无霜期 144 d，年均降水量 594.8 mm，≥10℃积温 2700℃。

双龙系典型景观

土系特征与变幅　本土系的诊断层有淡薄表层、雏形层，诊断特性有氧化还原特征、冷性土壤温度状况和湿润土壤水分状况。淡薄表层厚度为 60 cm 左右。在 60 cm 以下出现二氧化硅粉末。土系通体具有少量铁锰斑纹和铁锰结核新生体，含有少量云母碎屑，无砾石和石灰反应。层次间过渡渐变，容重一般在 1.28～1.51 g/cm³，细土质地以粉质壤土为主。

对比土系　与花园口系相比，双龙系有机碳和养分含量较低，通体具有少量铁锰斑纹和铁锰结核新生体；而花园口系表层有机碳和养分含量较高，具有暗沃表层和有机现象，但无氧化还原现象。

利用性能综述　双龙系土壤适种性广，可种植粮食、豆类、甜菜、瓜果和蔬菜等多种作物，耕性也好。但腐殖质层薄，有机碳及养分含量低，耕层浅，产量水平不高，一般玉米产量为 7500 kg/hm² 左右，大豆年产量为 1500 kg/hm² 左右。土壤侵蚀较严重，有机肥用量不足，地力有明显减退趋势，是吉林省低产土壤之一。今后利用上应从农田角度大力加强农田基本建设，着重抓好有机物料的投入，增施优质农肥，推广根茬、秸秆还田，进一步增加化肥投入，科学配合氮、磷、钾比例，逐年增加耕作层，加强田间管理，采取综合措施切实搞好水土保持。

参比土种　第二次土壤普查中与本土系大致相对的土种是中腐黄土质淋溶黑钙土。

代表性单个土体　位于吉林省公主岭市双龙镇立志村 1 队胡家洼子南，43°51.603′N，124°34.178′E，海拔 205.5 m。地形为起伏漫岗地中上部，成土母质为黄土状沉积物，旱田，种植玉米。野外调查时间为 2010 年 10 月 18 日，编号为 22-089。

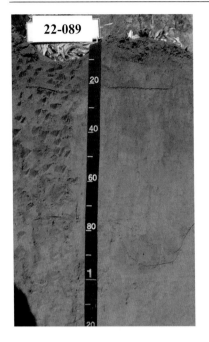

双龙系代表性单个土体剖面

Apr: 0～19 cm，灰黄棕色（10YR5/2，干），黑棕色（10YR3/2，润），砂质壤土，粒状结构，疏松，50～100 条 0.5～2 mm 大小的细根系，1～20 条 2～10 mm 大小的中粗根系，2%～5%圆形＜1 mm 大小的风化云母碎屑，＜2%球形黑色的极小软铁锰结核，pH 为 6.9，向下波状渐变过渡。

Ahr: 19～59 cm，浊黄橙色（10YR6/4，干），棕色（10YR4/4，润），壤土，发育较好的 10～20 mm 大小的团块状结构，坚实，20～50 条 0.5～2 mm 大小的细根系，2%～5%圆形＜1 mm 大小的风化云母碎屑，＜2%球形黑色的 2～6 mm 大小的软铁锰结核，有 1～2 只蚯蚓，pH 为 7.1，向下波状渐变过渡。

Bwr: 59～96 cm，浊黄橙色（10YR7/4，干），黄棕色（10YR5/6，润），粉质壤土，发育较好的 10～20 mm 大小的块状结构，坚实，1～20 条 0.5～2 mm 大小的细根系，2%～5%圆形＜1 mm 大小的风化云母碎屑，孔隙周围有＜2%模糊-扩散的极小二氧化硅粉末，2%～5%球形黑色的 2～6 mm 大小的软铁锰结核，有 1～2 个动物穴，穴内填充土体，pH 为 7.2，向下波状渐变过渡。

Cr: 96～138 cm，浅黄橙色（10YR8/3，干），黄棕色（10YR5/6，润），粉质壤土，发育较差的＜5 mm 大小的核块状结构，坚实，2%～5%圆形＜1 mm 大小的风化云母碎屑，孔隙周围有 2%～5%模糊-扩散的极小二氧化硅粉末，2%～5%球形黑色的 2～6 mm 大小的软铁锰结核，pH 为 7.4。

双龙系代表性单个土体物理性质

土层	深度/cm	细土颗粒组成(粒径：mm)/(g/kg)			质地	容重/(g/cm³)
		砂粒 2～0.05	粉粒 0.05～0.002	黏粒 <0.002		
Apr	0～19	547	356	97	砂质壤土	1.46
Ahr	19～59	437	472	91	壤土	1.28
Bwr	59～96	430	516	54	粉质壤土	1.43
Cr	96～138	378	571	51	粉质壤土	1.51

双龙系代表性单个土体化学性质

深度/cm	pH (H₂O)	有机碳(C) /(g/kg)	全氮(N) /(g/kg)	全磷(P) /(g/kg)	全钾(K) /(g/kg)	CEC /(cmol/kg)
0～19	6.9	10.6	0.98	0.84	24.6	17.1
19～59	7.1	5.4	0.44	0.74	26.2	17.7
59～96	7.2	2.2	0.29	0.62	23.6	15.2
96～138	7.4	1.5	0.27	0.34	25.4	12.8

10.15 普通冷凉湿润雏形土

10.15.1 抚松系（Fusong Series）

土　族：粗骨壤质混合型酸性-普通冷凉湿润雏形土
拟定者：隋跃宇，焦晓光，张锦源

分布与环境条件　该土系零星
分布在吉林省东部山区、半山
区切割剧烈的山坡地，海拔一
般为 500～600 m。分布在通化、
白山、磐石、靖宇 4 县（市、
区），母质为砂岩风化残、坡积
物。属温带大陆性季风气候，
年均日照 2352.5h，年均气温
4℃，无霜期 79～150 d，年均
降水量 800 mm，≥10℃积温
1900～2600℃。

抚松系典型景观

土系特征与变幅　本土系的诊断层有淡薄表层、雏形层，诊断特性有准石质接触面、冷
性土壤温度状况和湿润土壤水分状况。淡薄表层厚度为 10 cm 左右。雏形层位于 10～
41 cm，厚度为 30 cm 左右，砾石由上到下逐渐增加，下部含有大量砾石。母质层位于
41～65 cm，厚度为 25 cm 左右，含有大量砾石。准石质接触面位于 65 cm 之下，土体浅
薄，通体含有少量云母碎屑。层次间过渡渐变，细土质地以粉质壤土为主。

对比土系　抚松系与东光系相比，虽然二者都大多分布在丘陵低山坡地上，但抚松系不
具有漂白层和黏化层，砾石由上到下逐渐增加，下部含有大量砾石，质地以壤土为主；
而东光系具有漂白层和黏化层，通体无砾石，质地以壤土为主。

利用性能综述　该系土壤多分布于丘陵、山地的顶部和陡坡，土层很薄，并含有许多砾
石、砂岩，易水土流失，一般无农业利用价值，目前多为林地。应封山育林，保护天然
植被，防止水土流失，促进土壤发育，严禁樵采、放牧，破坏天然植被和生态平衡。

参比土种　第二次土壤普查中与本土系大致相对的土种是砂砾质冲积土。

代表性单个土体　位于吉林省抚松县榆树镇西南岔村西侧，42°31.307′N，127°08.123′E，
海拔 494 m。地形为山区及半山区切割剧烈的山坡地部位，成土母质为砂岩风化残、坡
积物，林地，植被为乔灌混交林。野外调查时间为 2010 年 6 月 30 日，编号为 22-047。

抚松系代表性单个土体剖面

Ah: 0～10 cm，灰黄棕色（10YR5/2，干），黑棕色（10YR2/2，润），壤土，发育良好的5～10 mm大小的团粒状结构，稍坚实，100～200条0.5～2 mm大小的细根系，1～10条2～5 mm大小的根系，<2%次圆形2～5 mm大小的风化长石细砾和<2%圆形<1 mm大小的强风化云母碎屑，pH为5.7，向下平滑清晰过渡。

Bw: 10～20 cm，浊黄橙色（10YR7/3，干），棕色（7.5YR4/3，润），壤土，发育较好的10～20 mm大小的块状结构，坚实，20～50条0.5～2 mm大小的细根系，1～10条2～5 mm大小的根系，2%～5%次圆形2～5 mm大小的风化长石细砾和<2%圆形<1 mm大小的强风化云母碎屑，pH为5.4，向下平滑渐变过渡。

BCw: 20～41 cm，浅黄橙色（10YR8/3，干），棕色（7.5YR4/4，润），砂质壤土，发育中等的5～10 mm大小的棱块状结构，坚实，无根系，5%～15%角状2～5 mm大小的风化长石细砾和<2%圆形<1 mm大小的强风化云母碎屑，pH为5.2，向下平滑渐变过渡。

Cw: 41～65 cm，浊黄橙色（10YR7/3，干），棕色（7.5YR4/6，润），风化的石英砂，无结构，很坚实，无根系，>40%角状新鲜2～5 mm大小的长石细砾和<2%圆形<1 mm大小的强风化云母碎屑，pH为5.0。

抚松系代表性单个土体物理性质

| 土层 | 深度/cm | 石砾(>2mm，体积分数)/% | 细土颗粒组成(粒径：mm)/(g/kg) | | | 质地 |
			砂粒 2～0.05	粉粒 0.05～0.002	黏粒 <0.002	
Ah	0～10	3	311	494	195	壤土
Bw	10～20	17	468	373	159	壤土
BCw	20～41	28	544	346	110	砂质壤土
Cw	41～65	85	697	222	81	砂质壤土

抚松系代表性单个土体化学性质

深度/cm	pH (H₂O)	有机碳(C) /(g/kg)	全氮(N) /(g/kg)	全磷(P) /(g/kg)	全钾(K) /(g/kg)	CEC /(cmol/kg)
0～10	5.7	68.0	6.46	0.77	22.3	23.5
10～20	5.4	15.9	1.24	0.83	17.3	22.4
20～41	5.2	7.9	0.51	0.37	12.8	20.2
41～65	5.0	5.7	0.46	0.25	14.9	15.8

10.15.2　八道江系（**Badaojiang Series**）

土　族：粗骨壤质混合型非酸性-普通冷凉湿润雏形土
拟定者：隋跃宇，焦晓光，李建维

分布与环境条件　本土系主要分布在吉林省东部山区白山市的八道江区、临江市、江源区和抚松县的山麓台地缓坡上部有小面积分布。母质为风化残积物或坡积物，属温带大陆性季风气候，年均日照 2259 h，年均气温 4.6℃，无霜期 140 d，年均降水量 883.4 mm，10℃积温 1660～2820℃。

八道江系典型景观

土系特征与变幅　本土系的诊断层有淡薄表层、雏形层，诊断特性有准石质接触面、冷性土壤温度状况和湿润土壤水分状况。淡薄表层厚度为 10 cm 左右，含有少量砾石。雏形层位于 12～71 cm，厚度为 60 cm 左右，砾石由上到下逐渐增加，下部含有大量砾石。母质层位于 71～102 cm，厚度为 30 cm 左右，含有大量砾石，并有中度石灰反应。准石质接触面位于 102 cm 之下，土体较厚。层次间过渡渐变，细土质地从壤土到粉质壤土再到砂质壤土，质地间差异较大。

对比土系　与相邻的月晴系相比，八道江系的母质层保留一定的碳酸岩风化物特征，具有石灰反应；而月晴系的土体相对浅薄，土体含有较多的砾石，且通体无石灰反应。

利用性能综述　八道江系土层薄，总储量低；含有大量砾石，水分物理性状不良，坡度较大，保水能力较差，耕作障碍较大，现多为林地。部分开垦为农田的属待改良的低产土壤类型。改良措施应增施优质农肥和草炭，结合深耕深松，不仅能增加腐殖质层厚度，改善结构，同时也能增加土壤的通透性和保水保肥能力。在生产实践中，应加强水土保持，防止土壤侵蚀，注意增加磷肥的施用量。对侵蚀严重的已垦耕地，应逐步退耕还林。

参比土种　第二次土壤普查中与本土系大致相对的土种是浅位黄土质棕壤性土。

代表性单个土体　位于吉林省白山市八道江区板石镇金英村，41°58.495′N，126°24.897′E，海拔 578 m。地形为山麓台地缓坡上部，成土母质为风化残积物或坡积物，林地，植被为柞树、椴树等。野外调查时间为 2010 年 6 月 27 日，编号为 22-039。

Ah:　0～12 cm，淡棕色（7.5YR5/3，干），棕色（7.5YR4/4，润），壤土，发育较好的 10～20 mm 大小的团块状结构，疏松，100～200 条 0.5～2 mm 大小的细根系，2%～5%次圆 2～5 mm 大小的强风化细砾，pH 为 6.3，向下波状渐变过渡。

Bw:　12～44 cm，淡棕色（7.5YR5/4，干），棕色（7.5YR4/6，润），壤土，发育较好的 10～20 mm 大小的块状结构，稍坚实，50～100 条 0.5～2 mm 的细根系，2%～5%次圆 2～5 mm 大小的风化砾石，pH 为 6.4，向下波状渐变过渡。

BCw:　44～71 cm，棕色（7.5YR4/3，干），棕色（7.5YR4/4，润），粉质壤土，发育中等的 5～10 mm 左右的小发育较好的 10～20 mm 大小的块状结构，稍坚实，20～50 条 0.5～2 mm 大小的细根系，5%～15%角状新鲜细砾，pH 为 6.4，向下波状渐变过渡。

八道江系代表性单个土体剖面

C：71～102 cm，浊黄橙色（10YR6/3，干），棕色（10YR4/4，润），砂质壤土，发育中等的 5～10 mm 左右和发育较好的 10～20 mm 大小的块状结构，稍坚实，无根系，>40%角状新鲜 75～250 mm 大小的砾石，中度石灰反应，pH 为 7.6。

八道江系代表性单个土体物理性质

| 土层 | 深度/cm | 石砾(>2mm，体积分数)/% | 细土颗粒组成(粒径：mm)/(g/kg) | | | 质地 |
			砂粒 2～0.05	粉粒 0.05～0.002	黏粒 <0.002	
Ah	0～12	14	288	463	249	壤土
Bw	12～44	15	399	332	269	壤土
BCw	44～71	26	154	651	195	粉质壤土
C	71～102	47	540	333	127	砂质壤土

八道江系代表性单个土体化学性质

深度/cm	pH (H₂O)	有机碳(C) /(g/kg)	全氮(N) /(g/kg)	全磷(P) /(g/kg)	全钾(K) /(g/kg)	CEC /(cmol/kg)
0～12	6.3	20.5	1.80	0.96	30.4	17.4
12～44	6.4	6.5	0.63	0.48	30.6	20.4
44～71	6.4	6.0	0.48	0.34	35.4	21.4
71～102	7.6	5.0	0.29	0.33	34.3	22.3

10.15.3 三合系（Sanhe Series）

土　族：粗骨壤质混合型非酸性-普通冷凉湿润雏形土

拟定者：隋跃宇，李建维，焦晓光

分布与环境条件　三合系分布于吉林省东部山区的下部，植被多为次生灌木林。本土系母质为玄武岩的残积、坡积物。地形为切割高原和切割台地。植被为针阔混交林和次生林。年均日照 2150～2480 h，年均气温 2～6℃，无霜期 100 d，年均降水量 400～650 mm，≥10℃积温 2603.4℃。

三合系典型景观

土系特征与变幅　本土系的诊断层有淡薄表层、雏形层，诊断特性有准石质接触面、冷性土壤温度状况和湿润土壤水分状况。淡薄表层厚度为 20 cm 左右。雏形层位于 17～41 cm，厚度为 20 cm 左右。母质层位于 41～70 cm，厚度为 30 cm 左右。准石质接触面位于 70 cm 之下，土体浅薄，通体含有大量砾石。层次间过渡渐变，细土质地以壤土为主。

对比土系　三合系与八道江系相比，二者都具有淡薄表层和准石质接触面，但是三合系土体较浅，雏形层厚约 20 cm 左右，通体含有大量砾石；而八道江系土体较深厚，雏形层厚度达到了 60 cm，土体从上到下砾石含量逐渐增多，土体下部含有大量砾石。此外，三合系土体较贫瘠，养分含量较低。

利用性能综述　本土系土壤有机碳含量和全氮含量比本亚类的其他土属高，磷含量由于受母质和土壤酸度的影响，比其他土属低。该土属质地较黏，透水性差，一般表现为土温低，土壤养分转化速度慢。海拔较高、气温低、降水较多，适宜发展林业。耕地应施用石灰调整酸度，并注意多施磷肥。

参比土种　第二次土壤普查中与本土系大致相对的土种是薄层基性岩暗棕壤土。

代表性单个土体　位于吉林省延边朝鲜族自治州龙井市三合镇清水五队西 200 m，42°28.317′ N，129°42.155′ E，海拔 290 m。地形为山区的下部，成土母质为玄武岩的残积、坡积物，林地为杨树、白桦树等。野外调查时间为 2010 年 6 月 25 日，编号为 22-036。

Ah: 　0～17 cm，浊黄橙色（10YR6/4，干），棕色（10YR4/4，润），壤土，发育较好的 10～20 mm 大小的团块状结构，稍坚实，20～50 条 0.5～2 mm 大小的细根系，1～10 条 2～5 mm 大小的中粗根系，15%～40%次圆 2～5 mm 大小的风化花岗岩细砾，pH 为 7.0，向下波状渐变过渡。

ACw：17～41 cm，浊黄橙色（10YR6/3，干），暗棕色（10YR3/4，润），壤土，发育较好的 10～20 mm 大小的块状结构，坚实，1～20 条 0.5～2 mm 大小的细根系，15%～40%次圆 6～20 mm 大小的风化花岗岩砾石，pH 为 7.3，向下波状渐变过渡。

C: 　41～70 cm，浊黄橙色（10YR6/4，干），浊黄棕色（10YR5/4，润），壤土，发育中等的 5～10 mm 左右的小发育较好的 10～20 mm 大小的块状结构，坚实，无根系，15%～40%角状新鲜 20～75 mm 大小的花岗岩砾石，pH 为 7.6。

三合系代表性单个土体剖面

三合系代表性单个土体物理性质

| 土层 | 深度/cm | 石砾(>2mm，体积分数)/% | 细土颗粒组成(粒径：mm)/(g/kg) | | | 质地 |
			砂粒 2～0.05	粉粒 0.05～0.002	黏粒 <0.002	
Ah	0～17	29	441	482	77	壤土
ACw	17～41	31	401	472	127	壤土
C	41～70	34	499	399	102	壤土

三合系代表性单个土体化学性质

深度/cm	pH (H$_2$O)	有机碳(C) /(g/kg)	全氮(N) /(g/kg)	全磷(P) /(g/kg)	全钾(K) /(g/kg)	CEC /(cmol/kg)
0～17	7.0	4.2	0.36	0.34	25.8	19.1
17～41	7.3	4.0	0.35	0.23	26.9	14.6
41～70	7.6	3.7	0.60	0.21	25.1	13.9

10.15.4 月晴系（Yueqing Series）

土　族：粗骨壤质混合型非酸性-普通冷凉湿润雏形土
拟定者：隋跃宇，李建维，向　凯，张锦源

分布与环境条件　月晴系多分布于吉林东中部山区、半山区较陡峭的山坡地，海拔一般为 400～800 m。主要分布于白山、伊通、通化、图们、珲春、磐石、蛟河、龙井、抚松、靖宇、汪清等 22 个县（市、区）。该土系起源于岩石风化残、坡积物。多为次生阔叶林或阔叶幼林，耕地很少。属温带大陆性季风气候，年均气温 5.4℃，无霜期 138 d，年均降水量 540 mm 左右，≥10℃ 的积温 2647℃。

月晴系典型景观

土系特征与变幅　本土系的诊断层有淡薄表层、雏形层，诊断特性有石质接触面、冷性土壤温度状况和湿润土壤水分状况，具有有机现象。地表有一层 3 cm 左右的枯枝落叶层，具有有机现象，淡薄表层厚度为 20 cm 左右。雏形层位于 17～45 cm，厚度为 30 cm 左右。石质接触面位于 42 cm 之下，土体浅薄，通体含有大量砾石。层次间过渡渐变，细土质地以壤土为主。

对比土系　月晴系与八道江系相比，二者都具有准石质接触面等诊断特性，但是月晴系土体表层覆盖有一层厚度约 3 cm 的枯枝落叶，具有有机现象，土系通体有大量砾石；而八道江系无枯枝落叶层，且土体从上到下砾石含量逐渐增加，土体下部有大量砾石。此外，月晴系养分含量明显高于八道江系，但月晴系土体相对浅薄，并且土层无石灰反应。

利用性能综述　本土系土体浅薄、砾石多、坡度大，黑土层更薄，表层养分较高，但总储量低，目前多为以柞树、桦树为主的次生阔叶林，耕地很少，多为林间地。其利用方向应积极进行人工造林，加强幼林抚育和管理，严禁毁林开荒，并采取工程、生物等综合措施。

参比土种　第二次土壤普查中与本土系大致相对的土种是薄层泥质暗棕壤性土。

代表性单个土体　位于吉林省延边朝鲜族自治州图们市月晴镇白龙村 1 组，42°48.240′N，129°47.520′E，海拔 410 m。地形为山区及半山区较陡峭的山坡地，成土母质为岩石风化残、坡积物，林地，多为次生阔叶林或阔叶幼林，耕地很少。野外调查时间为 2010 年 6 月 23 日，编号为 22-031。

月晴系代表性单个土体剖面

Oi：+3～0 cm；灰黄棕色（10YR5/2，干），黑棕色（10YR3/2，润），壤土，疏松，湿润，pH 为 5.9，向下平滑清晰过渡。

Ah：0～14 cm，黄棕色（10YR4/3，干），黑棕色（10YR3/2，润），壤土，粒状结构，坚实，50～100 条 0.5～2 mm 的细根系，2～10 mm 大小的中粗根系，土体松，中量圆形超风化 2～5 mm 大小的细砾，无石灰反应，pH 为 7.4，向下平滑清晰过渡。

Bw：14 ～28 cm，黄棕色（10YR5/3，干），暗棕色（10YR3/3，润），壤土，发育良好的 5～10 mm 大小的团粒结构，坚实，20～50 条 0.5～2 mm 大小的细根系，极少中粗根系，15%～40%次圆形风化细-中砾，无石灰反应，pH 为 7.5，向下波状渐变过渡。

C：28～42 cm，黄棕色（10YR5/3，干），暗棕色（10YR3/3，润），壤土，发育较好的 10～20 mm 大小的团块结构，坚实，1～20 条 0.5～2 mm 大小的细根系，无中粗根系，很多角状新鲜中-粗砾，无石灰反应，pH 为 7.5，向下波状渐变过渡。

R：42 cm 以下，>40%角状新鲜花岗岩粗-巨砾，几乎无土壤。

月晴系代表性单个土体物理性质

土层	深度/cm	石砾(>2mm,体积分数)/%	细土颗粒组成(粒径: mm)/(g/kg)			质地
			砂粒 2～0.05	粉粒 0.05～0.002	黏粒 <0.002	
Oi	+3～0	19	327	454	219	壤土
Ah	0～14	36	453	373	174	壤土
Bw	14～28	57	435	430	135	壤土
C	28～42	71	376	456	168	壤土

月晴系代表性单个土体化学性质

深度/cm	pH (H₂O)	有机碳(C) /(g/kg)	全氮(N) /(g/kg)	全磷(P) /(g/kg)	全钾(K) /(g/kg)	CEC /(cmol/kg)
+3～0	5.9	72.6	5.42	1.05	18.4	34.1
0～14	7.4	14.4	1.52	0.46	20.5	18.1
14～28	7.5	9.4	1.07	0.32	15.5	17.6
28～42	7.5	7.3	0.90	0.34	10.2	20.8

10.16 普通简育湿润雏形土

10.16.1 集安系（Ji'an Series）

土　族：粗骨壤质混合型非酸性暖性-普通简育湿润雏形土

拟定者：隋跃宇，李建维，陈一民

分布与环境条件　本土系分布于吉林省中部南端低山丘陵，仅见于集安市。该土系母质为岩石风化残、坡积物。所处地势一般为低台地，外排水易流失，渗透较快，现为葡萄园。属于温带大陆性季风气候，年均日照 2137.7 h，年均气温 8.2℃，无霜期 149 d 左右，年均降水量 791.5 mm，≥10℃积温 2900℃。

集安系典型景观

土系特征与变幅　本土系的诊断层有淡薄表层、雏形层，诊断特性有准石质接触面、温性土壤温度状况和湿润土壤水分状况。淡薄表层厚度为 20 cm 左右，含有少量砾石。雏形层位于 18～38 cm，厚度为 20 cm 左右。准石质接触面位于 50 cm 之下，土体浅薄，通体含有大量砾石。层次间过渡渐变，细土质地以黏质壤土为主。

对比土系　与北台子系相比，集安系的土壤水分状况为湿润土壤水分状况，无氧化还原特征；而北台子系的土壤水分状况为人为滞水土壤水分状况，具有水耕现象，具备氧化还原特征。

利用性能综述　本土系土层浅薄，砾石含量较多，不利于耕作，坡度较大，易遭受侵蚀，且养分含量较低，是待改良的土壤之一。当地采用经济林（板栗、香水梨等）和作物套种，防止水土流失，同时种植绿肥，培肥土壤。

参比土种　第二次土壤普查中与本土系大致相对的土种是浅位麻砂质棕壤土。

代表性单个土体　位于吉林省集安市果树场 303 国道东 60 m，41°09.079′N，126°12.314′E，海拔 245.0 m。地形为低山丘陵坡中下部部位，成土母质为岩石风化残、坡积物，旱田，种植玉米。野外调查时间为 2011 年 9 月 25 日，编号为 22-109。

集安系代表性单个土体剖面

Aph：0～18 cm，灰棕色（10YR6/2，干），黑棕色（10YR3/2，润），粉质壤土，发育良好的5～10 mm大小的团粒状结构，稍坚实，20～50条0.5～2 mm大小的细根系，2%～5%不规则的风化长石粗砾，pH为5.9，向下波状清晰过渡。

Bw：18～38 cm，浊黄橙色（10YR7/3，干），浊黄棕色（10YR4/3，润），黏质壤土，发育中等的10～20 mm大小的团块状结构，稍坚实，20～50条0.5～2 mm大小的细根系，40%～80%不规则的风化长石粗砾，pH为5.6，向下波状清晰过渡。

C：38～50 cm，浅黄橙色（10YR8/3，干），黄棕色（10YR5/6，润），黏质壤土，发育中等的10～20 mm大小的块状结构，坚实，20～50条0.5～2 mm大小的细根系，40%～80%不规则的风化长石粗砾。

集安系代表性单个土体物理性质

土层	深度/cm	石砾(>2mm,体积分数)/%	细土颗粒组成(粒径：mm)/(g/kg)			质地
			砂粒 2～0.05	粉粒 0.05～0.002	黏粒 <0.002	
Aph	0～18	9	199	555	246	粉质壤土
Bw	18～38	36	291	425	284	黏质壤土
C	38～50	65	249	387	364	黏质壤土

集安系代表性单个土体化学性质

深度/cm	pH (H₂O)	有机碳(C) /(g/kg)	全氮(N) /(g/kg)	全磷(P) /(g/kg)	全钾(K) /(g/kg)	CEC /(cmol/kg)
0～18	5.9	22.9	1.78	0.72	30.1	14.4
18～38	5.6	10.6	0.79	0.62	23.5	17.2
38～50	5.6	8.4	0.62	0.43	20.2	20.2

第 11 章 新 成 土

11.1 斑纹干润砂质新成土

11.1.1 瞻榆树系（**Zhanyushu Series**）

土　　族：硅质混合型非酸性冷性-斑纹干润砂质新成土
拟定者：隋跃宇，马献发，李建维

分布与环境条件　本土系零星
分布在吉林省西部的风积沙丘
或砂垄上。主要集中在长岭、通
榆、前郭、扶余、镇赉等县（市），
面积较大，双辽、公主岭、梨树
和农安等县（市）面积很小。海
拔一般在 200 m 以下。该土系母
质为风积物。所处地势较低，外
排水平衡，渗透性中等，内排水
从不饱和。属于温带大陆性季风
气候，年均日照 2572.8 h，年均
气温 6.4℃，无霜期 135 d 左右，
年均降水量 380.9 mm，≥10℃积温 2860℃。

瞻榆树系典型景观

土系特征与变幅　本土系的诊断层有淡薄表层，诊断特性有砂质沉积物岩性特征、氧化
还原特征、石灰性、冷性土壤温度状况和半干润土壤水分状况。淡薄表层厚度为 15 cm
左右。在 52～94 cm 有轻度石灰反应。母质层在 94 cm 以下，具有砂质沉积物岩性特征。
土系通体具有锈纹锈斑、少量铁锰结核，无砾石，层次间过渡渐变，容重一般在 1.58～
1.66 g/cm³，细土质地以砂土为主。

对比土系　与相邻的增盛系相比，瞻榆树系土壤发育于半固定半流动性沙丘，土体发育
非常微弱，底部有少量铁锈斑纹，土体中下部有轻度石灰反应，土壤碱性较强，增盛系
发育于固定沙丘，发育程度明显强于瞻榆树系，且土体内无石灰反应和斑纹。此外，增
盛系表层覆盖一层风积沙。

利用性能综述　瞻榆树系土壤质地轻，多为砂土，孔隙度大，保水保肥能力差，土地贫瘠。
且风蚀严重，气候干旱，降雨稀少，不利于农业生产种植，应作为草地，注意防风固沙。

参比土种　第二次土壤普查中与本土系大致相对的土种是半固定草原风砂土。

代表性单个土体　位于吉林省通榆县瞻榆树镇四合村泡子沿屯南 1000 m，44°34.926′N，122°36.462′E，海拔 153.4 m。地形为风积沙丘或砂垄上部，成土母质为风积物，旱田，种植谷子、向日葵、绿豆等。野外调查时间为 2011 年 10 月 4 日，编号为 22-121。

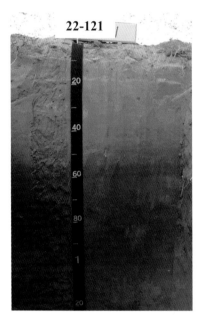

瞻榆树系代表性单个土体剖面

Apr:　0～16 cm，灰黄棕色（10YR6/2，干），黄棕色（10YR5/3，润），砂土，发育差的 1～2mm 大小的单粒结构，松散，极少极细根系，2%～5%不规则黑色软小铁锰结核，pH 为 7.9，向下平滑清晰过渡。

ACr1:　16～52 cm，黄棕色（10YR5/3，干），浊黄棕色（10YR4/3，润），砂土，发育差的 1～2mm 大小的单粒结构，松散，20～50 条<0.5 mm 的极细根系，<2%不规则黑色软小铁锰结核，pH 为 7.8，向下平滑清晰过渡。

ACr2:　52～94 cm，浊黄棕色（10YR4/3，干），暗棕色（10YR3/3，润），壤质砂土，发育差的 1～2mm 大小的单粒结构，松散，无根系，<2%不规则黑色软小铁锰结核，轻度石灰反应，pH 为 7.9，向下波状清晰过渡。

Cr:　94～137 cm，浊黄橙色（10YR6/3，干），黄棕色（10YR5/4，润），砂土，发育差 1～2mm 大小的单粒结构，松散，无根系，大小 2～5mm，结构体表面有<2%明显-清楚的 6～20mm 大小的铁锈斑纹，pH 为 8.6。

瞻榆树系代表性单个土体物理性质

土层	深度/cm	细土颗粒组成（粒径：mm）/(g/kg)			质地	容重/(g/cm³)
		砂粒 2～0.05	粉粒 0.05～0.002	黏粒 <0.002		
Apr	0～16	942	8	50	砂土	1.58
ACr1	16～52	912	33	55	砂土	1.66
ACr2	52～94	875	58	67	壤质砂土	1.62
Cr	94～137	941	8	51	砂土	—

瞻榆树系代表性单个土体化学性质

深度/cm	pH (H₂O)	有机碳(C) /(g/kg)	全氮(N) /(g/kg)	全磷(P) /(g/kg)	全钾(K) /(g/kg)	CEC /(cmol/kg)
0～16	7.9	1.3	0.19	0.12	20.7	9.2
16～52	7.8	2.2	0.26	0.13	21.3	4.3
52～94	7.9	1.2	0.30	0.10	23.5	3.7
94～137	8.6	0.7	0.18	0.09	24.3	3.9

11.2　普通干润砂质新成土

11.2.1　增盛系（Zengsheng Series）

土　族：硅质混合型非酸性冷性-普通干润砂质新成土
拟定者：隋跃宇，焦晓光，张锦源，马献发

分布与环境条件　本土系零星
分布在吉林省西部的风积沙丘
或砂垄上。主要集中在长岭、通
榆、前郭、扶余、镇赉等县（市），
面积较大，双辽、公主岭、梨树
和农安等县（市）面积很小。母
质为风积物，属温带大陆性季风
气候，年均日照 2433.9 h，年均
气温 5.3℃，无霜期 145 d，年均
降水量 469.7 mm，≥10℃积温
2870℃。

增盛系典型景观

土系特征与变幅　本土系的诊断层有淡薄表层，诊断特性有砂质沉积物岩性特征、冷性
土壤温度状况和半干润土壤水分状况。淡薄表层厚度为 20 cm 左右。母质层在 56 cm 以
下，具有砂质沉积物岩性特征。土系通体具有少量云母碎屑，无砾石，层次间过渡渐变，
容重一般在 $1.46 \sim 1.58$ g/cm³，细土质地以壤质砂土为主。

对比土系　与相邻的瞻榆树系相比，增盛系发育于固定沙丘，发育程度明显强于瞻榆树
系，且土体内无石灰反应和斑纹，此外，增盛系表层覆盖一层风积沙，瞻榆树系土壤发
育于半固定半流动性沙丘，土体发育非常微弱，底部有少量铁锈斑纹，土体中下部有轻
度石灰反应，土壤碱性较强。

利用性能综述　增盛系土质贫瘠，有机碳和速效养分含量低，砂性大，不抗旱，易风蚀，
种植玉米、高粱、谷子等作物，产量不足为 1500 kg/hm²，属待改良的低产土壤之一。
其利用改良措施主要是：客土压砂，施用富含有机碳的黏性黑土、甸子轻碱土、泡底泥、
沟（塘）泥等，可改善土壤砂性，增强蓄水保肥性，增加有机碳含量，提高土壤肥力；
其次是种草肥田，通过有计划地种植绿肥，实行粮草轮作，既能改良土壤恢复地力，又
能扩大肥料来源；再次是营造防护林，采用乔、灌、草相结合的林带防护体系，起到防
风固沙的作用。

参比土种　　第二次土壤普查中与本土系大致相对的土种是中腐固定草原风砂土。

代表性单个土体　　位于吉林省扶余市增盛镇世元村八队西沙丘，44°55.910′N，125°13.781′E，海拔174.7 m。地形为风积沙丘或砂垄上部，成土母质为风积物，旱田，种植谷子、花生、绿豆等作物。野外调查时间为2010年10月5日，编号为22-061。

A:　　0~21 cm，浊黄棕色（10YR5/3，干），暗棕色（10YR3/3，润），壤质砂土，发育差1~2 mm大小的单粒结构，松散，50~100条0.5~2 mm大小的细根系，1~20条2~10 mm粗细的根系，2%~5%圆形的新鲜<1 mm大小的云母矿物碎屑，pH为6.8，向下平滑清晰过渡。

2A:　21~56 cm，灰黄棕色（10YR5/2，干），黑棕色（10YR3/2，润），砂质壤土，单粒结构，松散，20~50条0.5~2 mm大小的细根系，2%~5%圆形的新鲜<1 mm大小的云母矿物碎屑，pH为6.9，向下平滑渐变过渡。

2AC: 56~120 cm，浊黄棕色（10YR5/3，干），暗棕色（10YR3/3，润），壤质砂土，发育差1~2 mm大小的单粒结构，松散，20~50条0.5~2 mm大小的细根系，2%~5%圆形的新鲜<1 mm大小的云母矿物碎屑，pH为6.7。

增盛系代表性单个土体剖面

增盛系代表性单个土体物理性质

土层	深度/cm	细土颗粒组成(粒径: mm)/(g/kg)			质地	容重/(g/cm³)
		砂粒 2~0.05	粉粒 0.05~0.002	黏粒 <0.002		
A	0~21	855	77	68	壤质砂土	1.58
2A	21~56	764	125	111	砂质壤土	1.46
2AC	56~120	867	63	70	壤质砂土	1.54

增盛系代表性单个土体化学性质

深度/cm	pH (H₂O)	有机碳(C) /(g/kg)	全氮(N) /(g/kg)	全磷(P) /(g/kg)	全钾(K) /(g/kg)	CEC /(cmol/kg)
0~21	6.8	4.8	0.34	0.31	34.1	8.9
21~56	6.9	7.1	0.43	0.37	34.2	10.5
56~120	6.7	4.1	0.31	0.25	36.0	6.8

11.3　普通寒冻冲积新成土

11.3.1　长白山天池上系（**Changbaishantianchishang Series**）

土　族：粗骨质水铝英石混合型酸性-普通寒冻冲积新成土
拟定者：隋跃宇，李建维

分布与环境条件　本土系分布于吉林省长白山自然保护区内白云峰为主体的火山锥体坡上部，海拔 2500 m 以上。该土系母质为火山喷出物。所处地势很高，地形起伏大。外排水流失，渗透性很高，排水快。现为高山苔原荒地，一般植物不能生长，地面大部分裸露，小部分生有地衣、苔藓和稀疏矮小的蓼科、罂粟科植物。属于亚高山气候，年均气温–7.3℃，无霜期 72 d，年均降水量 1332.6 mm（大部分时间为雪覆盖，仅 7～8 月份有雨），≥10℃积温 121.7℃。

长白山天池上系典型景观

土系特征与变幅　本土系的诊断层为淡薄表层，诊断特性有火山灰特性、寒冻土壤温度状况和潜育现象。本土系由火山喷出的火山渣堆积发育而成，土体发育微弱，其 100 cm 左右开始，出现由局部地形引起的潜育现象。颗粒组成以砾石、砂粒为主，潜育层湿态呈灰绿色，长期处于闭气还原状态下，无锈纹锈斑等氧化还原现象。

对比土系　与长白天文峰系相比，长白山天池上系土壤表面有植被，表层土壤有一定的发育，还具有由局部地形起伏引起的潜育现象；二者土表都有零星的植被，并且表层具有一定发育，但长白天文峰系没有由局部地形引起的潜育现象。

利用性能综述　本土系分布在长白山天文峰顶部，气候寒冷。一般植物不能生长，地面大部分裸露，小部分生有地衣、苔藓和稀疏矮小的蓼科、罂粟科植物。土层极其浅薄，不宜发展农业，应加强保护现有的自然生态环境，可作为科研基地和发展旅游事业。

参比土种　第二次土壤普查中与本土系大致相对的土种是薄层碎屑火山灰土。

代表性单个土体　位于吉林省长白山保护区北坡天文气象站西 100 m，42°02.764′N，

127°46.469′E，海拔 2618.0 m。地形为白云峰为主体的火山锥体上部，成土母质为火山喷出物，荒地。野外调查时间为 2011 年 9 月 22 日，编号为 22-098。

Ah：0～18 cm，灰黄棕色（10YR4/2，干），黑棕色（10YR2/2，润），砂土，颗粒状结构，疏松，100～200 条 0.5～2 mm 大小的细根系，5%～15%次圆的风化火山喷出物碎屑，pH 为 4.9，向下平滑清晰过渡。

AC：18～39 cm，浅黄橙色（10YR8/3，干），棕色（10YR4/4，润），壤质砂土，碎屑状结构，疏松，50～100 条 0.5～2 mm 大小的细根系，15%～40%次圆的风化火山喷出物碎屑，pH 为 5.7，向下平滑清晰过渡。

C1：39～51 cm，灰黄棕色（10YR5/2，干），黑棕色（10YR3/1，润），砂土，火山碎屑，碎屑状结构，疏松，40%～80%风化火山喷出物碎屑，pH 为 6.3，向下平滑清晰过渡。

C2：51～62 cm，灰白色（7.5YR8/2，干），淡棕色（7.5YR5/4，润），砂质壤土，火山碎屑，碎屑状结构，疏松，40%～80%不规则的风化火山喷出物碎屑，pH 为 6.4，向下平滑清晰过渡。

长白山天池上系代表性单个土体剖面

C3：62～90 cm，浊黄橙色（10YR7/3，干），灰黄棕色（10YR4/2，润），砂质壤土，火山碎屑，碎屑状结构，疏松，无根系，40%～80%不规则的风化火山喷出物碎屑，pH 为 6.6，清晰平滑边界。

Cg：90～120 cm，灰白色（7.5Y8/1，干），灰色（7.5Y5/1，润），砂质壤土，整体状结构，坚实，由于受到微地形的影响，局部出现潜育现象，pH 为 6.4。

长白山天池上系代表性单个土体物理性质

土层	深度/cm	石砾(>2mm，体积分数)/%	细土颗粒组成(粒径：mm)/(g/kg)			质地
			砂粒 2～0.05	粉粒 0.05～0.002	黏粒 <0.002	
Ah	0～18	36	884	68	48	砂土
AC	18～39	81	800	154	46	壤质砂土
C1	39～51	86	892	70	38	砂土
C2	51～62	89	709	251	40	砂质壤土
C3	62～90	83	737	214	49	砂质壤土
Cg	90～120	0	535	419	46	砂质壤土

长白山天池上系代表性单个土体化学性质

深度/cm	pH (H₂O)	有机碳(C) /(g/kg)	全氮(N) /(g/kg)	全磷(P) /(g/kg)	全钾(K) /(g/kg)	CEC /(cmol/kg)	盐基饱和度 /%
0～18	4.9	18.2	1.13	0.43	31.7	6.3	65.8
18～39	5.7	8.5	0.46	0.26	37.4	6.0	69.4
39～51	6.3	1.0	0.15	0.30	35.4	4.9	80.5
51～62	6.4	2.8	0.22	0.43	27.2	3.5	84.1
62～90	6.6	5.8	0.34	0.52	26.4	2.4	77.0
90～120	6.4	2.8	0.23	0.29	36.6	2.1	93.7

11.4　火山渣寒冻正常新成土

11.4.1　长白山天池下系（Changbaishantianchixia Series）

土　　族：中粒-粗骨质水铝英石混合型酸性-火山渣寒冻正常新成土
拟定者：隋跃宇，李建维

长白山天池下系典型景观

分布与环境条件　本土系分布于吉林省长白山自然保护区内以白云峰为主体的火山锥体顶部，海拔 2500 m 以上，总面积 0.3 万 hm^2。该土系母质为火山喷出物。所处地势很高，地形起伏大。外排水流失，渗透性很好，排水快。现为高山苔原荒地，一般植物不能生长，地面大部分裸露，小部分生有地衣、苔藓和稀疏矮小的蓼科、罂粟科植物。属于亚高山气候，年均气温 –7.3℃，无霜期 72 d，年均降水量 1332.6 cm（大部分时间为雪覆盖，仅 7～8 月份有雨），≥10℃积温 121.7℃。

土系特征与变幅　本土系的诊断层为淡薄表层，诊断特性有火山灰特性、寒冻土壤温度状况。由火山喷出的火山渣堆积发育而成，土体发育微弱，颗粒组成以砾石、砂粒为主，细土质地以壤质砂土为主。

对比土系　与相邻的长白山天池上系相比，长白山天池下系土体基本上处于初期发育或未发育状态，土体内绝大部分都是未发育的火山渣及火山灰，地表裸露，基本无植被覆盖，并且地表由于侵蚀，满眼看去沟壑纵横，局部没有潜育现象；而长白山天池上系除土壤表面有植被，表层土壤有一定的发育外，还具有由局部地形起伏引起的潜育现象。

利用性能综述　本土系分布在长白山天文峰顶部，气候寒冷。一般植物不能生长，地面大部分裸露，小部分生有地衣、苔藓和稀疏矮小的蓼科、罂粟科植物。土层极其浅薄，不宜发展农业，应加强保护现有的自然生态环境，可作为科研基地和发展旅游事业。

参比土种　第二次土壤普查中与本土系大致相对的土种是薄层碎屑火山灰土。

代表性单个土体　位于吉林省长白山保护区北坡天文气象站西 100 m，42°01.733′N，128°03.932′E，海拔 2618.0 m。地形为白云峰为主体的火山锥体上部，成土母质为火山喷出物,荒地。野外调查时间为 2011 年 9 月 22 日,编号为 22-100。

Ah: 0～33 cm,淡棕色(10YR5/4,干),棕色(10YR4/3,
润),砂质壤土,颗粒状结构,疏松,100～200 条 0.5～
2 mm 大小的细根系,5%～15%次圆的风化火山喷出物碎
屑,pH 为 5.0,向下平滑清晰过渡。

C1: 33～67 cm,灰黄色(2.5Y7/2,干),暗灰黄色(2.5Y4/2,
润),壤质砂土,颗粒状结构,疏松,100～200 条 0.5～
2 mm 大小的细根系,5%～15%次圆的风化火山喷出物碎
屑,pH 为 6.2,向下平滑清晰过渡。

C2: 67～105 cm,浊黄橙色(10YR7/4,干),棕色(10YR4/4,
润),壤质砂土,颗粒状结构,疏松,100～200 条 0.5～
2 mm 大小的细根系,5%～15%次圆的风化火山喷出物碎
屑,pH 为 6.2,向下平滑清晰过渡。

长白山天池下系代表性单个土体剖面

长白山天池下系代表性单个土体物理性质

| 土层 | 深度/cm | 石砾(>2mm,体积分数)/% | 细土颗粒组成(粒径: mm)/(g/kg) | | | 质地 |
			砂粒 2～0.05	粉粒 0.05～0.002	黏粒 <0.002	
Ah	0～33	51	712	218	70	砂质壤土
C1	33～67	64	753	199	48	壤质砂土
C2	67～105	72	860	102	38	壤质砂土

长白山天池下系代表性单个土体化学性质

深度/cm	pH (H₂O)	有机碳(C) /(g/kg)	全氮(N) /(g/kg)	全磷(P) /(g/kg)	全钾(K) /(g/kg)	CEC /(cmol/kg)
0～33	5.0	17.5	1.34	0.73	45.1	68.8
33～67	6.2	1.3	0.16	0.12	16.5	56.9
67～105	6.2	3.5	0.22	0.08	11.2	56.7

11.4.2　长白天文峰系（Changbaitianwenfeng Series）

土　族：浮石质水铝英石混合型酸性–火山渣寒冻正常新成土
拟定者：隋跃宇，焦晓光，李建维

长白天文峰系典型景观

分布与环境条件　本土系分布于吉林省长白山自然保护区内以白云峰为主体的火山锥体上部，海拔 2500 m 以上，总面积 0.3 万 hm²。该土系母质为火山喷出物。所处地势很高，地形起伏大。外排水流失，渗透性很强，排水快。现为高山苔原荒地，一般植物不能生长，地面大部分裸露，小部分生有地衣、苔藓和稀疏矮小的蓼科、罂粟科植物。属于亚高山气候，年均气温–7.3℃，无霜期 72 d，年均降水量 1332.6 cm（大部分时间为雪覆盖，仅 7～8 月份有雨），≥10℃积温 121.7℃。

土系特征与变幅　本土系无明显的诊断层，诊断特性有火山灰特性、寒冻土壤温度状况。本土系由火山喷出的火山渣堆积发育而成，土体发育微弱，颗粒组成以砾石、砂粒为主。

对比土系　长白天文峰系与长白山天池上系相比，虽然二者土表都有植被，并且表层具有一定发育，但是长白天文峰系没有由局部微地形引起的潜育现象；与长白山天池下系相比，长白天文峰系土表有植被，并且表层具有一定发育。

利用性能综述　本土系分布在长白山天文峰顶部，气候寒冷。一般植物不能生长，地面大部分裸露，小部分生有地衣、苔藓和稀疏矮小的蓼科、罂粟科植物。土层极其浅薄，不宜发展农业，应加强保护现有的自然生态环境，可作为科研基地和发展旅游事业。

参比土种　第二次土壤普查中与本土系大致相对的土种是薄层碎屑火山灰土。

代表性单个土体　位于吉林省长白山保护区北坡天文气象站西 100 m，42°02.764′N，127°46.469′E，海拔 2618.0 m。地形为以白云峰为主体的火山锥体上部，成土母质为火山喷出物，荒地。野外调查时间为 2011 年 9 月 22 日，编号为 22-099。

Ah： 0～15 cm，灰黄棕色（10YR5/2，干），黑棕色（10YR2/2，润），壤质砂土，颗粒状结构，疏松，100～200 条 0.5～2 mm 大小的细根系，5%～15%次圆的风化火山喷出物碎屑，pH 为 5.5，向下平滑清晰过渡。

C1： 15～39 cm，浊黄橙色（10YR7/4，干），黄棕色（10YR5/6，润），壤质砂土，颗粒状结构，疏松，100～200 条 0.5～2 mm 大小的细根系，5%～15%次圆的风化火山喷出物碎屑，pH 为 5.8，向下平滑清晰过渡。

C2： 39～78 cm，灰棕色（10YR5/1，干），灰棕色（10YR4/1，润），壤质砂土，颗粒状结构，疏松，100～200 条 0.5～2 mm 大小的细根系，5%～15%次圆的风化火山喷出物碎屑，pH 为 6.1，向下平滑清晰过渡。

C3： 78～100 cm，灰白色（7.5YR8/2，干），淡橙色（7.5YR7/3，润），砂土，颗粒状结构，疏松，100～200 条 0.5～2 mm

长白天文峰系代表性单个土体剖面

大小的细根系，5%～15%次圆的风化火山喷出物碎屑，pH 为 6.4，向下平滑清晰过渡。

长白天文峰系代表性单个土体物理性质

| 土层 | 深度/cm | 石砾(>2mm,体积分数)/% | 细土颗粒组成(粒径：mm)/(g/kg) | | | 质地 |
			砂粒 2～0.05	粉粒 0.05～0.002	黏粒 <0.002	
Ah	0～15	57	840	110	50	壤质砂土
C1	15～39	63	846	103	51	壤质砂土
C2	39～78	71	827	131	42	壤质砂土
C3	78～100	69	891	71	38	砂土

长白天文峰系代表性单个土体化学性质

深度/cm	pH (H₂O)	有机碳(C) /(g/kg)	全氮(N) /(g/kg)	全磷(P) /(g/kg)	全钾(K) /(g/kg)	CEC /(cmol/kg)	盐基饱和度 /(%)
0～15	5.5	33.1	2.01	0.74	24.6	7.2	78.5
15～39	5.8	7.7	0.43	0.43	29.1	3.5	74.6
39～78	6.1	3.6	0.27	0.21	35.2	4.0	75.8
78～100	6.4	0.7	0.14	0.11	30.1	2.5	76.8

11.5 火山渣湿润正常新成土

11.5.1 二道白河系（Erdaobaihe Series）

土　族：粗骨砂质硅质混合型酸性冷性-火山渣湿润正常新成土
拟定者：隋跃宇，李建维，焦晓光

分布与环境条件　二道白河系分布于吉林省东、中部山区及半山区的河谷地带，海拔一般在 600～900 m，本土系母质发源于已经干涸或改道的河道上，母质为冲积物。属温带大陆性季风气候，年均日照 2037.3 h，年均气温 1.0℃，无霜期 103 d，年均降水量 669.7 mm，≥10℃积温 2731℃。

二道白河系典型景观

土系特征与变幅　本土系的诊断层有淡薄表层，诊断特性有砂质岩性特征、冷性土壤温度状况和湿润土壤水分状况，具有有机现象。地表有一层 3 cm 左右的枯枝落叶层，具有有机现象。淡薄表层厚度为 5 cm 左右。自淡薄表层以下，具有砂质岩性特征，由原河流冲积砂堆积而成。土系通体具有少量云母碎屑，细砾，层次间过渡渐变，容重一般在 1.37～1.68 g/cm³，细土质地以砂土为主。

对比土系　与抚民系相比，二道白河系地表有一层 3 cm 左右的枯枝落叶层，具有有机现象，通体具有少量云母碎屑，细砾，土壤质地以砂土为主；而抚民系不具有有机现象，母质层含有大量云母细砾，土壤质地以壤土为主。

利用性能综述　本土系土层浅薄，质地粗，养分蓄积能力弱，矿质养分易被淋失，保水能力差，而且含大量砾石，不利于耕作，一般不宜开垦为农田，可做林业用地。

参比土种　第二次土壤普查中与本土系大致相对的土种是薄层火山灰棕色针叶林土。

代表性单个土体　位于吉林省安图县二道白河镇白河林业局美人松林，42°25.943′N，128°07.001′E，海拔 720.0 m。地形为山区及半山区的河谷地带，成土母质为冲积物，林地，种植针叶林，调查时种植樟子松。野外调查时间为 2011 年 9 月 23 日，编号为 22-105。

Oi: +3～0 cm，灰黄棕色（10YR5/2，干），黑棕色（10YR3/2，润），疏松，湿润，pH 为 5.0，向下平滑清晰过渡。

Ah: 0～5 cm，黑棕色（10YR3/1，干），黑色（10YR1.7/1，润），砂土，发育较差的 0～2 mm 大小的粒状结构，疏松，100～200 条 0.5～2 mm 大小的细根系，少量粗根系，2%～5%次圆<2 mm 大小的风化石英云母细砾，pH 为 5.0，向下平滑清晰过渡。

AC: 5～19 cm，浊黄橙色（10YR6/3，干），暗棕色（10YR3/3，润），砂土，发育差的 0～2 mm 大小的单粒状结构，松散，20～50 条 0.5～2 mm 大小的细根系，15%～40%次圆<2 mm 大小的风化石英云母细砾，pH 为 5.3，向下平滑渐变过渡。

C: 19～60 cm，灰黄棕色（10YR5/2，干），黑棕色（10YR3/2，润），砂土，发育差的 1～2 mm 大小的单粒状结构，松散，20～50 条 0.5～2 mm 大小的细根系，15%～40%次圆<2 mm 大小的风化石英云母细砾，pH 为 5.5。

二道白河系代表性单个土体剖面

二道白河系代表性单个土体物理性质

土层	深度/cm	石砾(>2mm，体积分数)/%	细土颗粒组成(粒径: mm)/(g/kg)			质地	容量
			砂粒 2～0.05	粉粒 0.05～0.002	黏粒 <0.002		
Ah	0～5	35	895	57	48	砂土	1.37
AC	5～19	40	876	74	50	砂土	1.68
C	19～60	52	905	70	25	砂土	—

二道白河系代表性单个土体化学性质

深度/cm	pH (H₂O)	有机碳(C) /(g/kg)	全氮(N) /(g/kg)	全磷(P) /(g/kg)	全钾(K) /(g/kg)	CEC /(cmol/kg)
0～5	5.0	124.0	7.09	0.46	28.7	23.5
5～19	5.3	7.3	0.36	0.29	29.6	9.2
19～60	5.5	2.2	0.15	—	—	—

11.6　石质湿润正常新成土

11.6.1　抚民系（Fumin Series）

土　　族：粗骨壤质混合型非酸性冷性-石质湿润正常新成土
拟定者：李建维，隋跃宇，陈一民

抚民系典型景观

分布与环境条件　本土系分布于吉林省东、中部的山区半山区的山坡下部，海拔在 500 m 左右，蛟河、磐石、舒兰、桦甸、永吉、柳河、辉南、通化、伊通、梨树等共 10 个县（市、区）均有分布。该土系母质为页岩风化残、坡积物。所处地势一般为坡的下部，外排水易流失，渗透快，现种植玉米。属于温带大陆性季风气候，年均气温 4.1℃，无霜期 120 d 左右，年均降水量 730 mm，≥10℃积温 2700℃。

土系特征与变幅　本土系的诊断层有淡薄表层，诊断特性有冷性土壤温度状况和湿润土壤水分状况。淡薄表层厚度为 25 cm 左右，含有大量砾石。母质层为 25~56 cm，厚度为 30 cm 左右，由页岩风化而成，含有大量砾石。母质层下埋藏有异元层，少量砾石。细土质地以壤土为主。

对比土系　与二道白河系相比，抚民系不具有有机现象，母质层含有大量砾石，质地以壤土为主；而二道白河系地表有一层 3 cm 左右的枯枝落叶层，具有有机现象，通体具有少量云母碎屑，细砾，土壤质地以砂土为主。

利用性能综述　本土系所处地形坡度较陡，水土流失严重，土层浅薄，土体中含有大量砾石，细土物质少，保水保肥能力差，属于不适宜耕种的土壤，应退耕还林，保持水土。

参比土种　第二次土壤普查中与本土系大致相对的土种是粗骨砂砾质非石灰性冲积土。

代表性单个土体　位于吉林省辉南县抚民镇四平街村九队屯北 300 m，42°33.186′N，126°28.436′E，海拔 420.0 m。地形为山区半山区的山坡下部，成土母质为页岩风化残、坡积物，旱田，种植玉米、大豆、绿豆等农作物。野外调查时间为 2011 年 9 月 26 日，编号为 22-113。

Ah: 0~25 cm，灰黄棕色（10YR6/2，干），黑棕色（10YR3/2，润），壤土，发育中等的 10~20 mm 大小的团块状结构，很疏松，50~100 条 0.5~2mm 大小的细根系，40%~80% 不规则的 6~20 mm 大小的风化页岩砾石，pH 为 5.8，向下波状渐变过渡。

C： 25~56 cm，灰黄棕色（10YR6/2，干），黑棕色（10YR3/2，润），壤土，发育中等的 10~20 mm 大小的团块状结构，很疏松，20~50 条 0.5~2 mm 大小的细根系，40%~80% 不规则的 6~20 mm 大小的风化页岩砾石，pH 为 6.0，向下波状渐变过渡。

2A: 56~79 cm，浊黄橙色（10YR6/3，干），黑棕色（10YR2/3，润），粉质壤土，发育良好的 5~10 mm 大小的团粒状结构，疏松，无根系，2%~5%不规则的 6~20 mm 大小的风化页岩砾石，pH 为 6.0，向下波状渐变过渡。

2B: 79~104 cm，浊黄橙色（10YR6/3，干），暗棕色（10YR3/3，润），黏质壤土，发育较好的 10~20 mm 大小的块状结构，疏松，无根系，40%~80%不规则的 6~20 mm 大小的风化页岩砾石，pH 为 5.9，向下波状渐变过渡。

抚民系代表性单个土体剖面

抚民系代表性单个土体物理性质

| 土层 | 深度/cm | 石砾(>2mm,体积分数)/% | 细土颗粒组成(粒径：mm)/(g/kg) | | | 质地 |
			砂粒 2~0.05	粉粒 0.05~0.002	黏粒 <0.002	
Ah	0~25	76	340	477	183	壤土
C	25~56	79	340	446	214	壤土
2A	56~79	18	88	654	258	粉质壤土
2B	79~104	80	255	465	280	黏质壤土

抚民系代表性单个土体化学性质

深度/cm	pH (H₂O)	有机碳(C) /(g/kg)	全氮(N) /(g/kg)	全磷(P) /(g/kg)	全钾(K) /(g/kg)	CEC /(cmol/kg)
0~25	5.8	29.8	3.00	0.41	18.6	15.7
25~56	6.0	34.1	3.42	0.37	17.6	17.1
56~79	6.0	36.3	3.74	0.45	14.3	22.4
79~104	5.9	33.4	3.43	0.36	16.5	18.4

11.6.2　汪清系（Wangqing Series）

土　族：砂质盖粗骨质硅质混合型非酸性冷性-石质湿润正常新成土
拟定者：隋跃宇，李建维，陈一民，张锦源

分布与环境条件　汪清系分布于吉林省东部山区河流区域，剖面含有大量卵石，质地变化较大，由于河湖冲积各层次间土壤质地完全不相同，多分布在山区。母质为河湖冲积物。属温带大陆性季风气候，年均日照 2412.6 h，年均气温 4.6℃，无霜期 110～141 d，年均降水量 562.2 mm，≥10℃积温 1866～2600℃。

汪清系典型景观

土系特征与变幅　本土系的诊断层有淡薄表层，诊断特性有准石质接触面、冷性土壤温度状况和湿润土壤水分状况。淡薄表层厚度为 11 cm 左右。母质层为 11～22 cm，厚度为 10 cm 左右，由卵石和冲积砂堆积而成。准石质接触面位于 22 cm 以下，含大量卵石。土系通体具有少量云母碎屑，层次间过渡渐变，容重一般在 1.22～1.45 g/cm³，细土质地从壤土到砂质壤土。

对比土系　与二道白河系相比，汪清系不具有有机现象，母质层由卵石和冲积砂堆积而成，细土质地从壤土到砂质壤土到壤质砂土；而二道白河系具有有机现象，自淡薄表层以下，具有砂质岩性特征，由原河流冲积砂堆积而成，质地以砂土为主。

利用性能综述　汪清系的各种理化性能和耕作性能与冲积土基本相似。主要肥力因素取决于障碍层次，主要是砂砾层次，有砂砾层的漏水漏肥，需在耕种和施肥时注意采取相应措施。无明显障碍层次的仍是高肥力土壤。

参比土种　第二次土壤普查中与本土系大致相对的土种是壤质层状冲积土。

代表性单个土体　位于吉林省汪清县东光镇（原十里坪乡）太平村山脚，43°13.537′N，130°05.942′E，海拔 88 m。地形为山区河流区域部位，成土母质为河湖冲积物，林地，植被为小灌木。野外调查时间为 2010 年 7 月 2 日，编号为 22-048。

Ah: 0～4 cm，灰黄棕色（10YR4/2，干），黑棕色（10YR2/2，润），砂质壤土，发育中等的 5～10 mm 大小的团粒状结构，疏松，100～200 条 0.5～2 mm 大小的细根系，少量粗根系，有极少量的云母碎屑，pH 为 5.5，向下平滑清晰过渡。

C： 4～11 cm，浊黄橙色（10YR6/3，干），浊黄棕色（10YR4/3，润），壤土，粒状结构，很疏松，100～200 条 0.5～2 mm 大小的细根系，1～20 条 2～10 mm 大小的粗根系，有少量云母碎屑，pH 为 5.9，向下平滑清晰过渡。

2A：11～22 cm，浊黄橙色（10YR6/3，干），黑棕色（10YR2/3，润），砂质壤土，发育差的 0～2 mm 大小的单粒状结构，松散，50～100 条 0.5～2 mm 的细根系，有大量云母碎屑，pH 为 6.2，向下波状清晰过渡。

2C：22～57 cm，壤质砂土，发育差的 0～2 mm 大小的单粒状结构，松散，50～100 条 0.5～2 mm 的细根系，＞40%角状新鲜石块和大量云母碎屑，pH 为 6.3。

汪清系代表性单个土体剖面

汪清系代表性单个土体物理性质

土层	深度/cm	石砾(>2mm, 体积分数)/%	细土颗粒组成(粒径：mm)/(g/kg)			质地	容重 /(g/cm³)
			砂粒 2～0.05	粉粒 0.05～0.002	黏粒 <0.002		
Ah	0～4	0	564	276	160	砂质壤土	—
C	4～11	0	464	380	156	壤土	1.22
2A	11～22	0	755	140	105	砂质壤土	1.45
2C	22～57	84	847	84	69	壤质砂土	—

汪清系代表性单个土体化学性质

深度/cm	pH (H₂O)	有机碳(C) /(g/kg)	全氮(N) /(g/kg)	全磷(P) /(g/kg)	全钾(K) /(g/kg)	CEC /(cmol/kg)
0～4	5.5	43.3	3.40	0.76	18.4	24.8
4～11	5.9	26.4	2.19	0.41	18.0	12.1
11～22	6.2	11.2	0.74	0.31	17.7	16.8
22～57	6.3	13.0	0.86	0.27	17.8	12.3

11.7 普通湿润正常新成土

11.7.1 福泉系（Fuquan Series）

土　　族：壤质混合型石灰性冷性-普通湿润正常新成土
拟定者：隋跃宇，焦晓光，李建维

福泉系典型景观

分布与环境条件　福泉系土壤主要分布在吉林省东、中部山区、半山区的沟谷或盆谷低洼地，也见于西部平原区的局部封闭洼地，零星分布于吉林省各市（地、州）的 26 个县（市、区），其中超过 500 hm² 的只有扶余市，300 hm² 以上的有长岭、东丰、榆树 3 个县（市），其余各县（市）则很少。全省总面积有 0.53 万 hm²，其中耕地面积 0.32 万 hm²，占土系面积的 60.4%。母质为黄土状沉积物，主要植被以草原为主，属温带大陆性季风气候，年均日照 2433.9 h，年均气温 5.3℃，无霜期 145 d，年均降水量 469.7 mm，≥10℃积温 2870℃。

土系特征与变幅　本土系的诊断层有暗沃表层，诊断特性有氧化还原特征、石灰性、冷性土壤温度状况和人为滞水土壤水分状况，具有有机现象和钙积现象。有机现象出现在 40～100 cm 深度，原为泥炭土，退化后开垦为水田。土体表层具有钙积现象和石灰反应。土壤容重一般在 0.91～1.22 g/cm³，细土质地以粉质壤土为主。

对比土系　福泉系与三家子系相比，虽然二者都有氧化还原特征、石灰性、冷性土壤温度状况和人为滞水土壤水分状况等，福泉系和三家子系都有覆盖层，并且覆盖层都>50cm，但两者有区别，福泉系位于沟谷处，由泥炭土退化后开垦为水田，具有有机现象，仅表层具有石灰反应；三家子系位于河谷阶地，直接开垦为水田，且种植水田时间较久远，具有水耕现象，通体具有石灰反应，下层原表层以下碳酸盐含量高达 300g/kg。

利用性能综述　福泉系覆盖层厚度达 100 cm 左右，质地为粉质壤土。保水保肥性能好，有机碳和养分含量均较丰富，适合种植旱田作物。但由于地势低洼，地下水位较高，土壤冷凉，不易发小苗，到生育后期往往出现徒长，贪青晚熟，通体酸性较强。其改良措施主要是挖沟排水，降低地下水位，增强土壤通透性，提高地温；其次是增施磷肥、钾肥，使氮、磷、钾养分协调一致；再次是施用石灰改良土壤酸性。如有水源条件的可开垦为水田，但要建立合理的排灌系统，注意防止土壤次生盐渍化。

参比土种　第二次土壤普查中与本土系大致相对的土种是深位埋藏低位泥炭土。

代表性单个土体　位于吉林省扶余市肖家乡福泉屯 3 社东沟子，45°07.294′N，125°55.503′E，海拔 138.2 m。地形为山区及半山区的沟谷或盆谷低洼地，成土母质为黄土状沉积物，水田，种植水稻。野外调查时间为 2010 年 10 月 2 日，编号为 22-053。

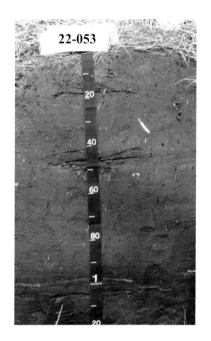

福泉系代表性单个土体剖面

Ap：　0~18 cm，棕灰色（10YR4/1，干），黑色（10YR2/1，润），粉质壤土，发育良好的 5~10 mm 大小的团粒结构，坚实，100~200 条 0.5~2 mm 大小的细根系，1~20 条 2~10 mm 大小的中粗根系，大量球形白色的 2~6 mm 大小的软石灰结核，强石灰反应，pH 为 7.6，向下波状渐变过渡。

Ahr：　18~43 cm，棕灰色（10YR4/1，干），黑色（10YR2/1，润），粉质壤土，发育良好的 5~10 mm 大小的团粒结构，稍坚实，50~100 条 0.5~2 mm 大小的细根系，1~20 条 2~10 mm 大小的中粗根系，结构体内有 5%~15% 明显-清楚的 2~6 mm 大小的铁锰斑纹，有少量蚯蚓，强石灰反应，pH 为 7.7，向下平滑渐变过渡。

ACar：　43~102 cm，棕灰色（10YR4/1，干），黑色（10YR1.7/1，润），粉质壤土，发育中等的 2~5 mm 厚的片状结构，疏松，50~100 条 0.5~2 mm 大小的细根系，1~20 条 2~10 mm 大小的中粗根系，结构体内有 2%~5% 明显-清楚的 2~6 mm 大小的铁锰斑纹，pH 为 7.3，向下波状渐变过渡。

2A：　102~129 cm，灰黄棕色（10YR4/2，干），黑棕色（10YR2/2，润），粉质壤土，发育中等的 2~5 mm 厚的片状结构，疏松，20~50 条 0.5~2 mm 大小的细根系，1~20 条 2~10 mm 大小的中粗根系，pH 为 6.7。

福泉系代表性单个土体物理性质

土层	深度/cm	细土颗粒组成(粒径：mm)/(g/kg)			质地	容重/(g/cm³)
		砂粒 2~0.05	粉粒 0.05~0.002	黏粒 <0.002		
Ap	0~18	147	663	190	粉质壤土	0.91
Ahr	18~43	167	667	166	粉质壤土	0.99
ACar	43~102	195	574	231	粉质壤土	1.09
2A	102~129	252	618	130	粉质壤土	1.22

福泉系代表性单个土体化学性质

深度/cm	pH (H₂O)	有机碳(C) /(g/kg)	全氮(N) /(g/kg)	全磷(P) /(g/kg)	全钾(K) /(g/kg)	CEC /(cmol/kg)	碳酸盐相当物含量 /(g/kg)
0~18	7.6	38.2	2.46	0.71	23.9	26.8	82.8
18~43	7.7	36.3	2.14	0.50	26.1	25.9	93.4
43~102	7.3	26.7	1.93	0.47	27.3	25.2	18.3
102~129	6.7	97.5	7.40	0.41	29.2	45.9	29.4

参 考 文 献

鲍士旦. 2000. 土壤农化分析. 3 版. 北京: 中国农业出版社.

曹升赓. 1993. 美国土壤系统分类修订进展. 土壤学进展, (6): 7-13.

陈志诚, 龚子同, 张甘霖, 等. 2004. 不同尺度的中国土壤系统分类参比. 土壤, (6): 584-595.

陈志诚, 赵文君, 龚子同. 2003. 海南岛土壤发生分类类型在系统分类中的归属. 土壤学报, (2): 170-177.

崔英. 2004. 中国土壤基层分类——土系. 潍坊学院学报, 4(2): 27-30.

杜国华, 张甘霖, 龚子同. 2004. 土种与土系参比的初步探讨——以海南岛土壤为例. 土壤, 36(3): 298-302.

杜国华, 张甘霖, 骆国保. 1999. 淮北平原样区的土系划分. 土壤, 31(2): 70-76.

杜怀静. 2003. 吉林省地图册. 北京: 中国地图出版社.

冯学民, 蔡德利. 2004. 土壤温度与气温及纬度和海拔关系的研究. 土壤学报, 41(3): 489-491.

龚子同. 1989. 中国土壤分类四十年. 土壤学报, 26(3): 217-225.

龚子同. 1993. 土壤命名的沿革和趋势. 土壤学进展, (6): 1-6.

龚子同, 高以信. 1992. 从对日本几个土壤剖面的认识看东亚及东南亚地区的土壤分类. 土壤, 24(6): 324-328.

龚子同, 张甘霖, 李德成. 2008. 俄罗斯土壤学一瞥. 土壤, 40(6): 1017-1020.

龚子同, 张甘霖, 漆智平. 2004. 海南土系概论. 北京: 科学出版社.

龚子同, 张甘霖, 王吉智, 等. 2005. 中国的灌淤人为土. 干旱区研究, 22(1): 4-10.

龚子同, 张甘霖. 2003. 人为土壤形成过程及其在现代土壤学上的意义. 生态环境, 12(2): 184-191.

黄昌勇. 2000. 土壤学. 北京: 中国农业出版社.

黄鸿翔. 1989. 我国土壤分类四十年的发展道路. 土壤肥料, (4): 1-6.

黄玉溢, 陈桂芬, 刘斌. 2010. 广西砖红壤在土壤系统分类中的归属研究. 广西农业科学, 41(5): 447-451.

吉林省统计局. 2018. 吉林统计年鉴 2018(光盘版). 长春: 吉林大学音像出版社.

吉林省土壤肥料总站. 1997. 吉林土种志. 长春: 吉林科学技术出版社.

吉林省土壤肥料总站. 1998. 吉林土壤. 北京: 中国农业出版社.

李诚固, 董会和. 2010. 吉林地理. 北京: 北京师范大学出版社.

李建东, 吴榜华, 盛连喜. 2001. 吉林植被. 长春: 吉林科学技术出版社.

李建维, 焦晓光, 隋跃宇, 等. 2011. 吉林东部暗棕壤在中国土壤系统分类中的归属. 中国农学通报, 27(24):74-79.

李立平, 朱咏莉, 王夏晖, 等. 2001. 中国土壤分类体系的发展. 塔里木农垦大学学报, 13(2): 32-35+53.

刘润璞. 2011. 吉林省自然环境与资源状况分析. 长春: 吉林科学技术出版社.

漆智平, 易小平. 2003. 海南三江样区主要土系的基本性状. 热带农业科学, 23(3): 14-17.

裘善文. 2008. 中国东北地貌第四纪研究与应用. 长春: 吉林科学技术出版社.

盛学斌, 孙建中, 杨明华. 1996. 坝上高原栗钙土的主要特征及其利用. 农业现代化研究, 17(3): 163-167.

史密斯 G D. 1988. 土壤系统分类概念的理论基础. 李连捷, 张凤荣, 郝晋民, 等译. 北京:北京农业大学出版社.

隋跃宇, 焦晓光, 张之一. 2011. 中国土壤系统分类均腐殖质特性应用中的问题和意见. 土壤, 43(1): 140-142.

中国土系志 • 吉林卷

隋跃宇, 赵军, 冯学民. 2013. 关于黑土、白浆土、沼泽土的论述: 张之一文选. 哈尔滨: 哈尔滨地图出版社.

孙广友, 富德义, 宋海远, 等. 1990. 长白山火山期、玄武岩建造及火山地貌的形成//宋海远. 长白山群研究. 延吉: 延边大学出版社.

梭颇. 1936. 中国之土壤. 李连捷, 李庆逵, 译. 北京: 实业部地质调查所及国立北平研究院地质学研究所.

王效举, 史成华, 龚子同. 1994. 关于中国土壤系统分类的应用问题. 土壤, (4): 175-178.

王勇. 2010. 鹫峰国家森林公园土壤系统分类研究. 北京林业大学学报, 32(3): 217-220.

谢萍若. 2010. 中国东北土壤化学矿物学性质. 北京: 科学出版社.

杨黎芳, 李贵桐, 林启美, 等. 2010. 栗钙土不同土地利用方式下土壤活性碳酸钙. 生态环境学报, 19(2): 428-432.

杨黎芳, 李贵桐, 赵小蓉. 2007. 栗钙土不同土地利用方式下有机碳和无机碳剖面分布特征. 生态环境, 16(1): 158-162.

於忠祥. 1994. 从现行土壤分类制存在的问题论我国土壤分类的发展趋势. 安徽农业科学, (2): 115-118.

张德新. 2007. 吉林省水资源. 长春: 吉林科学技术出版社.

张凤荣, 李连捷. 1993. 南口古土壤与土壤地理发生分类体系. 土壤, (1): 15-17+52.

张甘霖, 龚子同. 1999. 中国土壤系统分类中的基层分类与制图表达. 土壤, 31(2):64-69.

张甘霖, 龚子同. 2012. 土壤调查实验室分析方法. 北京: 科学出版社.

张甘霖, 李德成. 2016. 野外土壤描述与采样手册. 北京: 科学出版社.

张甘霖, 史学正, 龚子同. 2008. 中国土壤地理学发展的回顾与展望. 土壤学报, 45(5): 792-801.

张甘霖, 王秋兵, 张凤荣, 等. 2013. 中国土壤系统分类土族与土系划分标准. 土壤学报, 50(4): 826-834.

张甘霖, 赵玉国, 杨金玲, 等. 2007. 城市土壤环境问题及其研究进展. 土壤学报, 44(5): 925-933.

张慧智, 史学正, 于东升, 等. 2009. 中国土壤温度的季节性变化及其区域分异研究. 土壤学报, 46(2): 227-234.

张平宇. 2008. 东北区域发展报告(2008). 北京: 科学出版社.

张之一. 2005. 关于黑土分类和分布问题的探讨. 黑龙江八一农垦大学学报, 17(1): 5-8.

张之一, 田秀萍, 辛刚. 1999a. 黑龙江省土壤分类参比. 土壤, (2):104-109.

张之一, 田秀萍, 辛刚. 1999b. 黑龙江省土壤分类与中国系统分类参比分析. 黑龙江八一农垦大学学报, (2): 1-6.

张之一, 翟瑞常, 蔡德利. 2006. 黑龙江土系概论. 哈尔滨: 哈尔滨地图出版社.

章士炎. 1994. 试论土种的划分和命名. 土壤肥料, (1): 1-4.

赵其国. 1992. 我国土壤调查制图及土壤分类工作的回顾与展望. 土壤, 24(6): 281-284+301.

中国科学院南京土壤研究所土壤系统分类课题组, 中国土壤系统分类课题研究协作组. 1991. 中国土壤系统分类(首次方案). 北京:科学出版社.

中国科学院南京土壤研究所土壤系统分类课题组, 中国土壤系统分类课题研究协作组. 1995. 中国土壤系统分类(修订方案). 北京:中国农业科技出版社.

中国科学院南京土壤研究所土壤系统分类课题组, 中国土壤系统分类课题研究协作组. 2001. 中国土壤系统分类检索. 3 版. 合肥:中国科学技术大学出版社.

中国土壤系统分类研究丛书编委会. 1993. 中国土壤系统分类进展. 北京: 科学出版社: 353-360.

(P-6276.01)

ISBN 978-7-03-061095-9

定价:268.00 元